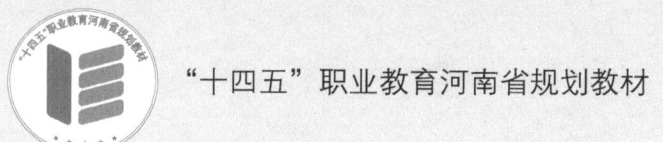

"十四五"职业教育河南省规划教材

服装设计基础

BASICS FOR FASHION DESIGN

主　编　李纳纳

副主编　魏福红

参　编　孟丽平　刘宝宝　陈　慧

河南大学出版社
HENAN UNIVERSITY PRESS

·郑州·

图书在版编目（CIP）数据

服装设计基础 / 李纳纳主编． -- 郑州：河南大学出版社，2024.8． -- ISBN 978-7-5649-6029-2

Ⅰ．TS941.2

中国国家版本馆CIP数据核字第2024J8D737号

服装设计基础
FUZHUANG SHEJI JICHU

责任编辑 聂会佳
责任校对 陈　炜
装帧设计 高枫叶

出版发行	河南大学出版社
	地址：郑州市郑东新区商务外环中华大厦2401号
	邮编：450046
	电话：0371-86059701（营销部）
	网址：hupress.henu.edu.cn
排　版	河南大学出版社设计排版中心
印　刷	广东虎彩云印刷有限公司
版　次	2024年8月第1版
开　本	787 mm×1092 mm　1/16
字　数	380 千字
印　次	2024年8月第1次印刷
印　张	18.75
定　价	68.00 元

（本书如有印装质量问题，请与河南大学出版社联系调换。）

前　　言

在浩瀚的人类文明长河中，服装作为文化的镜像之一，始终以其独特的语言诉说着时代的变迁、社会的风貌以及个体的情感与追求。服装设计，这一融合了艺术、科技、工艺与文化的创造性活动，不仅是美的创造过程，更是人类智慧与创造力的集中展现。为了满足广大学习者对服装设计基础知识的渴望，我们精心编写了这本《服装设计基础》教材。

本书旨在为学习者揭开服装设计的神秘面纱，从最基本的原理与概念出发，逐步深入探索这一领域的广阔天地。通过深入浅出的讲解，我们力求让学习者在掌握服装设计基本概念和美学原理的同时，能够具备将理论知识转化为实际设计作品的能力。我们坚信，无论是对于初涉此道的学子，还是已经在这一领域深耕多年的专业人士，掌握扎实的基础知识都是通往卓越设计的必经之路。

在内容编排上，本书主要分为十二章进行讲解。首先从服装设计概述入手，让学习者在了解过去的基础上，更好地把握未来的设计方向。接着，深入探讨了服装的美学原理、廓型设计、细节设计、分类设计、风格设计、色彩设计、图案设计、材料等要素，以及它们之间的相互关系和搭配技巧。同时，还详细介绍了服装设计的创造性思维以及服装设计的流程和方法，包括灵感的获取、设计构思、草图绘制、样板制作等环节，使学习者能够逐步掌握从创意到成品的全过程。

在编写过程中，我们借鉴了国内外优秀的服装设计教材和相关资料，包括经典的服装设计作品、时尚秀场的精彩瞬间以及学习者的优秀作业等。这些图片不仅能够直观地展示服装设计的魅力，还能够激发学习者的创作灵感，引导他们学会用设计的语言去表达自我、诠释生活、引领风尚。同时，我们结合多年的教学经验和行业实践，力求使本教材具有科学性、实用性和前瞻性。然而，服装设计是一个不断发展和创新的领域，我们深知教材中难免存在不足之处，恳请广大读者提出宝贵的意见和建议，以便我们在今后的修订中不断完善。

最后，我们要感谢所有为本书的编写和出版付出辛勤努力的作者、编辑、工作人员以及提供相关优秀作品的学生们，是你们的智慧和汗水，才使得这本教材得以面世。愿每一位学习者都能找到属于自己的设计之路，绽放出独一无二的光彩。

目　录

第一章　服装设计概述 …………………………………………………… 1
　　第一节　服装设计的含义 ……………………………………………… 1
　　第二节　服装的构成要素 ……………………………………………… 13
　　第三节　服装设计师职业特征 ………………………………………… 16
　　本章小结 ………………………………………………………………… 26
　　思考与练习 ……………………………………………………………… 26

第二章　服装美学原理 …………………………………………………… 27
　　第一节　服装的形式美原则概述 ……………………………………… 27
　　第二节　形式美原理及其在服装中的应用 …………………………… 28
　　第三节　服装的造型要素及应用 ……………………………………… 38
　　本章小结 ………………………………………………………………… 51
　　思考与练习 ……………………………………………………………… 51

第三章　服装廓形设计 …………………………………………………… 52
　　第一节　服装廓形设计概述 …………………………………………… 52
　　第二节　服装廓形的分类方法 ………………………………………… 60
　　第三节　服装廓形变化的主要部位 …………………………………… 63
　　第四节　服装廓形的设计方法 ………………………………………… 66
　　本章小结 ………………………………………………………………… 68
　　思考与练习 ……………………………………………………………… 68

第四章　服装细节设计……69

第一节　服装装饰细节设计的概念……69
第二节　服装装饰细节设计的特点……72
第三节　服装细节设计方法……97
本章小结……98
思考与练习……99

第五章　服装分类设计……100

第一节　服装分类设计概述……100
第二节　服装的分类方法……101
第三节　常见服装分类设计……111
本章小结……128
思考与练习……129

第六章　服装风格设计……130

第一节　服装风格概述……130
第二节　服装设计风格的表现要素……134
第三节　主要服装风格……136
第四节　服装艺术风格……143
本章小结……151
思考与练习……152

第七章　服装色彩设计……153

第一节　服装色彩的特性……153
第二节　服装色彩的搭配……156
第三节　服装配色方法……157
第四节　服装流行色与经典色……167
第五节　服装色彩设计的方法……169
本章小节……171
思考与练习……171

第八章　服饰图案设计······172

- 第一节　服饰图案的含义······172
- 第二节　图案变化的方法······173
- 第三节　图案的构成形式及设计原则······177
- 第四节　图案的应用形式······186
- 第五节　服饰图案的表现形式······189
- 本章小结······190
- 思考与练习······190

第九章　服装材料······191

- 第一节　服装面料的认识与应用······191
- 第二节　服装面料的再创造······201
- 第三节　服装面料艺术再造的设计原则······208
- 第四节　服装面料艺术再造的美学法则······209
- 第五节　服装面料艺术再造的构成形式······216
- 第六节　特殊材料的运用与服装风格······224
- 本章小结······225
- 思考与练习······225

第十章　服装设计的创造性思维······226

- 第一节　逻辑思维······226
- 第二节　形象思维······227
- 第三节　发散思维与辐合思维······232
- 第四节　成衣的创意······236
- 本章小结······236
- 思考与练习······237

第十一章　服装创意设计······238

- 第一节　服装创意灵感来源······238
- 第二节　服装设计的构思方法······247
- 第三节　服装创意设计过程······249

第四节　设计灵感的捕捉训练……………………………………257
第五节　服装创意设计案例………………………………………261
本章小结……………………………………………………………266
思考与练习…………………………………………………………266

第十二章　系列服装设计……………………………………267

第一节　系列服装设计的概念……………………………………267
第二节　系列服装的设计条件……………………………………270
第三节　系列服装的设计思路……………………………………272
第四节　系列服装的设计方法……………………………………274
第五节　系列服装的设计步骤……………………………………279
本章小结……………………………………………………………280
思考与练习…………………………………………………………281

第一章　服装设计概述

在人类文明的进程中，服装作为各个历史时期政治、经济、文化的产物，从简单的围裹式到今天丰富多样的服饰品类，已经跨越了几千年的历史。服装不再是遮体避寒的简单生活资源，而是成为社会物质文明和精神文明的结合体。服装在不断进步和发展的过程中，逐渐显现出物品、产品、商品、艺术品的综合特征，服装设计同时也成为现代设计中的一个门类，其核心是对服装造型、色彩、面料、工艺等方面进行创造，既要符合人们对服装功能性的需求，又要满足人们的审美需要，同时还要考虑到经济因素。服装设计师作为服装设计的主导和灵魂，需要具备全面的专业素质，在设计中综合思考和分析消费者不同需求，赋予服装以商业价值，体现功能与审美的统一。

第一节　服装设计的含义

一、服装的概念

服装一词在我们的生活中被广泛应用。它的含义可以从两方面来理解。狭义上的服装指的是包覆和装饰人体的衣物。广义上的服装指的是人类穿戴、装扮自己的行为，是人着装后的一种状态。换言之，即这种状态是由人（着装者）、服饰和着装方式三个基本因素构成的。服饰主要指衣服及其装饰。"衣"——在古代除了指身上的衣服，另有广义和狭义之分。狭义的衣，专指上衣；广义的衣，则包括一切蔽体的东西。"饰"——以增加人的形貌和华美，包括色彩、纹样、首饰配件，甚至包括发式、妆式及穿着方式和效果等。服装包括：时装、高级时装、普通成衣、高级成衣、制服、创意服装等。

（一）时装

时装是指款式不断变化，并在一定时间内被大众广泛接受，富有时代感的、时兴的、时尚的服装，是对于历史服装和在一定历史时期内相对定型的常规性的服装而言的，变化较为明显的新颖装束。其具有流行性、周期性、时代性等特征（图1-1）。

图 1-1　时装（杨囡作品）

（二）高级时装

高级时装（Haute Couture）也叫高级女装，是服装设计与制作的一种最古老的形式。高级时装是为某一个人量身定做的时装，一般都是高级时装设计师亲自量体裁衣和监督，使用专有面料，由高技能手工技师制作出来的单件作品，工艺十分精湛。

（三）高级成衣

介于成衣与高级时装之间。高级成衣是指在一定程度上保留或继承了高级时装的某些技术，以中产阶级为对象的小批量、多品种的高档成衣。高级成衣是按工业化标准生产的成衣时装，是对高级时装作简化后小批量生产的产品。

二、设计的含义

（一）设计的概念

设计是一种创造前所未有的形式和内容的思维和物化的过程，是在客观条件制约下，本着某种目的进行创造性的构思设想，并用符号将其具体地展示出来的一种活动。从现代设计的特征来看，它是一种通过人类思维活动，在科学方法的指导下，对需要解决的问题形成各种形式的规划、设想和方案，直至最终解决问题。在设计中，形式可以理解为设计对象的外在表现，内容可以解释为设计对象的内在功能，两者包含了设计活动的最基本问题，即设计对象的外表与功能的统一。

设计的核心内容包括以下三个方面：第一，创新性构思与计划的形成，即具有创新意味的设计原理与方法的产生机制及其过程；第二，计划与构思的表达方式，把设计思维的结果用最恰当的方式传递出来；第三，设计结果的物质化实现及其推广和应用，经过物质化的设计思维结果在现实中的价值体现。一个完整的设计过程应该是上述三个方面的结合。

设计的思维和表现受到历史因素的影响，从而有了传统设计和现代设计之分。现代设计是 20 世纪发展起来的设计活动，与传统设计有很大的区别，其最根本的区别在于现代设计是与大工业化生产、现代社会文明和现代生活理念密切相关的，其决定因素包括现社会的道德标准和价值取向、现代经济的运行模式和市场规模、现代人类的生理需求和心理需求、现代科学的发展环境和未来趋势、现代生产的技术条件和技术美等几个大的基本方面。

（二）设计的本质及目的

设计的本质就是要通过适当的外部形状，色彩充分但不夸张地、真实而不虚假地表现出产品的内涵。设计的本身是创造，是人的生命力的体现。设计师前瞻性的构思是设计创新的来源，是人类都必须依赖的生命力与原动力。

设计的目的就是满足人们的需求，研究设计也就是研究人的需求，并将需求转化为产品，并且要使人们能通过设计感受到产品的品质，从而产生购买的欲望。设计不是艺术，因此设计并不能仅仅根据设计师的好恶来创作，不能像艺术家那样随心所欲地创作。一个好的设计师必须对时尚潮流具有敏锐的洞察力，对受众的接受能力具有很强的观察力，对设计对象的需求具有很强的理解力，并将其感受应用于设计当中。

（三）设计的特点

1. 创造的"前所未有"

设计中"前所未有"是多样的，既可以是色彩、材料，也可以是工艺、造型等。设计是思维活跃的体现——它可能是从事设计专业的你精心制作的产品，也可能是你涂鸦时的灵光一闪。

2. 设计是美的视觉传达

既然拥有"设计"的名号，那它必然是人类审美观得以延伸和承载的产物，具有时尚、新鲜的特点。

3. 设计是实用的造型

设计包括了形状、大小、色彩、肌理、位置和方向等因素，它与纯艺术的不同就在此，它的商业气息要更浓厚。而且它本身就是为服务人类生活而存在的。例如一把椅子，在纯艺术中，你可以任意表达，赋予它任何形态，不必受约束。但是在设计中，你就要考虑它的实用性——必须能让人坐，不然任何形态都没有意义。

4. 设计的分类

（1）视觉传达设计：运用视觉元素、视觉语言、视觉途径、视觉运动和视觉心理的原理，对形态和色彩的传达进行系统研究，是一种在人与社会之间用现代设计理念传达信息的设计种类。例如，标志设计、广告招贴设计、橱窗展示设计、展览会设计等（图 1-2）。

图 1-2　视觉传达设计

（2）产品设计：一切实物形态的、具有实用意义的物品的设计。例如，织物设计、壁纸设计、首饰设计、服装设计、家具设计等。

（3）空间环境设计：亦称环境艺术设计，是通过物质手段对人、物、场所、自然四者之间的关系进行综合处理。例如，室内设计、城市设计、影视场景设计等。

（4）综合设计：对设计对象多元的或非常规空间状态的构成要素，按照一定的目的进行组合的设计种类。例如，舞台美术设计、管理设计、企业总体印象设计等（图 1-3）。

图 1-3 服装设计效果图（学生作品）

三、服装设计的含义

（一）服装设计的概念

服装设计属于工艺美术范畴，是实用性和艺术性相结合的一种艺术形式。设计意指计划、构思、设立方案，也含有意象、作图、造型之意，而服装设计的定义就是解决人们穿着生活体系中诸多问题的富有创造性的计划及创作行为。作为一门综合性的艺术，服装设计具有一般实用艺术的共性，但在内容与形式及表达手段上又具有其自身的特性。

服装设计是通过一定的思维形式、美学规律和设计程序，运用造型组合、色彩搭配、材料对比等多种手法将设计师的个性、思想、情感与品牌概念、设计主题、时尚流行交融在一起，并淋漓尽致地以物化的形式将其表现出来的过程。它是以实现服装为目标，进行设计构思和计划实施的创造性思维与行为的过程；是以人体为中心，以衣料为素材，以环境为背景，以气质为主题，通过技术和艺术手法，将设计者的构思转化为服装成品的创造性活动；是以服装为对象，运用恰当的设计语言，完成整个着装状态的创造过程。它是一门涉及领域极广的边缘学科，与文学、艺术、历史、哲学、宗教、美学、心理学、生理学及人体工学等社会科学和自然科学密切相关（图 1-4）。

图1-4 服装系列设计（学生作品）

服装设计（Fashion Design）中的设计一词源于法语"Designare"，原意为将人类的想法以具体的形象表现出来，现代的设计概念演变为构思设计图、策划、企划、计划等。服装设计由款式、面料、色彩这三大要素的设计构成，三者互相补充、互为依托，同时又各具特性。服装设计有别于一般的实用艺术设计，它与人、社会这两者密不可分。人类穿衣并非纯粹的围裹，而是用衣料装饰自己、美化自己。因此，服装被称为人的"第二层皮肤"，这层皮肤与人体并不是简单相加，而是该紧的紧、该松的松、该装饰的装饰、该削减的削减，这就要求设计师充分了解人体结构和穿着效果。迪奥于1947年设计的New Look，把女性的优美曲线凸显无遗，为二战后妇女的穿着提供了优美的造型，充分展示了迪奥的伟大创造力及对女性的准确把握（图1-5）。

从设计的角度看，造型、色彩、材料、工艺是服装设计必须要考虑的四个要素。人们在

图1-5 迪奥New Look

观察物体时，首先映入观察者眼帘的是色彩，其次才是服装的造型、材料和工艺，色彩在服装设计要素中居于首要位置；服装设计"以人为本"，造型是根据人体特征和活动需要进行的形态塑造，所有设计要素都是围绕造型来完成的；服装的材料是服装物化过程中必不可少的前提，色彩必须通过设计材料体现出来，造型也只有依靠材料才能实现；服装设计最终要以成衣的形式表现出来，工艺是服装实物化过程中的重要手段，为了达到服装整体设计的最佳效果，服装的工艺设计不仅要和具体的造型结构、材料质感紧密联系，还要和相应的工艺工序相结合。在服装设计中，各种要素之间相互影响、相互制约构成了服装的整体。另外，服装作为与人们生活休戚相关的物品，设计的主体对象是人，因此在以不同的人作为设计主体时，服装除了需要体现要素间的整体美外，还会受到人的外形特征、内在心理等因素的制约，这也是服装设计不同于其他设计的特殊性所在。

（二）服装设计的分工

服装设计的分工参见表1-1。

表1-1 服装设计的分工

分工名称	地位作用	工作特点	表达方式
款式设计	整个设计的先导环节。确定造型、色彩、面料的选择方案	借助美术形式表达的艺术性形象思维	服装设计图稿（设计师）
结构设计	整个设计的过渡环节。款式设计成败的关键	借助工程制图或实物试验的工程性逻辑思维	平面分解衣片（打版）或立体裁剪（打版师）
工艺设计	整个设计的实物环节。指导生产、保证品质的手段	制定工艺流程的工程性逻辑思维	文字、符号、图表、标准（工艺师或样板式）

（三）服装设计的特点

1. 以人体为基础

服装设计应该属于工艺美术设计的范畴，同其他美术形式一样，服装也要讲究构成的形式、色彩的搭配、比例的分割等。不同的是，服装设计是附着在人体上的，而人体又是一个运动体，所以在进行设计时，必须以人体为设计依据，并且受到人体结构的制约。服装是人的第二层皮肤，服装的造型基础是人体，任何服装最终都要穿在人身上，经过人体的检验。人体是检验服装设计好坏的最佳尺度，完全脱离人体的设计是缺乏功能意义的。例如，传统的中国旗袍就强调了女性的曲线美。但是服装和人体也不是简单的对应关系，设计的造型并不是完全顺应人体的外形的。

尤其在现代服装设计中，除了基本的防护功能外，服装的审美功能也越来越重要。好的设计不仅可以突出人体的优点，同时还可以掩盖人体的某些缺陷，服装设计师们采用各种各样的手法创造服装无非是为了更好地塑造人体美。例如，男士西装的垫肩是为了衬托男性阳刚挺拔之美。

2. 以社会为背景

服装有其审美标准，而且这种标准是与社会紧密结合的，在不同的社会、不同的历史时期，服装的审美标准不同。例如，楚陵王喜欢细腰的美女，民间有"楚王好细腰，宫女多饿死"的说法。又如 20 世纪 60 年代，毛泽东在检阅我国女兵时赞赏道"中华儿女多奇志，不爱红装爱武装"，一时间社会中皆以着军装为荣。正所谓艺术是社会生活的折射，必须以社会为基础。

3. 以服装构成因素为基础

服装的设计要素是由造型设计、色彩设计、材料设计、结构设计、工艺设计等构成的，这些设计要素综合体现服装最显著的外观特征。绝大部分的服装都具有一定的实用功能，如蔽体、贮物、防水、防火等功能，这是根据穿着者的不同需求而设定的。评价服装设计的优劣，可以从服装的设计和功能是否完美结合这几个方面去判断。任何一件服装都是多种构成因素的综合，是服装功能、服装材料和设计的统一，是实用性和审美性的高度统一。尤其在现代服装设计中，除了特殊作业服装以外，服装的审美功能逐渐体现于保护功能之上，其构成因素尤其是审美性因素越来越成为现代服装被社会认可的决定性因素。一服装的款式设计再好，但如果达不到服装的功能性要求，就不会是好的设计。

4. 服装设计的条件

（1）服装设计的五 W 条件：在进行实际的服装设计时，应该对服装穿着者的各方面有基本了解。即使穿着者究竟是哪个具体的人还不明确，也应该在设计时确定假定的穿着者即目标消费群，然后为其设定某些条件，使设计有很强的针对性，提高设计的成功概率。这些条件通常包括以下五个方面，也被称为服装设计的五 W 条件，即英语的五个疑问词的首写字母，分别是 Who（什么人）、When（什么时候）、Where（什么地方）、What（什么东西）和 Why（为什么）。

（2）服装塑造的"TPO"条件。

在穿着者确定的前提下提倡的"TPO"原则：T（Time）表示时间，即穿着要应时。不仅要考虑到时令变迁、早晚温差，而且要注意时代要求，尽量避免穿着与流行样式、色彩格格不入的服饰。

P（Place）表示地点、场合环境，指穿用的环境，主要是指社会人文环境，如办公室、会议室、娱乐场所。

O（Object）表示对象和目标，即设计对象、穿着者，指穿着要应己。根据自己的工作性质、社交活动的具体要求、形象特点、气质、年龄等来选择服装，塑造出与自己身份、个性相协调的外表形象。

5. 服装设计的审美

（1）服装整体的和谐美。

（2）服装设计的人体美。

（3）服装款式的造型美。

（4）服装品质的材料美。

（5）服装风格的流行美。

（6）服装制作的工艺美。

（7）服装公用的机能美。

四、服装的起源

关于服装的起源，似乎无法用一个定论去解释，由于研究者的立场和出发点不同，所以得出的结论也不一样。尽管能举出许多实例，但其结论可能都不是真正准确和唯一的。从不同的角度去理解和看待这个问题，服装起源学说就产生了多种理论，代表性的服装起源学说有：保护说、装饰说和遮羞说。

（一）保护说

这种学说是从生理的角度出发，认为人类的衣服是面对外界环境对自身采取的一种保护措施。这种观点认为服装起源的根本原因是出于实用。所以保护说认为，服装的起源是人类为了适应气候环境或为了使身体不受伤害，而从长年累月的裸体生活进化到用自然的或人工的物体来遮盖和包装身体。保护身体既是服装起源的目的，又是其原因。自然界中存在着危害人类生存的因素，为了避免被外界其他物体所伤害，人类想办法把头部、躯干部、四肢等包裹起来，起初是用树叶、树皮、兽皮、羽毛等，这是服装的雏形，后来渐渐用纤维代替，这就产生了衣物。

（二）装饰说

这类学说认为，服装的起源来是人类想使自己更富有魅力，想创造性地表现自己的心理冲动。这包括护符说、象征说、审美说。

1. 护符说

原始生产力在伟大的自然面前显得非常渺小，以至于人们总想借助神奇的精神力量来对付自然力，并把精神分离于肉体而独立存在，称之为灵魂。原始人寄希望于灵魂，他们认为灵魂有善恶之分，善灵可以给人类带来幸福和欢乐，恶灵则给人类带来灾害和疾病。因此，他们用绳子把一些特定物体，如贝壳、石头、羽毛、兽齿、叶子、果实等自然界的东西戴于身上，以示保佑和辟邪。他们相信这些戴在身上的护身符具有无形的超自然的力量，有了它就能得到保护。在这种自然崇拜和图腾信仰中，这些护身符逐渐演化成为某种形式的饰品装饰于人体之上。

2. 象征说

这种学说认为，最初佩挂在人身上的物品是作为某种象征而出现的，到后来就演变为衣物和装饰品。原始部落中，强者、勇士、酋长、族长等，为了象征自己的力量和权威，用一些鲜艳醒目、便于识别的物体装饰在身上。平原印第安诸部族中，软皮靴跟上拖一条狼尾，颈后插一根鸟羽，都不仅是为了好看，更重要的是表示此人立过战功。原始诸部族的文身、疤痕等装饰方法都有表示年龄和社会地位的作用。

3. 审美说

审美说是一种比较普遍的说法，这种说法认为，服装起源于美化自我的愿望，是人类追求美的情感的表现。科学家们通过实验表明，人类甚至一些比较高等的动物，都有一种本能范畴的、对明显的美的事物的良好感觉。诸如对优美旋律、鲜艳色彩、芳香气味的好感，并对其采取不自觉的接受状态。但是只有大脑发达的人类，才能把这种潜在的对美的事物的好感上升到自觉的审美意识。在漫长的进化过程中，随着智慧和能力的进步，人类的审美能力也逐渐增强。原始人类用美丽的羽毛、闪光的贝壳来装饰自己，用彩色刺青、疤痕、毁伤肢体、人体变形等装饰方法都是出于这种审美的需要。

（三）遮羞说

遮羞说指服装起源于人类的道德感和性羞耻。《圣经》中有一则美丽的神话：亚当和夏娃在上帝的伊甸园里偷吃禁果，于是能够知善恶、辨真假，并有了羞耻之心，夏娃用无花果的叶子遮蔽身体，表现了对异性的羞耻情绪。我国古代由于礼制约束对裸体讳莫如深，由于两性生理不同而产生的羞耻感可能造成遮羞心理。在现代文明社会中，这种学说对服装起源的解释似乎很容易被人们接受，但是现代人不可能从原始人的经验出发去考虑，来自考古、社会心理学等的研究也都证明了这种遮羞说作为服装起源的理由是不准确的。而且对于人类应该遮掩哪个部位，不同文化背景下的人和种族有不同的看法。

关于服装起源的各种学说，似乎都有各自的依据，而且在推理上也有其合理性。但综合来看，这些起源学说不外乎是两方面，即自然本能的人体保护和社会心理的装饰观念。

五、服装的基本性质

服装是人类创造的文化形态，与人的生理条件和自然、社会环境有着密切的关系。文化是物质财富与精神财富的总和，服装也不可避免地带有物质和精神的特征。服装的物质性是来自于人类生活的生理要求，是人类创造的生活用品。服装的精神性是来自于人类社会的心理要求，是依附在生活用品上的精神内容。

服装作为技术与艺术的产物，服装离不开艺术的某些特征。在一定程度上，人们会用艺术的审美标准衡量服装的精神内容。精神性首先表现为服装的审美性，其次表现为服装的装饰性。这里有两层含义：一是服装本身的装饰手段，是脱离了实用意义的服装表面处理；二是对于人的装饰作用，不同的服装穿戴在人身上，就会不同程度地改变人的原有形象。再次表现为服装的象征性。服装设计语言在一定的文化背景驱使下，使服装呈现出不同的象征意义，其中包括民族的象征、社会的象征、集团的象征、地域的象征、地位的象征和品行的象征。

（一）服装的物质性

服装的物质性是服装的基本属性，具体表现为服装的实用性和科学性。广义上，物质性可以理解为对自然环境和社会环境的适应；狭义上，可以理解为服装的基本功能，如防护、透气、储物、健身等。

服装起源于实用，在不同的季节和气候下，服装用来维持人体的正常体温；为了防止外界的伤害，人们需要用服装来保护身体。可见，服装的实用功能是服装的基本功能，基于人的生理需求而存在。服装的科学性是指从科学的角度研究服装的各种物理性能和化学性能，以及这些性能对人体的影响。服装发展到今天，除了遮身蔽体、防寒保暖功能外，还可以满足很多实用性和保护性的要求，如受环境因素制约而设计的防风服、防雨服、防暑服、防寒服；为抵御外界媒质危害而研发的防辐射服、防尘服、防火服、防弹服等。另外，随着人们消费观念的改变，服装的舒适度、功能性、易于打理等特性都成为消费者购买的因素，很多健身服和运动服这些原本的功能性服装已经占据了大片休闲市场，并且成为表现健康和年轻活力的时装。近些年，服装结构如何适应人体特征，服装功能性材料的开发与使用，如何满足消费者的着装需求等，都成为服装设计领域不断深入研究的课题。

（二）服装的精神性

服装的精神性包括装饰性和象征性。

装饰性指服装的艺术性和本身的审美价值，来源于服装使用者本能的追求美的心理。服装的艺术性指服装通过设计语言传达给着装者和观赏者以美的视觉感受。例如，中国传统服装的纹样装饰在很大程度上受到服制化、程式化制约。装饰的位置要按古代服制要求或造型构图的需要，将图案纹饰"对号入座"。一般服饰图案装饰位置多选居中式、对称式、呼应式、满地式等形式。这样，纹样图案的排列，若遵循美学法则，就显示了艺术性特征，如果只是从礼制宗法观念或政治意图出发，那就无美可言。儒家主张"德莫大于和，而道莫正于中"，天人和谐、中庸之道正是儒家追求的最高美学目标。而道家则主张自然为之，不刻意追求某种明确目标。儒、道两家是中华民族文化与审美的两翼，起到互补的作用。在以儒学观念居统治地位的古代服饰制度中，凡具有特定含义或具有标志作用的图案多采用居中式，如明清时期的龙袍，团龙居中，为正面造型。到了现代，尤其是物质生产水平大大进步的现代，无论是服装的色彩、款式还是服装上的图案，都表达了服装设计师对美学的认识和见解。人们的温饱得到了基本解决，对服装的外在艺术性也更加注意。例如，在一些服装发布会及电影节特定场合，世界各地的电影明星所穿着的服装无一不是经过精挑细选，能够传达出穿着者的审美情趣和文化品位的。在一些红毯上，明星们穿着带有青花瓷、图腾纹样等的服装，展示了东方女性的独特魅力，以及中国的古典美学和传统特色。

服装的象征性指的是民族性和社会性，是服装设计语言在一定的文化背景驱使下，使服装呈现出的不同的象征意义，其中包括民族的象征、集团的象征、地域的象征、地位的象征和品行的象征，可以反映人的身份等，是一种社交名片。人类是社会群体，服装也具有了强烈的社会文化性。在古代，罗马人最先明确地在服装上表现阶级差别，以"托加"的颜色和使用的装饰来象征人的社会等级和阶级地位；中国明清时期的补服制度，在官服上缝缀40~50厘米的绸料，上面织绣有不同的纹样，文官绣禽、武官绣兽，各分九等。这些都作为时代的符号，体现了服装特有的认知功能。在现代社会，服装作为视觉的艺术，以强烈、可视的交流语言，彰显着一个人的身份、兴趣、品位、修养、所属群体等隐形特征。例如，各种职业制服可以使穿着者在社会群体中脱颖而出。

服装设计生产的过程，也就是设计师和生产者对潜在的着装者进行艺术表达和寻求审美认同的过程。不同色彩、造型、风格和具有不同文化内涵的服饰可以突出着装者的魅力，使人们获得不同的审美体验。同时，服装作为时代的产物，总是展示出一个时代的审美观和审美意识，从春秋战国的宽衣博带到清朝的长袍马褂再到民国中山装，无不体现着与各个时代相对应的服装审美。不论是在不同的历史发展阶段，还是在同一个时期不同地域的审美差异性，都不会影响人们对服装审美功能的追求。服装设计作品是否被所在群体认同，是否能给人以美的享受，是衡量服装设计成功与否的重要标准（图1-6）。

图1-6　明清补服

第二节　服装的构成要素

一、服装的构成要素

影响服装面貌的原因有很多，人、历史、宗教、道德、法律、地理、气候、经济等物质与精神的因素都可能成为引起服装变化的原因，从广义上说，这些东西也可以成为服装的一部分。构成服装的主要因素以及它们之间的关系，是每个服装设计师都必须了解的内容。通常来说，服装是由设计、材料、制作三大要素构成的。

（一）设计

设计是服装产生的第一步骤，是对服装材料的选择和服装制作手段的限定。离开了设计，服装则处于无形无色的朦胧状态。服装设计包括两部分内容：服装造型设计和服装色彩设计。服装造型设计是构造服装的框架式样，为服装材料和服装制作提供最有效的依据；服装色彩设计是体现服装的色彩面貌，给服装造型和服装材料提供可视因素。造型与色彩唇齿相依，在设计过程中，既可以先进行造型设计再配合适宜的色彩，也可以先提出色彩方案再配合适宜的造型。对两种程序的选择由设计师的工作习惯和客观条件决定。要注意的是，造型和色彩的表现既可相互加强，也可相互削弱。

（二）材料

材料是服装的物质载体，是体现设计思想的物质基础和服装制作的客观对象。缺少了材料，设计仅仅是一纸空图。高新技术的发展给产品设计领域中的许多门类带来崭新的材料，为这些门类的设计提供了宽广的表现天地。服装也无例外受到科学技术阳光的沐浴，令人称奇的新颖材料不断涌现，刺激着设计灵感，改变着服装外观。服装材料分为面料和辅料。面料是服装的最表层材料，它决定了服装质地的外观效果。辅料是配合面料共同完成服装的物质形态的材料，是服装品质得以保证的幕后英雄。虽然面料因其所占位置比较突出而显得更为重要，然而，品类繁多、阵容庞大且各具功能的辅料也是绝对不能忽视的。面料和辅料都存在着品质与流行的问题，品质选得越好，服装成品质量就越高，当然，前提是服装材料的选择必须与设计意图相吻合，否则会导致事倍功半的结果。

（三）制作

制作是将设计意图和服装材料组合成实物状态的服装的加工过程，是服装产生的最后步骤。没有制作的参与，设计和材料将处于分散状态，不可能成为服装。制作包括两个方面：一是服装结构，也称结构设计，是对设计意图的解析，决定着服装裁剪的合理性，服装的一些物理性能上的要求往往通过严密的结构设计得以实现；二是服装工艺，是借助手工或机械将服装裁片结合起来的缝制过程，决定着服装成品的质量。结构与工艺的关系是相辅相成的。一般来说，准确的服装结构是准确缝制的前提，精致的服装工艺是演绎结构的保证。再完美精准的结构，遇到水平低劣的粗制滥造，也是面目全非；同样，再精美绝伦的工艺也无法挽救错误严重的结构。对于常见而普通的款式来说，由于结构一般不会出现太大毛病，工艺就显得特别重要。高水准的工艺师常常可以在制作过程中修正一些较小的结构错误。工艺是表现服装设计意图的最后关卡，因此，在服装界曾有"三分裁剪七分做"的说法。

二、服装设计的三大构成要素

服装是一种综合性的艺术，体现了材质、款式、色彩、结构和制作工艺等多方面结合的整体美。从设计的角度讲，造型、色彩、材质是服装设计过程中必须考虑的几项重要因素，称为服装设计的三大构成要素。随着现代社会人们对服装的追求的提高，对服装的设计也要求越来越高。设计师们只能充分结合三要素来完成每一件设计作品，从而顺应现代市场的需求。

（一）造型

服装造型首先与人体结构的外形特点、活动功能及形态有关，又受到穿着对象与时间、地点、条件诸因素的制约。款式造型设计要点包括外轮廓结构设计和内部线条组织、部件设计等细节设计。外轮廓决定服装造型的主要特征，是设计的主体，按其外形特征可以概括为字母型、几何型、物态型几大类。当确定服装外形时，应注意其比例、大小、体积等的关系，力求服装的整体造型优美和谐，富有形象性。服装上的线条不但本身要有美感，而且在款式设计分布排列中要合理、协调，有助于形成优雅、潇洒、活泼或成熟的服装风格。服装部件是构成服装款式的重要内容，一般包括结构线、领型、袖子、口袋、纽扣及其他附件。进行零部件设计时，应注意布局的合理性，既要符合结构原理，又要符合美学原理，以此加强服装的装饰性与功能性，完善服装的艺术格调。在设计的过程中，要从整体外观风格特征出发，内外造型要相辅相成。

（二）色彩

色彩中的色相、纯度、明度等构成色彩元素，服装中的色彩给人以强烈的感觉。皮尔·卡丹说："我创作时，最重视色彩，因为色彩很远就能被人看到，其次才是式样。"织物材料缤纷的色彩、不同的色彩配置会带给人不同的视觉和心理感受，从而使人产生不同的联想和美感。色彩具有强烈的性格特征，具有表达各种感情的作用，经过设计的不同配色能表现不同的情调，如晚礼服使用纯白色表纯洁高雅，使用红色表示热情华丽。服装设计当中的色彩元素不仅仅是一种颜色，它还包括了整套服装各个部分和细节之间的色彩搭配。服装色彩应该具备民俗性、适应性、流行性、关联性。设计一套服装或一个系列服装时，要根据穿用场合、风俗习惯、季节、配色规律等合理用色，选用什么色彩、什么色调、几种色彩搭配，都要经过反复推敲和比较，力求体现服装的设计内涵，从而达到不同的设计目的，体现不同的设计要求。

人们对于色彩的敏感度是非常高的，色彩在服装设计当中也至关重要，在进行服装设计的时候，需要设计者们尽可能多地了解色彩的相关知识，拥有自己的审美和色彩搭配原则。在现代服装市场中，对于流行色的运用，能反映现代生活的审美，也非常具有时代感和时髦性。

服装纹样也是服装中色彩变化非常丰富的一部分。服装纹样指的就是图案在服装上的体现形式，不同的纹样在服装上有不同的表现形式，是服装上活跃醒目的色彩表现形式之一。

（三）材质

材质也就是大家常说的面料，面料是服装最表层的材料。但是它通常与质地、触感密不可分，材料是服装的物质基础，没有材料就无法做出服装。面料可分为纤维制品、皮革裘皮制品、其他制品。服装面料是最直观的视觉对象，也是最起码的物质基础。任何服装都是通过对材料的选用、裁剪、制作等工艺处理，达到穿着、展示的目的。因此，没有服装面料，就无法体现款式的结构与特色，也无法表现色彩的运用和搭配，更无法反映功能的好坏与完整及穿着的效果。也就是说，没有服装材料，就无法实现服装的穿着。服装材料的种类、结构、性能等影响着服装的穿着效果。

现代服装对面料的质量，尤其是外观要求越来越讲究。在进行服装设计的时候，必须要把面料的性能和特色运用其中。服装设计师们通常要熟知不同面料的外观和性能，服装造型设计不但要因材制宜，合理运用衣料的悬垂性、柔软性、塑形性、保型性等特点，同时要研究织物表面所呈现的种种肌理效果与美感，尽可能将面料结合造型、风格、色彩的最大优势来进行搭配，使服装的实用性与审美性相结合，提升服装的品质。

第三节　服装设计师职业特征

一、服装设计师的基本素质

服装设计的专业知识是与服装专业有关的学科中的内容，是可以通过比较系统的课程学习获得的。服装学科是一门渗透着学科交叉的应用性学科。目前，我国的许多服装院校开设的与服装直接有关的课程涉及自然科学、人文科学和社会科学三大科学体系中的某些学科（图1-7）。

服装设计师（Apparel Designer）直接设计的是产品，间接设计的是人品和社会。随着科学与文明的进步，人类的艺术设计手段也在不断发展。信息时代，人类的文化传播方式与以前相比有了很大变化，严格的行业之间的界限正在淡化。服装设计师的想象力迅速冲破意识形态的禁锢，以千姿百态的形式释放出来。新奇的、诡谲的、抽象的视觉形象及极端的色彩出现在令人诧异的对比中，于是我们不得不开始调整眼睛以适应新的风景。服装艺术显示出来的形式越来越多，有时还比较玄奥。怎样看待服装艺术，领略并感受服装本身的语言，成为今天网络时代"注意力"经济中的"眼球之战"。服装设计要有很强的审美观和价值观,设计出来的衣服是要在生活中穿的,既要美观时尚,又要低调优雅,使服装永远不会落后,所以一个设计师在设计服装的过程中要忘掉自己是自己,要专注于设计自己所想表达的思想。

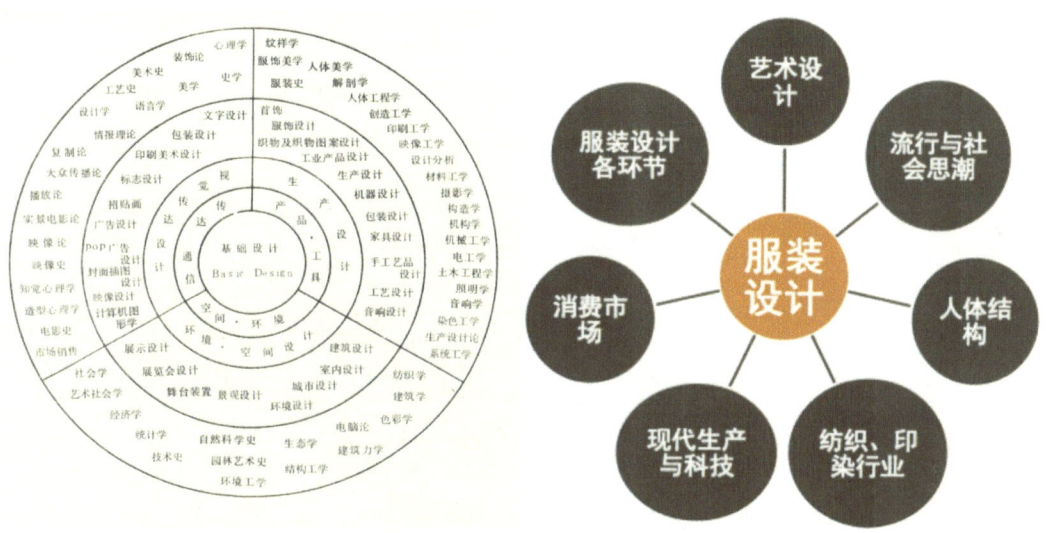

图1-7 服装专业有关的学科

二、服装设计师的基本素质

(一)绘画基础与造型能力

绘画基础与造型能力是服装设计师的基本技能之一。只有具备了良好的绘画基础,才能通过设计的造型表现能力以绘画的形式准确地表达设计师的创作理念,同时在设计图的过程当中也更能体会到服装造型中的节奏和韵律之美,从而激发设计师的灵感。20世纪初,包豪斯曾经提出"设计的目的是人而不是产品",特别是服装,本身就是人体的外部覆盖物,与人体有着密切的关系,设计师只有对人体比例结构有准确、全面的认识,才能更好地、立体地表达人体之美,这是设计的基础(图1-8和图1-9)。

(二)丰富的想象力

独创性和想象力是服装设计师的翅膀,没有丰富想象力的设计师技能再好也只能称为工匠或裁缝,而不能称为真正的设计师。设计的本质是创造,设计本身就包含了创新、独特之意。自然界中的花鸟树木,我们身边的装饰器物,丰富的民族和民俗题材,音乐、舞蹈、诗歌、文学,甚至现代的生活方式,都可以给我们很好的启迪和设计灵感。在服装的历史长河中,正是因为有前人丰富的想象力和独创的精神,才给我们留下了丰厚的宝贵财富。在西方服装设计史上,那些备受瞩目的服装设计师们均以其独特的创造力和想象力在设计上出其巧思。特别是20世纪30年代颇具影响力的意大利女设计师夏波瑞莉，竟将鞋子设计成帽子扣在头顶，将口袋设计成抽屉状，其丰富的想象力及形象幽默、大胆别致的设计风格备受后人推崇。

图1-8　手绘服装效果图（杨希作品）

图1-9　效果图（刘梅作品）

（三）对款式、色彩和面料的掌握

服装的款式、色彩和面料是服装设计的三大基本要素。服装的款式是服装的外部轮廓造型和部件细节造型，是设计变化的基础。外部轮廓造型由服装的长度和纬度构成，包括腰线、衣裙长度、肩部宽窄、下摆松度等要素。最常见的轮廓造型有"A"形、"X"形、T形、H形、O形等。服装的外部轮廓造型形成了服装的线条，并直接决定了款式的流行与否。部件细节的造型是指领型、袖型、口袋、裁剪结构，甚至衣褶、拉练、扣子的设计。

服装的色彩变化是设计中最醒目的部分。服装的色彩最容易表达设计情怀，同时易于被消费者接受。火热的红、爽朗的黄、沉静的蓝、圣洁的白、平实的灰、坚硬的黑，服装的每一种色彩都有着丰富的情感表征，给人以丰富的内涵联想。除此之外，色彩还有轻重、强弱、冷暖和软硬之感等，当然，色彩还可以让我们在味觉和嗅觉上浮想联翩。熟练掌握和运用服装面料特质是成熟的设计师所应具备的重要能力。设计师首先要体会面料的厚薄、软硬、光滑粗涩、立体平滑之间的差异，通过面料不同的悬垂感、光泽感、清透感、厚重感和不同的弹力等，来悉心体会其间风格和品牌的迥异，并在设计中加以灵活运用。不同质地、肌理的面料完美搭配，更能显现设计师的艺术功底和品位。服装款式上的各种造型并不仅仅通过设计图纸实现，而是用各种不同的面料和裁剪技术共同达成的，熟练地掌握和运用面料设计才能得心应手。于服装设计而言，服装的款式、色彩和面料三元素缺一不可，这也是设计师必须掌握的基础知识。对款式、色彩、面料基础知识的掌握和运用也能一定程度地反映一个设计师的审美情趣、品位和艺术功底。

（四）对结构设计、裁剪和缝制的理解

结构设计、裁剪和缝制技术也是服装设计师必须掌握的基础知识。结构设计是款式设计的一部分，服装的各种造型其实就是通过裁剪和尺寸本身的变化来完成的，如果不懂面料、结构和裁剪，设计就只能是"纸上谈兵"。不要以为结构设计、裁剪是打版师傅的事情，只会画图、不懂打版的设计师肯定不是一个完美、成熟的设计师。不懂纸样和结构变化，设计就会不合理、不成熟，甚至无法实现。20世纪的许多大师都是直接从服装的裁剪和结构入手，并把这些作为十分重要的设计语言，如巴伦夏卡、朗曼、威奥内特、山本耀司等。仔细研究大师们的作品可以看到，服装的结构设计深富内涵、表现力独特，其深沉、含蓄而不张扬的风格非常值得细细品味。如果不精通裁剪和结构设计，我们对作品的欣赏只会停留于肤浅的表面，设计也只能是一个空架子，经不起推敲和考验。缝制也是服装设计的关键，不懂得各种缝制技巧和方法，也会影响我们对结构设计和裁剪的学习。缝制的方式和效果本身也是设计的一部分，不同的缝制方式能产生不同的外观效果，甚至是特别的肌理效果。有的设计师借助"缝纫效果"作为设计语言来尝试新的效果，这种手法在成衣设计中非常普及。这就要求设计师熟知服装行业中的各种加工设备及服装缝制专用机件，对针织、梭织的加工工艺了如指掌，才能在设计运用中得心应手（图1-10和图1-11）。

图 1-10　服装造型设计、色彩设计、服装材料应用

图 1-11　服装结构设计、服装工艺制作

（五）对服装设计理论及历史的了解

服装设计的初级阶段是对一些基础技法和技能的掌握，而成功的服装设计师更重要的是应具备设计的头脑和敏锐的创作思维，只掌握基础技能、能画漂亮的效果图是远远不够的。艺术院校服装设计专业都开设有服饰理论课程，学生通过这些课程可以了解中外艺术史、设计史、服装史和服饰美学等理论知识，同时还能开阔学生的眼界、拓宽设计思路，启发他们的设计灵感。特别是学习中外服装发展史，其源远流长的服饰演变能为我们提供诸多的设计灵感，如古埃及风格、古希腊风格、哥特风格、巴洛克、洛可可风格等在现代服装大师的作品中随处可见。只有了解中西服装发展的历史，理解现代服饰的演变，才能在设计中立足于现代并预测未来。了解中西服装发展史的变化，也会使你更深地体会中西服饰的差异，使自己明白身

为东方的服装设计师应该如何面对西方服饰、如何在设计中体现民族风格、如何在世界服饰舞台中赢得一席之地（图1-12）。

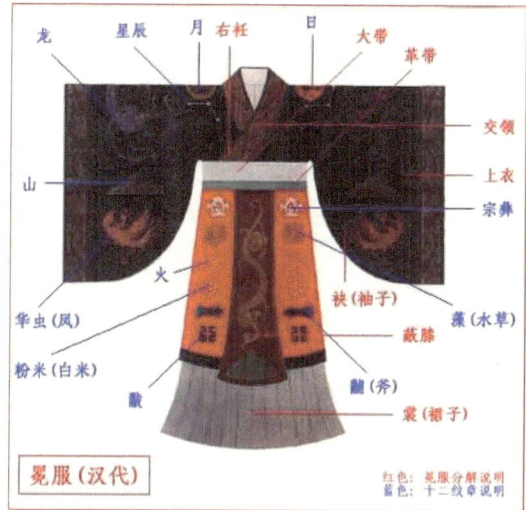

图1-12 中西方服装发展

（六）对20世纪服装发展史和大师风格的掌握

了解和掌握20世纪服装发展史及大师的风格是成为服装设计师的一条快捷之路。从20世纪初期的CHANEL到21世纪初的加里亚诺，每一位设计大师都为我们在服装史上留下了恒美的一笔；二三十年代优雅浪漫的低腰露背装；50年代典雅富贵的高级时装；六七十年代叛逆怪异的嬉皮士/朋克服饰；80年代宽肩、松身男性化职业女装；90年代型甘迷人的蕾丝、透视服饰……只有深入学习20世纪服装的发展历史，才能理解那个时代大师们的设计风格和艺术表现，从而运用到自己的服装设计当中。20世纪80至90年代，德国的设计大师卡尔·拉格费尔任CHANEL公司的首席设计师，为了扭转CHANEL公司当时的困境，为其注入新的活力，卡尔·拉格费尔首先从熟悉夏耐尔品牌的设计风格着手，以至于对CHANEL几十年历史中的每一个款式，他都可以一边默写一边讲解。在充分了解CHANEL风格和设计历史之后，卡尔·拉格费尔一改CHANEL套装的沉闷和单调，推出了20世纪90年代粉彩、性感的CHANEL套装，使CHANEL服饰重振旗鼓，再次赢得年轻女性的喜爱，从而恢复了CHANEL品牌往日的活力。

（七）了解市场营销学与消费心理学

一名成功的设计师首先应在市场上取得成功，要根据企业的品牌定位规范自己的设计风格和路线。卡尔·拉格费尔曾同时兼任夏耐尔、芬蒂、克罗耶三家国际著名品牌的首席设计师，在为每个品牌策划设计时，都以该品牌的定位为准则，张扬了三种不同品牌风格，被誉为"天才设计师"。服装设计师最终要在市场中体现其价值。只有真正了解市场、了解消费者的购买心理，掌握真正的市场流行（而不是时装杂志上颁布的理性趋势），并将设计与工艺构成完美的结合，配合适当的行销途径，将服装通过销售转化为商品被消费者接受，真正体现其价值，才算成功完成了服装设计的全部过程。设计师不仅要快速熟悉各项工作，包括品牌风格、市场定位、竞争品牌概况、每季不同定位的服装设计风格的转变、不同城市流行的差异、所针对消费群对时尚和流行的接受能力等，还要清楚应该何时推出新产品、如何推出、以何种价格推出等问题。

（八）电脑运用能力

随着电脑技术在设计领域的不断渗透，在设计思维和创作的过程中，电脑已经成为服装设计师手中最有效、最快捷的设计工具，特别是一些较正规的服装企业对服装设计CAD、服装设计CAM等设计、打版、推版软件的运用十分普及，绣花纹样、印花纹样等也是靠计算机来完成的。服装设计师要能熟练地运用PHOTOSHOP、COREDRAW和PAINTER等绘图软件。计算机软件其庞大的绘图工具箱、种类繁多的画笔、极具感染力的着色效果和滤色效果可以使设计作品。

（九）观察力

作为一名服装设计师，对服装具有敏锐的观察力是非常重要的。由于服装设计教育过多地强调基础技能和技法训练，学生往往市场意识淡薄，缺乏明晰的思路、敏锐的观察力及整体的思维能力，毕业后不能很快适应设计师的工作。主持一个品牌设计，要靠设计师较强的综合能力和对服装敏锐的观察力，这不仅需要技术上的创意，还需要用理性的思维去分析市场，找准定位，有计划地操作，有目的地推广品牌。所以，如何做出适合自己的品牌风格，使目标消费者穿得时尚；如何吸引顾客，扩大市场占有率，提高品牌的品位，增加设计含量，获得更大附加值，创造品牌效应，是服装设计师应具备的基本素质与技能。

三、名师风采

（一）夏帕瑞丽（Elsa Schiaparelli）

传奇服装设计师夏帕瑞丽，在20世纪30年代风靡整个巴黎。早期她以设计帽子起家，一出道即备受瞩目，当时的时装女王可可·香奈儿（Coco Chanel）也不得不对她刮目相看。可可·香奈儿说艾尔莎·夏帕瑞丽是个"会做衣裳的画家"（图1-13）。

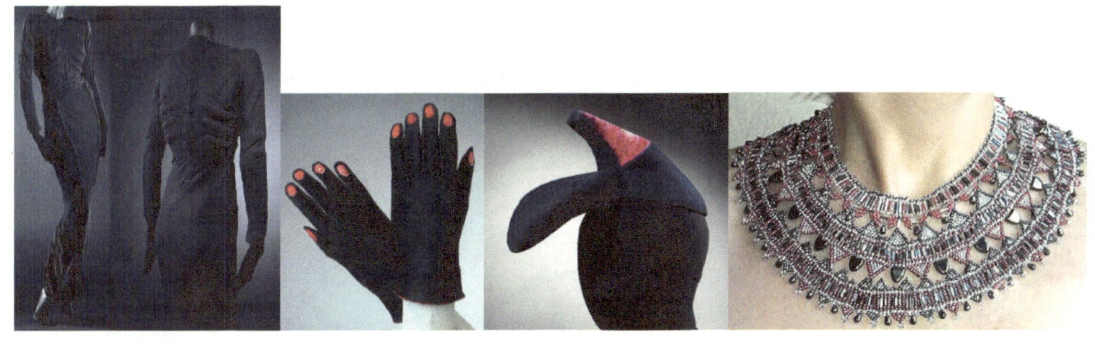

图 1-13 1938 年的骨架裙，带红指甲的手套和鞋帽

（二）伊夫·圣·罗兰

伊夫·圣·罗兰于 1936 年出生于阿尔及利亚的奥尔兰，他 17 岁来到巴黎，家庭的关系和他在素描方面的基础使他顺利地进入时装界并开始为克里斯蒂·迪奥工作。四年后迪奥去世，伊夫·圣·罗兰接替了他的工作。

伊夫·圣·罗兰直到 1961 年伴随秘密和传言与迪奥分手后，才启用 YSL 这个名字。自从 1962 年 1 月 29 日他的第一个时装发布会以来，那三个曲线字母的连接就成为时装风格渐变并使当权派震惊的标志。1969 年 9 月 10 日，圣·罗兰身穿"狩猎外套"出席首间成衣店开幕仪式；1967 年，Yves Saint Laurent 设计的非洲系列就出现了锥形 Bra；Yves Saint Laurent 借用 Mondrian 抽象几何色彩画作设计了短裙（图 1-14）。

图 1-14 抽象几何色彩画裙

（三）乔治·阿玛尼

乔治·阿玛尼（Giorgio Armani），是一位著名的意大利时装设计师。

出生于意大利艾米利亚-罗马涅皮亚琴察，学习过医药及摄影，曾在切瑞蒂任男装设计师，1975 年创立乔治·阿玛尼公司。曾获奈门-马科斯奖、全羊毛标志奖、生活成就奖、美国国际设计师协会奖、库蒂·沙克奖等奖项。乔治·阿玛尼现在已是在美国销量最大的欧洲设计师品牌，以使用新型面料及优良制作而闻名。白手起家、自学成才的天才阿玛尼已经年近古稀，却依然对工作狂热、要求严谨、事必躬亲。他曾经说过："工作就是我的生活，我没有闲暇留给他人。"也有人说他和他的时装在一起时，竟有一点寂寞的味道。对于阿玛尼来说，时装可能就像空气一样，没有的话他会窒息（图1-15）。

图1-15　乔治·阿玛尼

（四）三宅一生

1938年，三宅一生出生在日本，他的母亲在1945年的原子弹爆炸中受伤，战后几年就去世了。在他的童年时代，日本还是一个贫穷和满目疮痍的国家，美国占领期间给日本带来的西式时尚：玛丽莲梦露、米老鼠、电视和速冻食品，都给儿时的他留下了深刻的印象，那时的日本人中，有很多人向往去美国和过美国式的生活。三宅一生有面料魔术师、一生褶等称号（图1-16）。

图1-16　三宅一生作品

（五）张肇达

张肇达出生于广东省中山市，曾任中国服装设计师协会副主席、亚洲时尚联合会中国委员会主席团主席、清华大学美术学院兼职教授。他是20世纪80年代走向世界的中国时装设计的拓荒者，在市场与优雅之间创造完美平衡，是一位颇有争议的当今中国最有影响力的时装设计师。伴随着记忆中梦的影子和激情，他走上了一条实现梦想的时尚品牌王国的缔造之路。他的成功，源自丰富的文化内涵，同时也源自他始终低调而不懈追求服饰的完美境界和态度。张肇达的激情与梦想，尽情舒展在他的Creation系列品牌中。从"东方晨彩""贵魅惊艳""大漠"，到"紫禁城"及"江南"高级时装发布会……无一不包含着向生命中某些尊贵元素致敬的意味（图1-17）。

图1-17　张肇达作品

（六）郭培

郭培毕业于北京二轻工业学校服装设计专业，曾任北京市童装三厂设计师等，是各路演艺名人的御用服装师，是北京奥运会颁奖礼服的设计师，是外国媒体眼中了不起的中国服装设计师，更是中国高级定制梦工厂的掌门人，她十几年来始终坚守着对完美的追求（图1-18）。

图1-18　郭培作品

（七）其他

路易·威登集团（LVMH）：路易·威登（Louis Vuitton）、迪奥（Dior）、纪梵希（Givenchy）、高田贤三（Kenzo）、芬迪（Fendi）、马克·雅克布斯（Marc Jacobs）（图1-19）。

图 1-19　路易·威登集团旗下品牌

古驰集团（GUCCI）：伊夫·圣·罗兰（Yves Saint-Laurent）、巴黎世家（Balenciaga）、亚历山大·麦昆（Alexander McQueen）（图 1-20）。

图 1-20　古驰集团旗下品牌

本章小结

本章对服装设计的基本知识、概念、分类、特点、发展等作了简要介绍，并从服装设计的构成要素、基本内容等方面对服装设计进行了分析，这是服装产业相关人员，包括决策者、市场总监、销售部门及设计师必须要熟知的内容，因而也是这一章的重点。作为学习服装设计的人员尤其是专业院校学生，应该在了解这些理论知识的基础上多到市场或者服装企业做市场调研，从而对服装产业有更切实际、更深入的了解。本章还对作为服装设计师的基本要求和服装设计岗位职责要求以及本课程的学习方法作了简要介绍，合格的服装设计师必须对这些要求非常了解，才能知道要掌握哪些知识。

思考与练习

1. 成为一名优秀的服装设计师，需要作哪些准备工作？
2. 从服装设计三大构成要素方面，赏析国内外服装设计师的作品。
3. 收集至少 5 个品牌服装，图片不少于 5 款，写出每个品牌的设计理念。

第二章　服装美学原理

第一节　服装的形式美原则概述

服装设计整体美感的形成离不开形式法则的运用，服装设计的形式法则主要体现在造型构成、色彩搭配和材料运用上，要处理好各个设计要素的相互关系，必须借助形式美的基本规律和法则，才能形成统一和谐的整体，获得理想的设计效果。

一、形式美的概念和意义

形式美构成艺术形象的外在形式元素的综合美感。所谓的形式美是在经过整理，有统一感、有秩序的情况下产生的。秩序是美的最重要条件，美从秩序中产生。把美的内容和目的除外，只研究美的形式的标准，叫作"美的形式原理"。

二、服装设计的形式美

服装设计的形式美原则、形式美法则是美的通则，当构成服装的各要素之间统一和谐时，即服装的廓形、材料组合、形式构成、图案配置和谐时，能产生平衡美；当恰到好处地把握服装构成元素的大小、多少、强弱、轻重、虚实、长短、快慢、曲直等变化时，便产生韵律美、节奏美。所以要提高服装形式的美感，就必须从最基本的构成元素入手，考虑其形、质、色及元素间的组配感觉。简洁的形式特征明确，是种理智的、直观的美的体现，复杂的形式更强调构成的秩序之美、对比调和之美。

第二节　形式美的原理及其在服装中的应用

一、重复与韵律

重复与韵律指在一件衣服上不止一次地使用设计元素、细节和裁剪。这一设计元素或者设计特征可以被规则或不规则地进行重复，在设计统一的前提下，又可以形成多样的效果达到设计目，如在服装局部以大面积纽扣装饰，这正是使用了设计的重复原则，通过纽扣这一简单的设计元素，以个体的不断重复，由点及面形成视觉中心。此外，重复亦可以成为女装结构的一部分，例如裙褶，或是织物本身的一个特征——条纹、重复印制的图案或重复应用的装饰物。

韵律会产生一种规则的节奏美，产生一种流动的状态美，一种有趣的运动感。通过打破韵律的规律美，使设计产生对比和冲突在此基础上重建新的秩序，并形成美感。如流动的线条变成富有节奏感的直线，有规律的连续褶裥变化被打破，纹样、装饰、造型的渐进变化被打破，规律的色彩过渡被打破，反复、交错应用的材质组合突然改变等，都会形成新的视觉刺激和趣味性。

图 2-1　重复与韵律（刘梅作品）

在重复使用一个设计元素的同时，可以强调一定的韵律性，像音乐中的节奏，在平缓的韵律中，通过节奏创造出强烈的效果。无论是通过规则特征的重复还是通过印制在织物上的基本花纹表达，都要遵循设计的重复原则（图 2-1）。

二、对比与协调

（一）对比

对比是一种利用矛盾来强化效果的结构方式，参与的形式要素具有完全相反的形态，互为反衬，使得各自原有的特征更加鲜明，要素之间又不是绝对离散的，构成了一体关系。在艺术领域中，常常运用对比手法来突出和强化表现对象的审美特征或审美效果。对于服装设计来讲，对比的运用主要表现在三方面。

1. 造型对比

造型对比包括面积大小的对比，如宽松的针织外套配穿紧身裤；长短之间的对比（上长下短、下长上短、内长外短等），如瘦长的衬衫搭配短小背心；松紧之间的对比（上松下紧、下松上紧、内紧外松等），如窄身的夹克配穿宽大的垮裤（图2-2）。

2. 色彩对比

利用色彩对比可以使服装构图中的各个设计元素（面料、饰物、装饰线等）互为衬托，在视觉上产生丰富的韵律和节奏美感。色彩对比包括：色相之间的对比，如冷色与暖色并置；明度之间的对比，如亮色与暗色并置，充分考虑上下装、内外装、服装与饰物间的黑白灰效果，另外还要注意黑白灰的穿插变化，以求丰富的层次感；纯度之间的对比，如灰色与纯色并置。在运用色彩对比时，要注意对比色彩面积大小的处理，对比面积差距越小，对比效果越强烈，反之，对比效果越弱。此外，在相对比的两种色相中，为了取得相对平衡的视觉效果，一般面积大的色彩，其纯度和明度相应低一些；面积小的色彩，其纯度和明度相应高一些。例如穿裤子时配一条对比色的腰带，颜色的撞击引起人们对服装特征细节及对配饰的注意。对比特征引导视觉走向，在整体服装效果中产生新的焦点（图2-3）。

图2-2　对比与协调（邢马源作品）

图2-3　色彩对比（邢马源作品）

3. 材质对比

服装面料品类繁多，不同的面料有不同的肌理特征，能带来不同的视觉观感。设计师常常将不同肌理的面料组合，如粗犷与细腻、平整与褶皱、轻柔与硬挺等，使服装呈现独特的审美感受（图2-4）。

对比原则的运用需要谨慎，因为它们会成为比较重要的视觉中心。织物纹理的对比提升了衣料本身的效果，例如粗花呢的夹克配一件丝绸衬衣，通过面料质感、光泽度的对比提升了服装整体搭配效果。对比不需要走极端，要把握好一定的度和量，如穿裙装时搭配高跟鞋或平底鞋这样的区别。

图 2-4　材质对比（邢马源作品）

（二）协调

协调意为和谐。如果对比是一种寻求变化和差异，形成刺激和兴奋的方法，那么协调就是构成一个和谐的整体，能带来舒适和惬意。在服装设计中，将形态、色彩、材质、装饰、工艺等设计要素进行空间或者位置的合理调整，使各个设计元素之间高度和谐，形成审美效果。协调的常用方法包括类似式协调、对比式协调和失谐式协调三种协调形式（图2-5）。

1. 类似式协调类

类似式协调就是用类似元素较多的个体进行协调。由于具有的相似之处较多，而对立元素少，给人温和、平稳的感觉。如T恤与牛仔裤的搭配，因两个单品具有许多相似之处，造型简洁单纯，面料都为棉质，用途都是实用本位的，风格都是休闲型的，所以两者就很容易协调。再比如在一套服装上都采用接近色调，也会成为类似式协调。需要注意的是，这种协调方式由于个体间的差别减少，容易缺乏新鲜感和新奇感。

图 2-5　协调（邢马源作品）

2. 对比式协调

对比式协调是一种采用对立元素较多的个体进行协调的方法。对立元素之间本身相互排斥，但如果将它们用适当的方法组合在一起时，能产生与各自元素截然相反的新的审美效果。对比式协调能给人以明快感和生动感，但是如果各个元素缺乏一定的关联性，就会变得不协调，从而影响审美效果。在设计中若想获得反差效果，可以运用各自特点完全不同的元素，如用有光泽的缎料与吸光的毛料组合，或者在黑色的西装上配以白色手帕装饰。需要注意的是，当运用材料获得反差效果后，其他组成元素之间应保持关联性，这样才能形成对立元素之间的适合感。服装中的燕尾服、晨服等服饰采用的就是这种设计方法。

3. 失谐式协调

失谐式协调就是失去平衡的意思。这种协调方式原来用于音乐的表现。看似失去和谐的音调，在赋予了深浅和变化后，在整体上形成了具有新鲜感的音乐。在服装设计中，把不和谐的元素组合在一起，也能形成新的协调感。例如，近年来深受年轻人欢迎的混搭穿着风格，运用的就是这种设计形式。按常理，对比反差过大时，会失去协调感，但在实际运用中，如果还能让人感受到美，虽然不和谐但还是会形成一种另类的协调。使用这种方式需要注意，不和谐的元素不能过于繁杂和凌乱，否则会令人产生不安、烦躁的情绪，当然也就无法形成协调了。

三、节奏与反复

（一）节奏

节奏与反复都是制造富有韵律感的服装样式的有效手段。

节奏原本是音乐概念，是指音乐中节拍轻重缓急的变化和重复，具有时间感。节奏能唤起人们情感的共鸣，在日常生活中很多有规律的运动形式都可以构成节奏，如人的行走跑步、水面的波光、建筑的门窗组合等。在艺术设计或美术创作中，节奏是指同一视觉要素有规律地交替出现，在连续重复的变动中产生运动。节奏是有规律地重复出现的线条、色彩、装饰等变化，是服装设计中常用的美学法则。前律是有反复过渡、浓淡流线放射等变化，在服装上的应用有连续渐变交错、起伏等表现形式。对服装设计而言，节奏主要是借鉴吸收自然界与人造物中规律性的重复变动所形成的美感形式，这种形式通过点、线、面、体的构成体现出来，如结构的连续设置、皱褶的反复出现、纽扣的聚散排列、色彩的强弱和明暗渐变或反复等，构成了具有节奏韵致的衣着外观。

（二）反复

反复是指同一事物的重复或者交替出现，也是表现节奏韵律的一种方法。在服装设计中，反复是款式构成的基本手法，例如相同的造型形态有规律地连续使用，一组色彩组合的交替出现都会产生韵律感和统一感，产生令人悦目的视觉效果。值得注意的是，反复的间隔需要有效地控制，既不能过大，也不能太近，过大会使形式松散而影响整体感，太近则会缺乏表现力而减弱视觉效果（图2-6）。

图2-6　纹样的反复运用产生了节奏韵律感（冯钗茜作品）

四、强调与错视

通过将观察者的注意力聚集到服装的一个特定区域，强调即可创造一个趣味中心，它是一种画龙点睛、突出重点的美学法则。在服装设计中突出身体某一部位，或突出某一造型元素等都会使服装呈现出不同的风貌。强调服装设计进程中对于此次的选择过程，服装的色彩、细节、工艺、面料肌理、廓形、配饰、搭配都可以在这一过程中成为起支配地位的要素，其特征会被复杂化、精细化、夸张化处理，而其他要素则会被弱化、单纯化处理。

强调的主要方法就是加强。例如线条的加强，裙服加褶用装饰缝等；款式结构的加强，如单件服装结构设计的组合结构构成的特异设计；工艺的加强，如加挺胸衬、垫肩等；装饰的加强，如服装上绣花、拼贴抽褶、打气眼钉珠片、加金属扣、镶花边、装肩襻、加羽毛蓬松等（图2-7）。

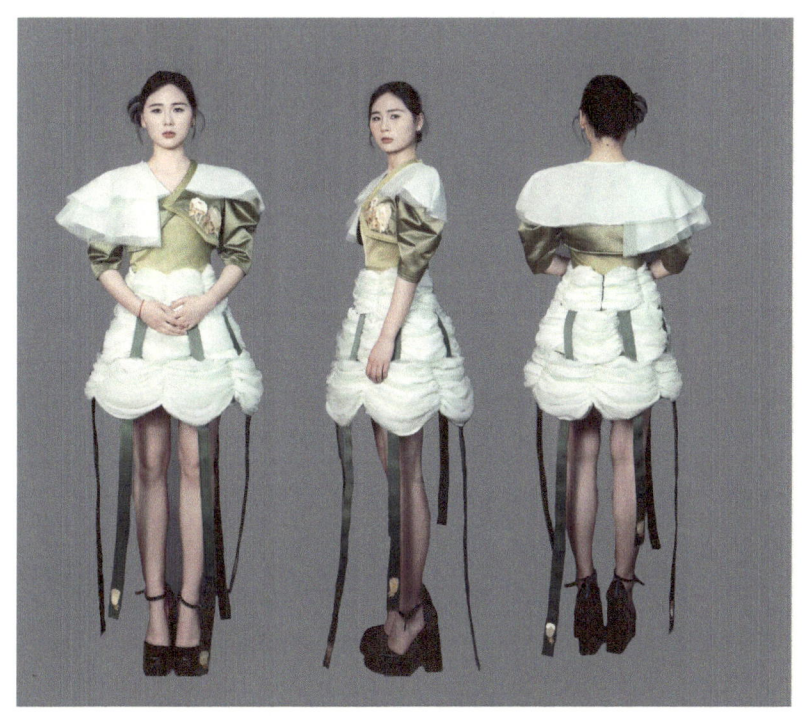

图 2-7　强调与错视（吕贤诺作品）

对比也是常用的强调手法。造型上的对比、风格搭配的对比，如正装与街头流行服装的层叠搭配；材料质感风格的对比，如蕾丝与毛领的对比、法兰绒与皮革的对比；色彩对比，如黑色配鲜色、白色与彩色、明暗色的对比。强调的手法常常通过色彩、细节、工艺、面料、廓形、配饰搭配等设计要素来呈现。在强调的过程中，强调的程度、数量决定了服装的最终效果和风格。强调的控制是衡量服装设计完成度的关键。

错视是视知觉的一种幻象，如近大远小、近实远虚、视差补色、视差矫形、横条扩张、竖条增长等错误的视觉印象。在艺术设计中，错视多是凭借各种线条、色彩和形状的不同组合来制造错觉视像。将错视的规律引入服装设计中，其主要目的是突出美化人的优点，弥补人的缺陷，有时也是为了增强设计趣味。在设计方法上，就是通过形态、色彩、材质、线条等的夸张对比，营造优于客观实际的穿着外观。例如利用服装中深色竖条或竖分割线以及简练的直线廓形，可造成胖人显瘦的错视，相反，如果是横条，则造成瘦人显胖的错视。再比如，服装的衣领大小也可以对人的形象产生错觉，大衣领会缩小脸型，相反，小衣领则会使脸型突出；高衣领可缓和长脸特征，低衣领可弱化圆脸特征。服装设计中常常利用这些错视印象达到造型和矫形的效果，使产品设计更加完美（图 2-8）。

强调和错视是加强服装特点、美化人体形态的有效方法。服装设计中的强调夸张运用，主要体现在形态、色彩和材质方面，不同程度的强调运用造就了不同程度上的错视掩饰效果。需要说明的是，具有强烈刺激感的强调设计，一般运用于创意性服装及表演性服装上。

五、比例与分割

世界上任何一件整体统一的事物，都是由一个或几个部分组合而成的，整体与部分或部分与部分之间都存在着某种数量关系，这种数量关系叫作比例，是有长短、大小、轻重、质量之差产生的平衡关系。

（一）比例

比例是事物局部与整体或局部与局部之间的数量关系，又称比率。服装造型设

图2-8 利用线条组合产生视错视像，通过结构设计产生视错效果（学生作品）

计的比例关系主要体现：服装造型与人体的比例、服饰配件与人体的比例、服装色彩的配置比例在服装中的运用。

黄金比例和黄金矩形是世界公认的美的比例。黄金比例在服装中的运用，如男西服及中山装的肩宽与衣长的比例通常是3∶5，西装驳头的驳位，在衣片分割的位置正好是3∶2，夹克衫的育克装饰其衣片的分割位置应以3∶2为好；连衣裙以腰节线为分界，上3下5，正常腰线的裙子运用5∶8的比例；大衣如有腰带上下比例以3∶5为宜；两件套的衣长与露出的裤长之比，应以2∶3或5∶8为宜，以短裙代裤则将比例倒过来成3∶2或8∶5。

（二）分割

如果说比例是一种能被人认知而产生美感的特征形式，那么分割就是人们按照理想比例关系而形成的具有审美效果的一种行为方式，两者有着密不可分的关系。古希腊毕达哥拉斯学派曾从数学关系的角度去探讨美的规律，提出了黄金分割定理，即将事物分成两个部分，较长的一部分与较短的一部分之比等于全长与较长部分的比，它们的比例大约是1.618∶1或近似于8∶6的关系。按照这种比例关系可以组成优美的图案和形象，它曾大量运用到建筑、绘画和雕塑等领域，保留至今的雅典

巴特农神庙、米罗岛的维纳斯雕像等作品无不透视出和谐的比例之美。

服装设计中的比例与分割，需要凭借设计师的审美经验，根据实际人体比例以及服装不同品类的特点来把握。一方面应遵循惯用的审美比例原则分割，另一方面应根据不同服装类型以及审美风格营造，以便达到良好的设计效果。在设计中，服装的比例与分割是以人体的比例结构为依据的，服装造型与人体所形成的比例关系关乎着装的整体美感。从横向上看，服装的长度比例以人体的肩线、胸线、腰线、臀线、胯线、膝线、踝线和肘线为基准。

服装的比例与分割其实就是服装整体与局部、局部与局部之间的面积大小问题。设计过程中，设计师需要凭借良好的审美意识，在控制比例平衡的前提下，通过长短、大小、宽窄等比例的变化，营造视觉上的不同面积比，从而形成服装的形量差异。很多新颖的设计就是通过这种相对严谨和灵活的适度比例与分割而产生的。人体着装时，由于受到发型、帽子、鞋等因素的影响，比例会发生变化。因此，不能用固定的比例评价衣服的美，而应考察衣服能不能使着装者的身体显得协调。再美的衣服如果不适合着装者，就无法体现美感。此外，不同时代，有不同的审美倾向，美的比例关系也会随时代的变化而发生变化，从这点上看，设计师应在体型的基础上，寻找符合时代审美的着装比例关系（图2-9）。

图2-9　比例分割（杨希作品）

六、对称与均衡

对称与均衡是指服装中心两边的视觉趣味、分量相等，它是服装美原理的重要组成部分，并对服装设计的效果起着决定作用。对称也称轴对称，指轴的两边造型、面料、工艺、结构、色彩等服装的构成元素完全相同。均衡是一种较为复杂的设计形式，虽轴两边的造型、面料、工艺、结构、色彩等构成元素不完全相同，但在视觉上是平衡的。服装设计中，通过调整服装的细节设计，如工艺、装饰、衣身结构等变化，使服装在视觉上产生平衡感。对称设计和均衡设计都可以创造出优秀的服饰，但都必须要把握住其中各种组成要素的均衡和协调关系。

一般来讲，对称设计形成的均衡感比较稳重，适合古典风格设计。通常情况下，由于其规律性、秩序性，使其很难有趣味性，只是在设计中让人达到一种平衡感而已，服装设计可通过对面料、色彩、造型、着衣功能的夸张改变，使原本庄重、典雅的服装面貌变得街头、前卫。

不对称设计也会产生均衡感。为了使人们对产品更加感兴趣，达到令人激动和注目的效果，设计可以使重心离开中心位置，有流动感和多变感。中心两侧形、色、质的分量和数量不同，虽然难以把握，但却能给人以新奇感、趣味性。如精巧别致的、惹眼的小面积外形设计和平坦无变化的大面积对比。

均衡是重要的结构设计原则，它要求形式的异类因素之间具有大体相当的质量，在大小、多少、重轻、明暗等方面呼应起来，允许差异存在，但是不能过分，不能产生偏载。

均衡可以分为两种状态：标准平衡和非标准平衡。

标准平衡也被称作"正平衡"或者"对称"，是典型的绝对平衡。在标准平衡中，各形式要素之间是对等的，同质同量，一般要有一个中心界限，呈上下结构，左右结构，或者前后结构。标准均衡表现为稳定、静止和内敛特征，从另一方面看，也缺少视觉上的活力，不容易引起人们的关注。

非标准平衡也叫非正平衡，或者相对平衡。左耳戴耳环、右手戴手镯便是非标准平衡的着装方式，它们的位置有错动，但是一左一右是平衡的；装饰品的量也有区别，但是小一些的在上位，大一些的在下位，也大体保持了上下呼应的格局，为了使其间的关系紧凑一些，在款式上可以一体化起来，那就更接近均衡设计原则了（图2-10）。

图2-10　对称设计和非对称均衡设计（贾世纪作品）

七、变化与统一

变化与统一，也称多样统一，是对立与统一的规律在形式美中的体现，也是形式美的规律。艺术人员必须通过观察、认识、分析，把变化与统一的形式美的规律运用到艺术设计之中，赋作品以形式美感，从而产生诱人的魅力。

变化是指形状、色彩、材料上相异的各种因素汇集而成的一个整体，造成一种强烈的对比效果。简单地说，就是多样性和差异性。例如，款式上的不对称、职业服与领结的搭配、纽扣的点缀、不同面料的搭配、色彩的对比变化等，产生变化的条件就是对比。

统一指服装中各组成部分的一致或相似，并使局部服从于整体、个性融于共性，从而达到整体美的效果。服装造型的变化，主要体现在以下几个方面：（1）内容与形式的统一；（2）服装构成要素的统一；（3）外轮廓与分割线的统一；（4）局部与整体的统一；（5）装饰工艺的统一。

服装造型设计中，要把握好变化与统一的规律，做到在变化中求统一，在统一中求变化（图2-11）。

图2-11　色彩变化材质统一（朱俊伟作品）

八、省略与夸张

省略是服装上用明线来体现缝制的装饰结构，那就要省略其他线缝的出现。

夸张是走向极端的结构方式。作品的某种审美感觉或者审美局部被放大，突破原有的造型分寸，利用各种手段朝着一个构思方向推进，产生了可以接受的变形效果，就是所谓的夸张。将服装某一部分加以渲染夸大，从而达到加强和突出重点的目的，使精彩部分更加美丽夺目，更有情趣，以达到吸引观众的作用。服装造型的夸张部位多在领、肩、袖、下摆等。夸张的运用应注意尺度的分寸感，以恰到好处为宜（图2-12）。

图 2-12　夸张手法的运用（学生作品）

第三节　服装的造型要素及应用

服装是具有空间性的立体造型，其整体形态是由点、线、面、体四大要素构成的，这些构成要素是服装造型产生形式变化的基础，通过服装的外部形态、内部结构、装饰配件的有机组合体现出来，服装在这些构成要素的运用上有着自身的表现特点与运用方法。

一、造型的概念与特征

（一）概念

造型按动词讲，是指创造物体形象，可以理解为造物活动的一个阶段。按名词讲，是创造出来的物体的形象，可理解为用一定的物质材料，按审美要求塑造出的可视的平面或立体形象。

造型设计是根据设计师的设计意图，以人体为依据，遵循形式美的法则，融合时尚流行元素，对设计要素点、线、面、体进行分解与组合，然后用服装效果图的方法绘制出来，为接下来的工艺制作提供工作依据（图2-13）。

图 2-13 造型设计（冯子桂作品）

（二）特征

研究形状的规律——服装是一种由三维空间所表示的物体，因此，服装造型属于立体构成范畴。服装构成主要是通过点、线、面、体的基本形式进行分割、组合、集聚、排列，从而产生形态各异的服装造型。服装设计就是运用美的形式法则将这些要素组合而形成一种完美的造型。

色彩依附于造型——任何一件物体给人的第一印象往往是色彩，色彩对造型具有依附性，没有造型作附着体的色彩是海市蜃楼、空中楼阁。

具有特定的质感——任何物体都是由一定的材料制作的，并因材质的不同而产生特定的质感，从而产生不同的心理感应。

二、造型四大要素及其在服装上的表现形式

（一）点的设计与应用

1. 点的概念

点是线的界限（两端）或线的相交点，有位置而无大小。在造型设计中，只要它与周围形态相比有凝聚视觉的作用，都可称为点。服装造型中点指相对细小的形态，如口袋、领结、纽扣及作为装饰出现的头饰、包袋、首饰等。点是构成形式美

中不可缺少的一部分，点的重复可以形成节奏，点的组合可以产生平衡，点可以协调整体，点可以达成统一。

点具有以下特征：一是相对性，点本质上是最简洁的形，点的面积越小，越具有点的特征；二是趋圆性，不同形状的点，由于面积缩小，就容易圆化；三是视觉定位性，点在视觉上具有收缩感，几何中的圆点可以把视觉向点的中心集中，从而形成视觉的焦点与画面的中心；四是虚线性和虚面性，点的移动和组合可在视觉上产生强烈的动感，并形成虚线和虚面的特殊效果。虚线和虚面会给人结构上的空灵感，富于变化。

点的变化与作用：在服装设计中，点是构成服装形式美的重要组成部分，是视觉的中心。同时，点具有数量、大小、形态、色彩、材质等的变化。

2. 点的数量

（1）单点的视觉效果：单点具有单纯和集中的特点，给人以集聚性的视觉心理作用。一个圆点在平面上，它与平面的大小关系及与周围环境位置的不同，会让人产生不同的感觉。例如在一个正方形平面上，一个黑圆点放在正中，点给人的感觉是稳定和平静。如果这个圆点向上移动就会产生力学下落的感觉。点的位置移动到左上角或右上角，都会产生动感和强烈的不安定的感觉。反之，将点移到正方形的中部以下，则给人一种非常平稳安定的感觉。

在服装设计中，设计师往往利用单点设计来强调服装的某个局部，起到吸引视线、画龙点睛的设计效果。例如，一套西装上的一个胸饰、夹克上的一个Logo或一个装饰图案，单纯而显眼，视觉效果突出。单点大小、位置与色彩的不同处理会给服装带来不同的视觉效果，当单点处于服装的中间部位时，如把服装的腰带扣造型作为一个突出设计点，则能给人以平衡稳重的感觉；当单点偏离中心而游离一边时，如在T恤的肩部或下摆处装饰图案，则会形成运动感和活泼感。

（2）多点的视觉效果：在同一平面上，多点组合和排列的形式构图，可产生极为丰富的组合效果，会给人以活泼印象、层次印象、远近印象、纹理印象、韵律印象、错视印象等不同的视觉感受。例如当一组多点由大及小排列时，就会给人以远近印象，产生空间感和节奏感；当很多点自由任意排列时，就会给人以分散和杂乱的感觉，但同时又有活泼印象；当不同大小的多点按一定规律变化进行整体排列时，就能形成视觉假象，形成错视印象。

当点密集靠近时，就形成了线的感觉，距离较近的点的吸引力比距离较远的点更强，点的间隔小，它的线化就十分明显。不具趋向性的点的集合也会形成线化现象，从大到小线化的点群，会产生从强到弱的运动感，同时也会产生从近到远的深度感。因此点的集结能加强空间的变化效果，密集的距离相同的点会形成面，随着点的大小及疏密的变化很容易产生深度感。

3. 点的大小

从服装整体效果看，点过大就变成了面，点过小则容易被忽视，起不到点睛的作用。因此，在关于点的处理中，必须与服装整体造型相协调，要根据服装的整体体量和风格点的大小。例如正式西装中的纽扣处理，其大小就有讲究，过大或者过小，都会显得与西装整体不协调，不成比例，削弱西装的正式感。此外，当服装中出现多点运用时，大点往往会形成视觉的中心，成为主点，而小点则会被大点所吸引，成为呼应点或者辅点。因此，在多点的设计中，必须分清大小点的不同作用，在设计上合理运用多点的大小组合，有区别地表现出主点和辅点，以达到设计的完美表达。

4. 点的形态

在服装设计中，点的形成可以有两种形态上的变化，一是几何形态的点，即点的轮廓是由直线和曲线、弧线等几何线构成或结合而成的。例如，服装上的纽扣、口袋、领结等部件，这种点的形态明确，给人以规范、确定之感。二是任意形态的点，其轮廓是由任意形的弧线或曲线构成，没有清晰特定的形状。例如，服装上由面料打结形成的立体点或饰物，这类点的形态自由活泼，给人带来浪漫随意的气息。

5. 点在服装设计中的运用

在服装中，点是经常会运用到的设计方法，其在服装中的表现形式主要体现在辅料、图案和配饰等方面。

（1）辅料中的点：在服装设计中，辅料中的点运用主要体现在纽扣和绳结上。服装上以点的形式出现的辅料一般都体现出功能和装饰的兼顾性。以纽扣为例，纽扣虽然只是一个小辅料，但在服装设计中却起到很关键的作用，纽扣的数目、大小、形状、位置、色彩和材质的不同，都会改变服装的风格与效果。当服装中的纽扣更多强调一种装饰效果时，纽扣作为点设计的运用方法就显得尤为重要。例如，将一粒纽扣放在服装的突出位置，这粒纽扣就可能成为视觉中心，成为设计的表现点；如将纽扣按一定方式排列，就可以产生变化和动态。

（2）图案中的点：与辅料相比，图案作为点设计，不受功能上的限制，发挥的空间更大，视觉效果更强。在服装中，常见的作为点设计的图案主要集中于几何图形、数字图案和字母图案，也有少量的具象图案，如动物图案和人像图案。当图案作为点的形式出现时，既要突出其作为点的特点和优势，以充分吸引视线，又要控制其面积大小，与服装面积形成一定的差距。结合不同的工艺方法，图案所呈现的点的效果和特色也不尽相同，服装中常使用印染、刺绣和贴绣等工艺手法。

（3）配饰中的点：配饰作为点设计出现在服装上，其目的是避免服装过于单调，丰富服装的整体氛围。在服装中，比较常见的有胸饰、丝巾、耳环、眼镜、帽子、领带夹、徽章等饰品；纽扣、钉珠、亮钻等辅料类；衣褶、蝴蝶结等；点缀位置一般多在颈部、前胸、肩部和腰部。作为点设计的配饰会因为位置、色彩、材质不同，给人不同的印象和不同的着装效果。配饰作为点的设计在运用中不可过于强调其醒目程度，以免使服装整体失去视觉的平衡感（图2-14）。

图2-14　装饰点设计

（二）线的设计与应用

1. 线的概念

线是点移动的轨迹，又是面运动的开始，具有视觉引导作用和指向性，可以用静态的方式表达动感和速度感。线没有宽度和深度，但是有位置、长度和方向的变化。在服装设计中，线不仅具有宽度、厚度和面积，还有不同的形状，不同的色彩和质感，是富有立体意义的线。

2. 线的形状

（1）直线：直线是点按固定方向移动的轨迹，是最为简洁抽象的线形。直线给人以硬挺、单纯、规整、刚毅的感觉。服装的廓形和内部分割线多以直线形式构成。直线分为水平线、垂直线和斜线三种形式。水平线具有稳定、扩张、延伸和广阔的特征。在服装造型设计中，为了突出男性的阳刚之美，常常在一些局部，如肩部和背部，添加水平的横线分割来加强健壮、威武的感觉。垂直线呈现挺拔、上升和张力的感觉。在服装造型设计中，利用垂直线可以增强体型的修长感。斜线具有倾倒、分离和不安定的特征，因此较多出现在运动风格的服装中，以求动感和活跃。此外，直线通过组合还可以形成折线和网格线，折线具有跃动之感，网格线富有节奏的动感，在服装设计中，直线常常通过组合的方式来表现，以求达到丰富多变、相互关联的视觉效果。

（2）曲线：曲线是点按不同方向移动而形成的轨迹，相对于直线，曲线更有动感与表现力，具有极强的跳跃感和律动感。曲线从形态上可分为几何曲线和自由曲线两种。几何曲线是指有一定规律的、在一定条件下产生的曲线，如圆、椭圆、抛物线等形态，这类曲线具有饱满、理智、明快、机械、弹性、现代感、冷漠感等特征。自由曲线是一种没有规律的、有一定随意性的曲线，如波浪线、弧线、漩涡线，这类曲线具有丰润、柔和人情味等特征。在服装设计中，曲线运用显得比较谨慎，一般会显现刚柔俱备的审美特征。

（3）组合：线有宽窄之分，粗线给人厚重、有力的感觉，细线则给人细腻、敏锐的感觉。线通过不同的排列组合，可以产生不同的视觉效果。例如，若干条水平线倾斜排列时，会产生运动感；若干条直线交叉组合时，感觉有一种向心力，向交叉点收缩；若干条直线一端向内聚拢，一端向外发射，感觉有一种离心力，向外扩散发射。在服装设计中，如何进行线的排列组合运用，可以从两方面去考虑：一是按线性的知觉感去选择排列方式，如服装的轮廓线和主结构主要采用平行线与垂直线的方式组织，服装则获得方正、简洁、刚直、稳定的视觉效果；二是按服装功能要求选择相适应的线形，如运动服设计，可以选择斜线的排列组合，以获得活泼、动感的视觉效果。一般来讲，只有线形特征与服装功能要求一致时，线型设计才能显得协调。

3. 线在服装设计中的运用

线在服装设计中是比较常用的造型元素，主要通过造型线、工艺手法、辅料和服饰品来表现。在服装中运用各种线性设计应遵循简洁适度的原则，避免过多使用而使服装显得繁杂凌乱，影响服装的整体感。

（1）造型中的线：服装造型中的线包括廓形线、结构线、分割线等。服装造型中的线基本以直线或弧度不大的曲线为主，以表现男性粗犷的阳刚之气。廓形线属于外形线，与人体的各个部位相依存，其变化是时代变迁的积淀反映，受到客观人体形态和主观视觉意识的影响。结构线和分割线属于内形线，包括领、门襟、衣袋、结构、分割、缝缉、饰褶等。与外形线相比，内形线更易于在服装款式的变化中发挥作用，一些新颖的造型设计往往是通过这些线的不同放置而得以实现的。

（2）工艺手法中的线：在服装设计中，以线为表现形式的工艺主要有嵌条、镶边等手法，主要运用在服装的领边、门襟、衣袋及分割线等部位，拼接不同颜色或材质的布条，形成线性装饰。在一些追求华丽风格的服装上，还会用人造宝石、珍珠等材料缝缀出各种线的形状，形式自由活泼而富有韵律感。

（3）辅料中的线：服装上表现线感觉的辅料主要有拉链、子母扣以及各种绳带等，它既具有服装闭合的实用功能，又兼顾装饰效果。例如拉链，设计师往往利用拉链多变的色彩、不同的质感或长短或粗细进行交错搭配，形成丰富的层次感和韵律感。

（4）服饰品中的线：领带、腰带、围巾以及包袋等饰品是服装上体现线性感觉的主要服饰品类。这些饰品或配件通过色彩、材质和形态的不同变化，取得不同的视觉效果。一般来讲，线性的服饰品通过与服装的交叠或呼应，可以打破服装的平面形式，对服装整体造型起到补充作用。例如，通过对包袋的肩带造型进行设计，与干净简洁的服装相配，既保持了服装的原有风格，又增添了穿着的形式美感。

在服装造型中线是构成形式美不可缺少的一部分，线的组合可以产生节奏，线的运用可以产生丰富变化和视错感，可以通过分割强调比例，可以通过排列产生平衡。线的形式千姿百态，运用在服装中可以取得不同的设计效果（图2-15）。

图2-15 线的设计效果（冯钗茜作品）

（三）面的设计与应用

1. 面的概念

面具有二维空间的性质，有平面和曲面之分。面又可根据线构成的形态分为方形、圆形、三角形、多边形及不规则偶然形等。面与面的分割、组合，以及面与面的重叠和旋转会形成新的面。在服装中轮廓及结构线和装饰线对服装的不同分割产生了不同形状的面，同时面的分割、组合、重叠、交叉所呈现的平面又会产生出不同形状的面，面的形状千变万化。同时面的分割、组合、重叠、交叉所呈现的布局又丰富多彩。它们之间的比例对比、肌理变化和色彩配置，以及装饰手段的不同运用能产生风格迥异的服装艺术效果。

在服装设计中，面作为造型元素，按性质不同分为平面（垂直面、水平面、斜面）和曲面（几何曲面、自由曲面），按轮廓线形差别分为直线型（几何直线型、自由直线型）、曲线型（几何曲线形、自由曲线形）和随意型。

（1）直线型的面：通常长方形、正方形和三角形称作直线形的面。直线形的面具有明确、简洁、线性的特点，用在服装设计中感觉干脆利落、现代感强。方形的最基本表现为正方形，既有直线形态刚直、明快的特征，又有水平和垂直相结合的稳定感，同时又具有等量形态的和谐和条理性。方形面在男装设计中使用较为广泛。西装、中山装、夹克衫等男装，从外形轮廓、肩部装饰线、袋形，多以直线与方形的面来组成，给人以庄重、平稳之感，能较好地体现男性的气质。用形态是方形的减缺形，基本形态为正三角形，感觉极其稳定和牢固。随着三角形边长、角度的变化，服装带来的心理效应也会发生变化。三角形的面常被现代服装设计师重视，尤其前卫派的设计师们将建筑上的构成主义运用于服装设计，他们把服装分割成若干形状的平面，如三角形，梯形，方形等，以不同的色彩予以区分，然后再去组合。但是在一件服装中仅有面感就会觉得乏味，平淡，因此，也用线来连贯、分割，用点来突出焦点（图2-16）。

图2-16　直线型的面

（2）曲线形的面：用数学的构成方式，由曲线形成的面，包括圆、椭圆、扇形、叶形、心形等形态。曲线本身具有柔软、轻松、饱满的特点，容易联想到女性，给人轻松与灵动之感。曲线形的面富有自然法则，具有秩序感和规律性，具有生命的韵律。圆是最经典的中心对称图形，具有向心集中和流动等视觉特征，圆是最单纯的曲线围成的面，正圆的半径相等，外力与内力相抵消，给人以充盈、美好和完善的感觉，是完整圆满的象征。圆形面在女装设计中运用颇多。如古典式的泡泡裙、圆摆裙等局部造型和强调肩部的插肩袖、圆浑丰满的大圆领、圆角的衣袋与衣摆等。圆形设计较为柔和、娇美，所以很适合女性的气质（图2-17）。

图 2-17　圆形结构（朱脉勋作品）

（3）不规则形面：不规则形面在设计中会有意回避规则的几何图形来采用自然形态。有时也会综合多种规则形，总体上给人以不规则的视觉感受。

（4）层叠几何图形面：将几何图形细化，将面料进行一定的叠加，有装饰的效果，层叠展现更加精致，不影响整体的结构，设计更加偏向实用性。穿着要点：因为层叠的展现容易带来臃肿的感觉，所以面料一定要轻薄，或者采用腰带一类的配件做些修饰，让服装整体上更有条理（图 2-18）。

2. 面的表现形式

图 2-18　层叠几何　额外添加几何（郭贺欣作品）

（1）部件中的面：服装上的一些部件能表现出面造型的特征，如领子、衣袋等，特别是面积较大的水兵领、披肩领、大贴袋等。设计师通过形态、色彩、材质及比例等的变化，形成不同面的造型特点，带来面造型的视觉效果。

（2）服装裁片：服装是由大小、形状不同的裁片组合而成的，包括袖片、衣片、领片、裤片等，除了少量一些点状、线状形式的裁片之外，大多数服装裁片都是以面的形态来呈现的，服装是由这些面围拢人体形成的。设计师利用这些裁片，通过面积、色彩、材质的不同来塑造面造型的视觉效果。例如把不同色彩的服装裁片缝合拼接在一起，就会形成不同块面的对比效果，或者把不同质感的面料缝合在一起，也会产生这样的效果。但是如果把同色同料的裁片拼接，缝合线的线造型特征要强于裁片组合的面造型特征。

（3）装饰图案的面：装饰图案的面使得面的感觉更为强烈，具有层次感和韵律感。很多以装饰图案为设计特色的服装中，如T恤、休闲衬衫等，图案往往是关注点，形成视觉中心。当图案在服装中的面积比较大时，就形成了面的设计效果。在设计手法上，当服装上使用大面积装饰图案时，服装结构一般较为简单，所选择的面料也以单色为主，图案往往会成为一件服装的特色，以突出装饰重点，形成视觉中心。

（4）服饰品表现的面：服装上面感较强的服饰品主要有非长条形的围巾、装饰性的扁平的包袋、披肩等。如果领带较大较宽也会形成面的视觉效果，使得服装造型的视觉效果更为丰富（图2-19）。

图2-19　服饰品表现的面（弓佳满作品）

面作为服装构成的首要表象元素，也是形成服装体量的最初载体。在设计实践过程中，服装廓形的构造是给人的第一印象，也是最具面的体征的，它的组合关系对服装结构及服装给人的整体视觉效果都起着基础作用。在服装设计中，面的作用显著，面的差异形态，经过构成关系的作用形成了服装的本体。如果我们将一件服装的基本部件都看作一个个块面的话，这些面的比例变化也就构成了不同的服装样式。前后衣片、大小袖片、领片、黏合衬片、口袋裁片等基础面的组合，构成了一件衣服最基本的外貌，然后在这之中根据设计款式和功能需求的不同，进行小块面的拆分组合，如贴袋、约克、补丁、图形设计、色块拼接等。

面除了形状之外，还有大小之分，各种"面"的量值是重要的美化因素，一般来说，大面积的面提供的是背景和结构基础，小面积的面提供的是细节和视觉焦点。

（5）工艺表现的面：工艺手法在服装上形成面的感觉是许多服装经常用的法。（图2-20）。

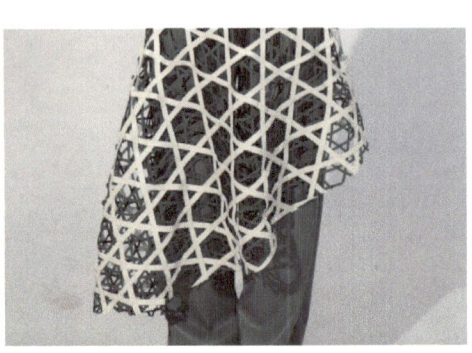

图2-20　竹编手工工艺形成的面（冯钗茜作品）

（四）体的设计与应用

1. 体的概念

体在几何学上是面移动的形迹，移动的结果使两维状态变成了三维状态。体是由面与面的组合而构成的，具有三维空间的概念。不同形态的体具有不同的个性，同时从不同的角度观察，体也将表现不同的视觉形态。体自始自始至终贯穿于服装设计中的基础要素，设计者要树立起完整的立体形态概念。一方面服装的设计要符合人体的形态及运动时人体的变化的需要，另一方面对体的创意性设计也能使服装别具一格（图2-21）。

2. 体的形状

面与面之间的交叉、相接、减缺、差叠、重合等方法，创造出丰富多彩的服装体。不同形态的体具有不同的个性，不同的体可以给人以不同的视觉感受，球体动感较强，方体稳定性较强，圆锥体、棱柱体易于引起人们的注意。

设计中的体可以是面的合拢或点、线的排列集合等，比如面的卷曲、重叠或合拢会形成的体，点线的排列集合、点线构成的内部空间也会形成体。体可以是任意造型（图2-22）。

图 2-21 体的设计（冯子桂作品）

图 2-22 体的形状（冯钗茜作品）

3. 体在服装造型设计中的应用

大小不同的体在服装中可以表现出笨重、厚实、突兀、活泼等感觉。造型比较夸张的裙身或大的零部件、配件通常会有一种稳重感。

（1）衣身表现的体：服装衣身的整体经常会使用宽松浑圆、有一定体积感的造型（图 2-23）。

图 2-23　夸张廓形呈现体积感（邢马源作品）

（2）零部件表现的体：突出于服装整体部位的较大零部件大都具有较强的体积感，如衣身体积较大的服装、皱褶面料反复堆积的服装（图 2-24）。

图 2-24　肩部和袖子表现的体（冯子桂作品）

（3）服饰品表现的体：服装上体积较大的三维效果的服饰品，如包袋、帽子、手套等都是体造型。

本章小结

本章首先讲解服装设计造型要素和形式美法则特征，讲述点线面体在服装设计中的表现、形式美原理在服装设计中的应用，能够使学生形成服装设计的创作手段，并充分理解服装设计技术与艺术的有机结合。

本章通过讲述各个造型要素在服装中的表现，对学生的设计学习进行基础引导，以培养其形态意识，增强其造型观念。

思考与练习

1. 在设计中，如何准确选择设计要素？
2. 选择三种形式美原理进行三套服装设计。

第三章 服装廓形设计

第一节 服装廓形设计概述

一、服装廓形设计的含义

服装的廓形是服装款式造型的第一要素。简单来说，廓形就是全套服装外部造型的大致轮廓。廓形是服装造型的根本，它进入人们视觉的速度和强度更高于服装的局部细节，地位仅次于色彩。

服装廓形变化蕴含着深厚的与社会发展关系密切，同时服装廓形的变化也影响着服装流行时尚的变迁。比如第二次世界大战期间，经济困顿，男性都上了战场，女性不得不做以前均由男性去做的工作，于是简朴方便的军服式服装颇为流行，其廓形特点就是平肩、短裙。第二次世界大战以后，战争的阴影在人们心中慢慢消除，女性又开始寻求能够塑造女性优美线条的服装，于是迪奥审时度势创造出了轰动巴黎服装界的 A 形廓形线。廓形映射着社会的变革。服装的廓形还能反映出穿着者的个性、爱好等内容，长、短、松、紧、曲、直、软、硬等造型的背后，蕴含着审美感和时代感。

廓形是区别和描述服装的重要特征，纵观中外服装发展史，服装的变迁多以廓形的变化来描述，如 20 世纪 40 年代的 A 形，50 年代的帐篷形，60 年代的酒杯形，70 年代的 X 形，80 年代初的 H 形等。由此可以看出，流行款式演变的最明显特点就是廓形的演变。服装款式的流行预测也从服装的廓形开始，把它作为流行款式的基准。设计师可以从服装廓形线的更迭变化中分析出服装发展演变的规律，进而可以更好地预测和把握服装流行趋势。

二、服装廓形发展

15 世纪的服装摆脱早先平面式的造型以后，就进入了"形"和"体"的塑造时期。廓形由最初单纯的矩形，变成了夸张式的"花瓶"形，腰和臀的对比达到了极端的程度。

20 世纪以后，女装廓形变化更加频繁，通常是十年一个周期；

20 年代流行的廓形为细长简洁的"管"状；

40 年代是较中性化的 H 形；

50 年代，战争后的人们更加向往和平，优雅、平和的 A 字廓形成为这个时期的主导；

80 年代，肩部被高高垫起的 T 字造型成为当时服饰形象的代表；

90 年代至今，在人们穿着更加个性化和风格多变的情况下，廓形的流行周期进一步缩短。

（一）20 世纪初的服装廓形

时间：维多利亚时期（1900—1914年），被称作"奢华年代"。这一时期的时尚规则是严格和拘谨的。不服从这些规则可能被社会排斥，因为服装代表着一个人的年龄、地位、社会阶层。

廓形：在这个时期，穿着紧身胸衣的女装廓形是 S 形或沙漏形，紧身胸衣包括纤细的腰部和与之相连的胸部，并与浑圆的臀部相平衡。如果臀部曲线不明显，就要在裙子下面增加一个臀垫作为支撑（图3-1）。

图 3-1　20 世纪初的服装廓形

配件：装饰性极夸张的头饰；小脚很流行，有人故意穿上小几号的鞋子，使脚显得更娇小。

（二）20 世纪初的服装廓形

时间：1914 年，第一次世界大战爆发，这十年发生了巨变。由于动力机车的发明、女权运动的发生，越来越多的女性外出工作，越来越强烈的社会经济独立意识显现，这些都意味着束缚身体的紧身胸衣已经不再适合新的生活方式。战争也促使人们少些浮华度日。

代表人物：法国设计师保罗·波烈（Paul Plirot）

廓形：受中东式长裙和伊斯兰裙的影响，波烈创造出蹒跚裙。尽管这种裙子比紧身胸衣容易穿着，但是它的底摆非常窄，给行走带来困难。后来，底摆升高1~2英寸，由蹒跚型变为可穿性更强的喇叭型，其中一些还打褶或者层层叠叠，与柔软圆润的肩部相协调（图3-2）。

配件：搭配很大的宽边圆顶帽，共同构成这一时期的廓形。

图3-2　20世纪初的服装廓形

（三）20世纪20年代的服装廓形

时间：在喧嚣的20世纪，一个被称作"男孩子式"的新廓形出现了。

代表人物：可可·香奈尔（Coco Chanel）、让·帕图（Jean Patou）。

廓形：这一时期廓形是平胸、平臀、宽肩、低腰。这一时期的大多裙子长度刚及小腿，有手帕式的或不对称的下摆，使得更短的款式得以出现。这一简单廓形让家庭制作服装可以模仿流行款式，时尚变得很容易做到，而不只是有钱人的特权（图3-3）。

配件：很短的、男孩子式的伊顿短发，钟形女帽。

图3-3　20世纪20年代的服装廓形

（四）20世纪30年代的服装廓形

时间：20世纪30年代，世界性的经济衰退和华尔街破产引发了人们大规模失业，最终演变成了历史上有名的世界经济大萧条。

廓形：流畅的20世纪廓形被更柔和的、女性化的廓形所代替，这一廓形强调曲线，腰线回到了自然位置。历史上第一次出现了裙子长度在一天中因时间不同而变化的现象。连衣裙的盖肩袖很短，因此披肩被广泛使用。女性工作繁忙，这些实用的、多功能的穿着方式和时尚意识反映了新的生活方式，合体的服装依然受欢迎（图3-4）。

（五）20世纪40年代的服装廓形

时间：随着第二次世界大战的爆发，欧洲的纺织工业被迫转向军需生产。巴黎与世隔绝，失去了世界时尚中心的地位，很多本土设计师逃往纽约和伦敦。战争岁月里，游手好闲被认为是不爱国的，服装出现了前所未有的功能化，很多妇女开始在军队工作。

代表人物：法国设计师——克里斯汀·迪奥（Christian Dior），宣告了一个革命性的廓形来临。

廓形：20世纪40年代，廓形是军装外观，厚厚的垫肩形成了方形肩部，搭配实用的及膝裙（图3-5）。

图3-4　20世纪30年代的服装廓形　　　图3-5　20世纪40年代的服装廓形

（六）20世纪50年代的服装廓形

时间：20世纪50年代，巴黎重新获得世界"时尚之都"的桂冠。

廓形：战后提倡妇女做家庭主妇，女性穿着紧身上衣和宽下摆裙或者箱形的合体夹克搭配铅笔裙。这时期廓形的典型标志是柔软的宽肩、带有胸衣的细腰和丰满的臀部（图3-6）。

（七）20世纪60年代的服装廓形

时间：社会对于年轻一代的重视程度不断地增长，他们的着装品位、音乐喜好和肆意消费促成了20世纪60年代的保护消费者权益运动，这一时期时尚很快就"过时"了，流行风尚不断更替。

代表人物：杰奎琳·肯尼迪（Jackie Kennedy）的"纯真形象"影响了20世纪60年代早期廓形，如七分袖、圆盆帽、时髦的两件套（连衣裙和开衫）和两片式运动套装。

廓形：20世纪60年代廓形是A形以及不同长度的衬衫裙，迷你裙是这个时期的最佳代表（图3-7）。男女相同的男孩子发型风靡一时，流行的发型非常短，通常剪成球形。

图3-6　20世纪50年代的服装廓形

图3-7　20世纪60年代的服装廓形

（八）20世纪70年代的服装廓形

时间：20世纪70年代宣告了妇女解放运动和权利本土的运动的开始。旅游的大量增加使时尚全球化，来自世界各地的服装风格影响都有可能冲击时尚领域。例如，土耳其长袍、和服式晨衣、耶拉巴斗篷（带尖帽的摩洛哥斗篷）及来自印度次大陆和非洲的服装款式被转变成长裙和其他舒适的服装。风靡全球的服装技巧，如流苏花边、钩编花边等开始流行。

代表的文化现象：疯狂的摇滚乐和迪斯科。

廓形：20世纪70年代，廓形是更为轻松的、修长的。例如：采用浪漫的飘逸面料；乡村风格的套头衫的下摆呈喇叭形，隐藏了腰部的线条；喇叭裤搭配厚底鞋；轻微的卷发（图3-8）。

图3-8　20世纪70年代的服装廓形

(九)20世纪80年代的服装廓形

时间:这十年是经济繁荣、过剩、消费最高时期。设计师品牌和高档汽车是炫耀财富和成功的方式,一个表现良好的股票市场意味着有人可以一夜暴富。此时,在一些工作岗位上,女性穿着强势,与男性公平竞争。她们需要生活的一切——成功的事业、平等的社会地位和幸福的家庭。尤其流行穿着护腿、穿着名牌运动服的运动形象。

廓形:女装廓形被大垫肩、军装式的垫肩所统治,过大的、丰富多彩的珠宝、宽腰带、膝上窄裙和带有匕首跟的尖头鞋(图3-9)。

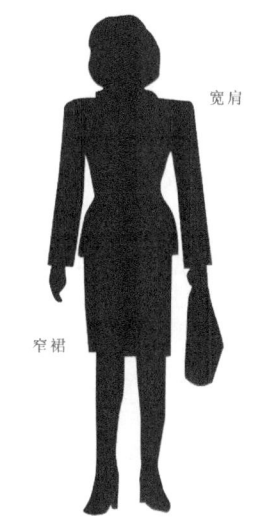

图3-9　20世纪80年代的服装廓形

(十)20世纪90年代的服装廓形

时间:在物质过剩的20世纪80年代之后,开始减少被称作"极少主义"的形式。90年代随着网络的出现,时尚开始全球化,少了垄断,多了选择,人们可以自由选择自己喜欢的衣服。时装更易仿制,经常在商场打折销售。消费者的消费变得更加理性,要求更高。

廓形:时髦的、性感的两件式裤套装。长裤搭配简单的窄肩衬衫,再加上少量突出的饰品(图3-10)。

图3-10　20世纪90年代的服装廓形

三、服装廓形设计的原则

(一)考虑材料的造型极限

服装款式设计一般是从确定服装廓形开始的。作为服装款式设计的首要步骤,服装廓形从总体上表述了服装的外部造型,从而确定了服装的大致风格。任何一种服装廓形都需要一定的服装材料和制作环节来配合实现,而任何一种服装材料在造型上都有一定的限制，一种材料不可能胜任所有想要表现的效果，因此，设计师必须熟悉服装材料特别是服装面料的造型极限，用最合适的材料表现最需要的造型。

（二）把握服装的流行趋势

在服装的造型方面，服装廓形给人的印象最深，对服装风格的影响力很大，因此，服装廓形是体现服装风格的最主要因素之一。为了实现服装的商品功能，使设计结果最大限度地被消费者接受，服装的风格就必须与服装流行趋势保持一致，所以，服装廓形的另一条设计原则是应该把握服装的流行趋势。这就要求设计师在实施设计任务之前，充分了解当前或未来的服装动态，尤其是服装廓形的流行趋势。

（三）兼顾系列之间的差异

从品牌运作模式的要求来看，品牌化服装产品的特点之一是产品的系列化，这是品牌服装与非品牌服装的明显区别。根据这一特点，服装廓形设计就不单单是针对单一产品的设计，而是要兼顾在一个品牌名义下，按照品牌定位的要求，对各个产品系列之间在廓形上的设计元素进行有意识的分配，比如将长短、大小、内外、宽窄、高低、软硬等廓形设计元素进行搭配，使得整盘货品符合品牌定位的面貌。

三、影响服装廓形设计的主要因素

（一）服装风格

服装风格对服装廓形有较明显的影响，服装廓形应反映出服装的风格。每一种风格的服装都有与之相应的服装廓形，如优雅的职业装和淑女风格的服装，就不适合肥大烦琐的O形廓形。所以，进行服装设计之前，设计师首先要对服装风格进行定位，然后根据服装风格确定服装的廓形和细节。确定某种服装风格会使廓形和细节设计方向更加明确。现代服装更强调其审美功能，服装风格是设计者努力营造的内容之一。造型的背后隐含着风格倾向，设计者应该学会把握好这种倾向，从而使自己所设计服装的廓形和细节能更好地反映出服装的风格和内涵。表演服装或实用服装中都有风格倾向的存在，风格明显的服装容易得到社会的认可。当然，究竟选择何种风格，还要看设计指令有何要求。

（二）人体体型

确定所设计的服装是由具有何种体型的穿着者所用。人与人之间的体型存在着明显的差异，即使是被视为具有"魔鬼般身材"的超级名模，其体型也各有不同，体型是服装赖以支撑的最好衣架，体型的高矮胖瘦、凹凸起伏是服装廓形设计和细节设计的重要参数，尤其是一些拥有特殊体型者，更是设计者慎重考虑的对象。

审美功能是服装的功能之一，如何突出人体美好的部分和掩饰人体的不足部分是设计者要做的主要功课。若设计对象已有一个较好的体型，设计起来就方便得多；反之，则要调动许多设计语言，尽可能为其扬长避短。否则为什么会选择身材高挑曲线优美的模特来展示服装呢？正是因为好的身材可以强调和美化服装廓形。

（三）服装色彩

色彩对服装廓形具有很大的影响，色彩对服装廓形的影响在利用视错时效果特别明显。比如，黑色、深棕色等深色可能会使服装廓形有内收的感觉，白色、米色等浅色则会使服装廓形有外张的感觉。不同色彩的面料拼接会让人的视觉在不同色彩的相接处产生不同边缘线的感觉，如在服装边缘部分使用深颜色，人的视线会集中在深色的边缘线部分，则会使服装外形看上去内收、显瘦。

（四）服装面料

服装的廓形往往很大程度上会受面料的影响，如皮革、皮草、牛仔布本身比较硬挺，适合制作夸张肥大的服装外形，而丝绸、软纱等面料由于柔软、悬垂性好，如不使用撑垫物则很难自然制成肥大蓬松的服装廓形。相同款式甚至相同尺寸的服装，由于选用面料不同，其廓形效果可能会相差很大。即使是相同种类的面料，由于其加工手法和织造工艺的差别，会具有不同的造型效果，同时由于面料剪裁的方向和方式不同也会导致造型效果出现差异，如斜裁的面料悬垂性和拉伸性好，会与选用直裁时具有不同的造型效果。因此，设计师要充分了解各种面料的造型性能和剪裁方式。

（五）流行因素

市场流行因素对服装廓形设计的影响也很明显，随着欧洲设计风格影响，服装肥大的廓形越来越多，有的像小孩穿大人的衣服，有的像钻进了鸡蛋壳里面，但它们都展现了一种服装的味道和服装本身穿着的感觉，有种懒洋洋的帅气，有种笨笨的阳光之感，这就是大廓形给人的感受，此时A形就不太受欢迎，反之亦然。设计师在设计廓形时，一定要结合当前流行，才能设计出好的服装作品。

（六）运动因素

运动因素主要是从服装的功能性和实用性角度来考虑服装的廓形设计的。比如运动装设计，服装廓形必须适应运动的需求，所以在进行服装廓形设计时必须考虑服装廓形与人体运动之间的空隙度、服装与运动的关系等。例如，我们都知道O形、H形特别适用于童装设计，除了顺应儿童体型外，很大程度上也是为了便于运动的实用功能，同时也要考虑在运动时是否透气吸湿、是否不易伸展躯体或者容易牵绊等。

第二节 服装廓形的分类方法

一、字母型

以字母命名服装廓形是法国时装设计大师迪奥首次提出的。在千姿百态的服装字母型廓形线中,最基本的有五种:A形、H形、O形、X形、T形。在西方服装发展史中,经常用来描述服装变化的字母型也是这几种,在现代服装设计中,这几种服装外形也是最常用的。

(一)A形

A形外形也称正三角形外形,一般上身比较合体,下摆夸张,形成一个圆锥状的服装廓形,整个造型会有一种向上的竖立感。A形线具有活泼、潇洒、流动感强、富于活力的性格特点。1955年还是由迪奥首创A形线,称为A-Line。20世纪50年代,A形外形在全世界的服装界非常流行,在现代服装中也一直有着重要的位置,被广泛用于大衣、连衣裙等的设计中(图3-11)。

图3-11 A形(王佩宇作品)

(二)H形

H形也称箱型、筒型或布袋型。其中"H"中间的那一横就像服装腰线一样,它因强调腿部长度而流行,没有特意地突出女性的部位,整体看起来更加干练。

其造型特点是平肩、不收紧腰部、简形下摆,因形似大写英文字母"H"而得名。H形弱化肩、腰、臀之间的宽度差异,可以掩饰腰部的臃肿感,盖住粗腿或水桶腰。

风格轻松、简单、利落,非常潇洒,以上下等宽为主要特征。

在一战之后,H形的服装在欧洲就流行起来了,但当时还没有以英文字母来命名,一直到1954年,迪奥在秋冬系列中推出了一款女装设计,开始不强调胸腰臀的三维曲线了,整个外观先呈现一个字母H的形状,命名为H廓形。到了1957年,法国设计师巴伦夏加再次推出这个廓形的服装,因为造型比较强调直线感,所以也被称为布袋样式或者称为箱型。20世纪60时年代风靡一时,20世纪80年代初再度流行。H形外形多用于运动装、休闲装、居家服及男装等的设计中（图3-12）。

（三）O形

O形是上下口都收紧，呈椭圆的服装廓形，肩部、腰部还有下摆没有明显的直角棱角，特别是腰部的线条很松弛，不收腰，整体的造型比较丰满、圆润，有点像一个气球或灯笼，给人幽默而时髦的感觉。伦裤、灯笼裤、花苞裙，还有比较复古的茧形大衣，都会用到O形，非常经典。O型线条也具有休闲、舒适、随意的特点，在休闲装、运动装及居家服的设计中用得比较多（图3-13）。

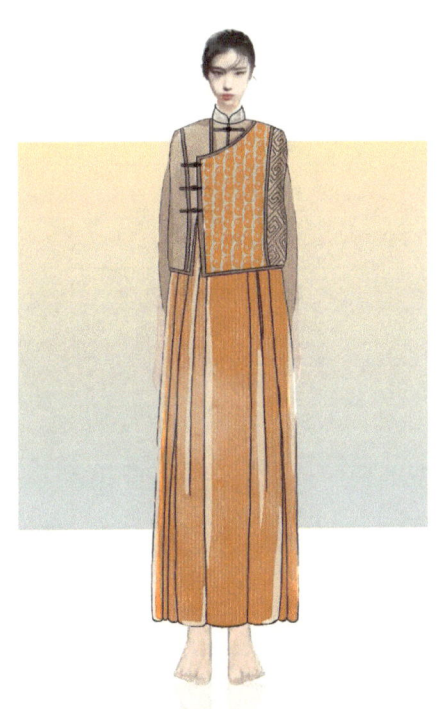
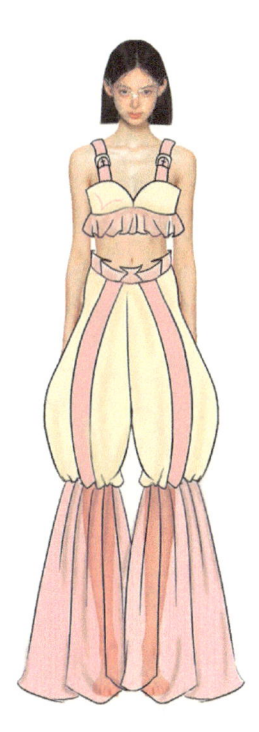

图3-12　H形（李硕然作品）　　　图3-13　O形（周诩婷作品）

（四）X形

X形线条是最具女性化的线条，其造型特点是根据人的体形塑造稍宽的肩部、收紧的腰部、自然的臀形。优美的女性人体三围外形用线条勾勒出即是近似X形。X形线条的服装具有柔和、优美、女人味浓的性格特点。在经典风格、淑女风格的服装中这种线形用得比较多（图3-14）。

服装设计是一个千变万化的复杂过程，所以其外形也是千姿百态。以字母型对服装廓形进行分类，除了五种基本字母型外形线以外，还有其他的字母型外形，如V形、Y形、S型等，每一种外形都有各自的造型特点和性格倾向，这就要求设计师在设计时根据设计要求灵活运用，可以使整套服装呈一种字母型，也可以在一套服装中使用多种字母型进行搭配,如上装用 H 形下装用 A 形等。多种廓形自由搭配,可塑造出多种服装廓形线。

(五)T 形

T 形外形线类似倒梯形或倒三角形,整体呈现一种大方、洒脱、刚强的男性风格,多用在男装和较夸张的表演装以及前卫风格的服装设计中。第二次世界大战期间曾作为军服式的 T 形外形服装在欧洲妇女中颇为流行。设计师皮尔·卡丹将 T 形运用于服装设计,使服装呈现很强的立体造型和装饰性,是对 T 形的新诠释。宽肩造型有比较强的中性风格在里面,想要穿出权威感,穿出独立女性的感觉,一定要在肩部上面下功夫。英勇的军官都配有非常硬挺的肩章,肩章会强化着装的笔挺端庄和威严感。最近几年女性意识的觉醒,让女性也想像男性一样拥有更多的权力和话语权,所以这几年 T 形的女装非常流行(图 3-15)。

T 形是基础的廓形,有两种变形:V 形、Y 形。

图 3-14　X 形(学生作品)

图 3-15　T 形(张海玲作品)

二、几何型

当把服装廓形完全看成是直线和曲线的组合时，任何服装的廓形都是单个几何体或多个几何体的排列组合。几何体有立体和平面之分，如三角形、方形、圆形、梯形等属于平面几何体，长方体、锥形体、球形体属于立体几何体。我们在服装廓形的设计方法中将对其作以详述。

三、物象型

大千世界物体形态无所不有，它们的外形也可以利用剪影的方式变成平面的形式，再抽象成几条线的组合，就会具有一个优美简洁的外轮廓，这些廓形经常被设计师借鉴运用到服装中变成某种物象形态的服装廓形，如帐篷形、沙漏形、钟形、鱼尾形和喇叭形等（图 3-16）。

图 3-16　物象型（学生作品）

第三节　服装廓形变化的主要部位

服装造型变化是以人的基本形体为基准的，因此服装外形线的变化不是可以让设计师随心所欲地进行变化的，服装廓形的变化离不开支撑服装的几个关键部位肩、腰、臀及服装的底摆（图 3-17）。

服装廓形的变化，也主要是对这几个部位的强调或掩盖，因其强调或掩盖的程度不同，形成了各种不同的廓形。

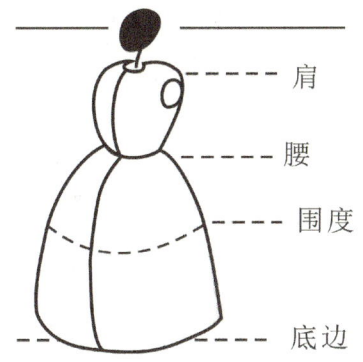

图 3-17　服装廓形变化的主要部位

一、肩

肩是服装造型设计中受限制较多的部位，肩部的变化幅度远不如腰和摆自如，服装廓形再怎么变化，肩部都难有太大的突破性变化。纵观服装发展史，许多肩部处理，无论是平肩摆还是溜肩，是垫肩还是蠢肩，都是根据肩的形态略作变化而已

（图 3-18）。

二、腰

在服装设计中，腰部的变化非常丰富，腰部造型在服装造型中有着举足轻重的作用。根据位置高低和围度宽窄可把腰部的形态变化大体分为两种：一种是高腰设计、中腰设计和低腰设计，另一种是束腰设计和宽腰设计。前一种是根据腰节线的高低划分的，服装的腰节线与人体的腰节相对应时是中腰式，中腰服装比较端庄自然，如职业装设计中经常用中腰式设计；服装的腰节线高于人体腰节时叫高腰设计，高腰服装显得人体修长柔美；低腰设计则会给人以轻松随意的感觉。后一种是根据腰的围度划分的，我们前面讲过五种服装基本廓形，H 形和 O 形是典型的宽腰设计，宽腰型腰部松散，形态宽松自如，具有简洁、休闲的风格倾向；束腰设计在腰部束紧，能使身材显得窈窕纤细、柔和优美。很明显，X 形就是最有代表性的束腰设计（图 3-19）。

图 3-18　肩部造型设计（学生作品）　　图 3-19　腰部造型设计（周起帆作品）

三、臀

臀围线的变化对于服装外形的变化影响很大,在服装发展的不同历史时期,臀围线经历了自然、夸张、收缩等不同形式的变化,从西方发展史中我们可以知道西方妇女曾用裙撑夸张臀围,后来又用紧身裤来收缩臀围,不同的臀围线让服装具有非常不同的外形(图3-20)。

四、摆

摆就是底边线,在上衣和裙装中通常叫下摆,在裤装中通常叫脚口。摆是服装长度变化的关键参数,也是服装外形变化的最敏感的部位,摆的长短宽窄直接影响到外形线的比例和时代精神,在服装史中,底摆的变化演绎着服装的变化,是时代的反映。底摆的变化在很大程度上反映出服装流行与否,我们经常会说今年流行长裙或宽摆裙之类的话,看一个女士是否跟得上流行,只要看她的裙子长短就可以了。

除了长度上的变化以外,底摆形态的变化也很丰富,直线形、曲线形、圆形对称形或平行形等,不同的底摆变化带给服装带来不同的风格变化(图3-21)。

图 3-20　臀部造型设计(周诩婷作品)

图 3-21　底边线变化(周起帆作品)

第四节　服装廓形的设计方法

服装廓形的设计方法有很多种，主要有原型位移法、几何造型法、直接造型法。

一、原型位移法

原型位移法是指确定原型服装或标准人体的关键部位，然后按照设计意图进行部分或全部空间位移的方法。这种变化方式就是要抓住这些关键部位进行上下、左右、前后的移动，移动后的轨迹就是所要设计的服装的廓形。

原型服装是指根据标准人体而得到的最一般造型的服装，是原型位移法借以利用的基础，有时我们也把某件用作参照的现有服装称为原型服装，相对而言，该现有服装是被后面的设计所利用的原型。有些服装造型则可以直接借助于人体进行设计，把人体看作设计原型。

人体和服装都是三维的空间存在，假定的关键部位也应该是立体的空间的，对这一部位进行移动，并记录下移动轨迹及其变化。所谓服装或人体的关键部位，是指反映服装造型特征之处，以人体而言，主要是指颈点、肩点、胸点、腰点、臀点、腹点、膝点、腕点、肘点、踝点等。服装上的关键部位则在人体关键部位的相应之处，如服装上的颈围点、肩缝点、袖口点、侧缝点、衣摆点等。当然在具体设计时，这些关键部位可以自行确定根据实际情况适当增加或删减。

原型位移法的长处是可以简便而任意地对某个原型位移法原型的几个关键部位进行空间移动，其原理与原型裁剪法有相似之处，但是它更灵活多变，在位移的过程中，往往会有意想不到的廓形出现，设计者可以自由调整或选择。

二、几何造型法

几何造型法是指利用简单的几何模块进行组合变化，从而得到所需要的服装外轮廓造型的方法。一般情况下，服装外轮廓可以分解为数个几何形体，尤其是服装的正面剪影效果最为明显，即使变化再大，也是几何形体的组合。几何模块可以是平面的，也可以是立体的，具体做法是：用纸片做成形形色色的简单几何形，如圆形、椭圆形、正方形、长方形、三角形、梯形等，然后将这些简单几何形在与之比例相当的勾画出来的人体上进行拼排，拼排过程中注意比例、节奏、平衡等形式美法则。经过反复拼排，直到出现自己满意或基本满意的造型为止，这时这个造型的外层边缘就是服装的外轮廓造型。在拼排过程中，会有许多意想不到的造型出现，模块的数量和种类越多，得到的造型就越丰富细致。用几何模块拼出大形之后，还要做适当的修改，使之成为具有服装特色的造型。

以上的做法仅仅是从原理上理解这种造型法，虽然在实际设计时也能运用，但是这种做法毕竟还是比较机械呆板的，只要理解了这个原理，将形形色色的简单几何形存在脑子里，设计时将它们随时调遣出来就可以了。当然还要配备许多能准确表达服装特色的线条，使外轮廓更完美、更精准。

几何造型法的优点就是设计时可以不以某个造型为原型，设计的自由度非常大，经过一番随心所欲的排列组合，经常会得到意想不到的好的服装廓形。

三、直接造型法

直接造型法是指运用布料在人体模型上或模特儿身上直接造型。这种方法借鉴立体裁剪中的原理，一般不剪开布料，只使用大头针别出和固定造型，取得外轮廓的效果。随后记录下这种效果，通常是在 1∶1 的人体模型上完成，有时也用 1∶2 的模型，操作方便且节省布料。

与其他方法相比，直接造型法直观而准确，不会出现难以解决的矛盾空间问题。转化成设计作品时，结构上的处理更加可靠，因而更能保证设计构思与作品效果的一致性。直接造型法既可以在构思成熟后使用，也可以在构思尚未成型时使用，这种方法最大的特点是一边动手一边设计，一边设计一边修改，设计完毕时造型也完成了，是一种行之有效的实践方法。在动手做造型时，会遇到许多绘制平面设计图时无法遇到的问题，也给创造新的造型带来机会。直接造型法的优点是可以跳过绘制设计图的环节而直接进行面料的制作。这样可以得到直接可靠的立体造型，可以比其他方法提前进入实践检验阶段。这是不擅长绘画的设计者经常使用的方法。它还能使设计者培养出良好的服装感觉，对布料的物理造型性能积累丰富而又真实的体验。世界上许多设计大师在创作作品时经常会在人体上直接进行，这样的作品容易取得大气的造型效果。

被誉为"20 世纪时装界巨匠"的巴伦夏加（Balenciaga）就喜欢在模特儿身上利用布料的性能来进行立体裁剪和造型，被称为"剪子的魔术师"。

本章小结

本章首先简要讲述了服装廓形设计的含义、设计原则，进而展开讲述影响服装廓形设计的主要因素、服装廓形分类、服装廓形变化的主要部位及廓形设计方法。廓形设计完成，一件服装外形的设计就初步完成了，这是服装设计过程的基础工作。廓形设计的完成决定了服装基本的框架，决定了服装的主要内容，剩下的就是细节设计及其他元素如图案、工艺、装饰手法、配饰等的设计，这些内容决定服装的精细品质。本章知识是进行服装设计时需要掌握的内容，设计师要充分了解掌握廓形设计的相关内容，要善于从宏观角度把握服装廓形的设计。

思考与练习

1.服装廓形与人体的主要切合点有哪些？这些切合点对服装廓形有何影响，对你的设计有何启发？

2.不同类型的服装廓形之间有无相关因素？请举例说明。收集现代服装款式设计图片，概括不同时期廓形设计特点并比较异同之处。

3.运用几何模块进行服装廓形的造型练习。练习分三步进行，第一步用单纯的几何模块进行拼排，第二步将拼排结果发展成服装廓形，第三步选用合适的面料进一步完善设计。

第四章　服装细节设计

"细节决定成败"这句话适用于各个领域,在我们的生活、工作中,甚至穿衣打扮上,都离不开"细节",细节虽小但是却能带来很大的改变。我们每个人、每件商品、每件艺术品都是特别的,只有不同于其他的那些小细节,才是最能表达自我独特性的表现。

在服装设计中,细节规则也是相同的。不同风格的服装可以搭配相应风格的装饰细节,装饰细节的添加可以使服装更加具有独特性和欣赏性,比如,旗袍一定要有精致的滚边细节才柔美、内敛;婚纱要有丰富的层次和点缀细节才会惊艳、华美;牛仔装要有粗重的装饰线才会显得粗犷、帅气。所以说,服装的装饰细节是十分重要及必要的。古往今来,服装的潮流与时尚总是循环往复的,无论服装的款式、面料和色彩如何变幻,唯一不变的就是装饰细节对服装风格的装饰性及决定性作用。服装史向我们展示了各种装饰细节在整个人类服装发展的历史舞台上起到了多么重要的作用,几个世纪以来,不同社会阶层的人们在服装上都具有鲜明的风格,但是服装细节的风格特点一直是其中最显眼、最突出的。

第一节　服装装饰细节设计的概念

一、服装细节设计的内涵

服装细节是指服装的局部造型设计,是服装廓形以内的零部件边缘形状和内部结构的形状。服装细节是服装设计表达的重要部分,聚集着设计丰富细腻的情感和超凡的设计能力。服装的部件细节是指衣领、袖子、肩部、下摆(衣摆、裙摆、裤摆)、腰部、口袋、拉链等局部的造型。

服装细节设计分为功能性细节设计和装饰性细节设计,本书所要讲述的就是关于服装的装饰细节设计的着眼点和设计方法。服装部件的装饰细节设计是指在服装的各个部件细节上运用钉缝、编织、抽褶、扭曲、刺绣等造型手段,对服装部件做二次甚至多次的装饰再造设计，这种装饰设计体现在色彩、材质和工艺上，一定要与服装原来的格调相一致，并且起到提升和强调服装品质及风格的作用，通过对服装细节装饰的强调，使服装更加精致美丽、格调高雅。翻看中西方服装史会发现，古典服饰的精妙之处就在于当时的服装工作者对服装及配饰的精雕细琢，无论是精美的刺绣、浪漫的褶裥、飘曳的流苏还是艳丽的花朵都会让人为之震撼，精美的古典女装细节，如刺绣、褶、滚边等是西方古典服饰最常用的装饰手法。

二、服装细节设计的原则

（一）遵循工艺上的可行性

服装细节因其面积相对较小，在工艺实现上与服装廓形有较大区别。服装制作工艺的经验证明，在复杂程度相等的情况下，大处易做，小处难行，所谓"大易小难"；在零部件面积一致的情况下，简单零部件好做，复杂零部件难行，所谓"简易繁难"。尽管有些复杂的细节可以在工艺上实现，但是，由于大部分服装细节工艺是依靠手工操作来实现的，过于艰难的手工操作在大批量生产时难以达到一致性，将会成为服装品质的隐患。因此，服装细节设计必须遵循工艺上可行的原则。

（二）掌握制造上的成本性

在服装的产品化过程中，任何一个细节都会增加服装产品的制造成本。比如多装一条拉链，多开一个口袋，都会增加服装的成本，而成本的增加将会使产品在市场上失去价格优势。因此，设计师在每增加一个细节设计之前，首先应该考虑这一细节是否会影响服装风格，是不是这一风格所必需的，如果是必需的，可以加上，如果不是必需的，就要坚决省略那些与服装风格无关甚至会破坏服装风格的细节。因此，服装细节设计的另一原则是掌握工艺上的成本性。

（三）发挥目的上的功能性

任何设计活动都是有目的的，其设计结果都应该符合设计目的。服装设计的目的很多，因品牌而异、因品种而异、因用途而异、因季节而异。服装的许多功能往往通过细节设计而实现，比如领口的扣紧设计可以达到防风功能，口袋的多层设计可以满足储物功能，衣身的图案设计可以符合审美功能。由于服装的本质是日常生活用品，其使用功能不可避免地受到重视，在很多情况下，设计师不能仅仅为了美观而增加细节设计。因此，发挥细节的功能性是服装细节设计的原则之一。

三、影响服装细节设计的主要因素

（一）服装功能

服装的功能对部件设计的影响非常大，服装的许多部件都是强调功能性的。比如，领子的设计，冬装的领子一般相对高一点，多包裹在颈部附近，而夏装的领子则相对低一点，颈部一般是暴露的居多。从功能性角度来讲，就是冬装设计要求暖和，所以领子包裹性好，而夏装要求凉爽则领部需要透气。在作业服装的设计中，细节的功能性就更要强调了，如高空作业人员的服装，其口袋设计一般都具有极强的储物功能，以便于携带各种工具。所以，设计师要充分根据服装的功能来设计部件。

（二）服装辅料

服装辅料的种类很多，如常用的绳带、袢带、纽结、搭扣、拉链、挂件、标牌等。在服装部件设计中，巧妙运用服装辅料强调细节造型也是一个设计手法，而且许多辅料具有各种使用功能性，如闭合功能、储物功能、挡风功能等。这些辅料都会影响部件设计，辅料运用需要考虑是否适合某种造型的服装部件，在现代服装设计中，在兼顾部件实用功能的同时，许多辅料越来越强调装饰功能，恰当地将辅料结合到局部造型中去，才会取得非常美妙的设计效果。

（三）制作工艺

工艺手法对服装部件的影响也会很大，不同的工艺可以使相同的服装部件产生非常不同的外观效果。这里的工艺包括两方面：一是面料本身的加工工艺，随着高科技手段在面料设计中的运用，各种新颖材料不断出现，很大程度上拓宽了服装部件的可变化性；二是服装的加工工艺，伴随着各种特殊机械的使用，服装的加工方法和工艺手段也是越来越新颖和严谨，使得服装部件设计也有了更大的发挥空间。制作工艺的可实现性决定了某些细节设计构思是否可以采用。

（四）结构设计

传统的部件结构大部分为平面结构，而现在很多服装部件为立裁结构。比如不同结构的袖型，与人体肩臂各部位贴合的虚实状态是不同的。平面结构的衣袖造型传统，立裁结构袖型外观造型立体感好，与人体肩臂的贴合程度也比较好，而且袖型变化丰富、潇洒流畅。不同的结构设计对服装细节造型均会有一定的影响。

（五）视觉中心

有创意的部件设计在服装中经常会成为视觉中心，当部件处理到服装的视觉中心时，其往往在造型、材质、工艺、结构等方面比较有特色，此时的部件设计更要考虑其艺术性与技术上的可实现性的完美结合。恰到好处的部件视觉中心可以增添设计的审美意味，可以调整设计效果。当服装中另有其他视觉中心时，部件的设计就要考虑不要太夸张、太显眼，以免喧宾夺主使原本的视觉中心不突出。

（六）设计趣味

因为部件设计相对服装廓形而言受结构设计的限制会少一些，因此部件设计经常会采用一些比较有趣的设计构思和设计手法，从而使部件的设计比较独特，非常有趣味。比如童装上的口袋造型经常会采用一些趣味设计，一个口袋可能就是一个动物头部的造型或者其他比较具象的物体的造型。受趣味设计要求的影响，比较有设计趣味的部件在造型、材质、色彩、工艺等方面一般也会有独特的要求。

第二节　服装装饰细节设计的特点

服装是附于人体的实用性商品，同时也是富于装饰美的艺术品。装饰是指在身体或者物体表面添加一些附属的东西，使之变得美观。服装常用的装饰手法有刺绣、钉珠、立体化、钩编、镂空、做旧、缉明线、包边、流苏、印染、手绘等。

服装的细节装饰是指在服装的细节之处（领袖、肩部、腰部、口袋等）添加各种平面或立体的装饰，这种细节装饰不仅表现在造型、材料肌理、色彩配合和图案纹饰上，而且也要搭配相当的辅料配件、工艺技巧等。采取各种有趣或者经典的工艺加工装饰方法，能更好地显示出服饰的精工美和装饰美，同时也是设计师表达服装品位和内涵的最好方式之一。好的服装细节能够引起人的共鸣，其具有鲜明的特征，并且具备精致、耐看的特点，一个好的细节设计可以说是整个服装的点睛之笔。精美华丽的装饰细节是西方古典裙装不可或缺的重要组成部分，各种材料构成的流苏也是精美裙装的点睛之笔（图4-1）。

在服装设计中，一旦服装的风格确定，相应的细

图4-1　流苏设计（贾浩哲作品）

节设计风格也就确定了。浪漫华丽的婚纱应该是与其风格相匹配的、华丽感强烈的、半立体式的钉珠、刺绣、褶类的装饰细节；创意型的服装装饰细节一般以另类、开放的现代手法为主，如做旧、印染、流苏、镂空等手法；高档的成衣类服装装饰细节，则应以细腻的造型手法、高雅的色调及上乘的装饰辅料为宜，并且对服装的风格要有一定的带动性和提点性。

总而言之，廓形越是简单的服装越适合添加各种风格的装饰细节，廓形越是复杂的服装，越不宜添加过多的细节装饰物，尤其是夸张或者体积大的装饰物，以免画蛇添足，影响服装的品质和风格。综上所述，服装的装饰设计是设计师不可或缺的重要设计和表达手段。因此，掌握各种各样的装饰手法是设计师所必须掌握的技能之一。

在服装设计艺术中，经常会在领子、袖口、肩部、衣摆（裤摆、裙摆）等部件的表面做装饰性设计，或者在细节的边缘处做边饰性装饰细节，当服装主体工艺制作完成后，这些面或者边的装饰性设计便成为设计师加入细节设计的最有效方法。尤其是在女装设计中，这种细节装饰显得更加重要。

服装的装饰细节设计不是独立存在的，与服装是相辅相成的，并且对服装的整体设计起到至关重要的作用，甚至可以作为整体服装的设计重心。因此，在做服装设计时，一定要把握好服装各个细节之间造型、材质、工艺等因素，使之相互协调，避免混乱。

一、领部

衣领是服装上至关重要的部分，因为接近人的头部，映衬着人的脸部，所以最容易成为视线集中的焦点。精致的领部设计不仅可以美化服装，而且可以美化人的脸部。衣领的设计极富变化，式样繁多。改变领型，可以使服装具有全新的设计效果。在女装设计中，领型是变化最多的部件。

衣领的设计是以人体颈部的结构为基准的，通常情况下衣领的设计要参照人体颈部的四个基准点，即颈前中点、颈后中点、颈侧点、肩端点。颈前中点也叫颈窝点，是锁骨中心处凹陷的部位，颈后中点是后背脊椎在颈部凸起的部位，肩端点是前后颈宽中间稍偏后的部位，肩端点是肩臂转折处凸起的点（图4-2）。

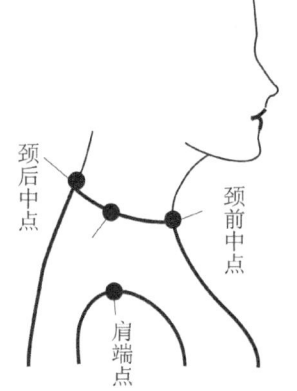

图4-2　衣领设计的基准点

衣领的式样繁多，造型千变万化，分类和名称说法不一。

按衣领的高度可分为：高领、中领、低领。

按衣领的幅度可分为：大领、中领、小领、无领。

按衣领的形状可分为：方领、圆领、不规则领。

按衣领的穿法可分为：开门领、关门领、开关领。

按衣领的结构和形态特征可分为：无领、装领、连衣领、组合领。

无论是什么样子的领口，都可以根据服装的整体风格添加各种各样风格的领子装饰细节。在领子部位添加不同的装饰细节，不仅可以让简单的服装变得令人惊叹，还能展示或优雅或高贵或可爱或浪漫的丰富个性美感。一般领子的装饰细节不宜过大，并且在色彩、材质以及工艺手法上要和服装整体的风格相协调，以精致、细腻的工艺手法为主。比如，可以将精美的刺绣贴花缝于领子之上，或者添加色彩艳丽的宝石、朋克感极强的钉等，都能展示并强调整件服装的个性美感，成为视觉重心。

下面对衣领的主要类型进行介绍。

（一）连身领

顾名思义，连身领是指与衣身连在一起的领子。连身领相对比较简洁、含蓄，包括无领和连身出领两种类型。

1. 无领设计

无领也就是衣身上没有加装领的领子，其领口的线型就是领型。无领是领型中最简单、最基础的一种，以丰富的领围线造型作为领型，领型保持服装的原始形态或者进行装饰变化和不同的工艺处理，简洁自然，展露颈部优美的弧线。无领型设计一般用于夏装、内衣、晚礼服、休闲T恤及毛衫等的领型设计上。最简单的东西往往最讲究其结构性，无领设计在服装领口与人体肩颈部的结合上要求很高领线太低或太松则在低头弯腰时容易暴露前胸，领线太高或太紧又会让人感觉不舒服，因此无领设计一定要注意其高低松紧的尺寸问题。通常的无领主要有圆形领、U形领、方形领、V形领、一字领等几种领型（图4-3、图4-4、图4-5、图4-6、图4-7）。

图4-3　圆形领（王相满作品）

图4-4　U形领

 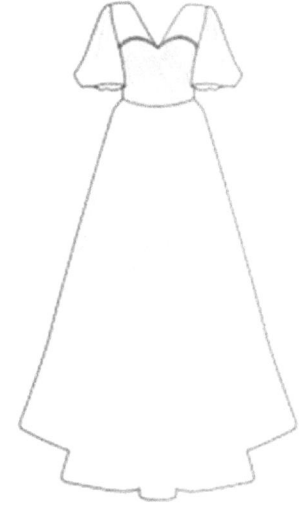 

图 4-5　方形领（毋思阳作品）　　图 4-6　V 形领（王文娟作品）　　图 4-7　一字领（冷圆圆作品）

2. 连身出领设计

连身出领是指从衣身上延伸出来的领子，从外表看像装领设计，但却没有装领设计中领子与衣身的连接线，它是把衣片加长至领部，然后通过收省、捏褶等工艺手法与领部结构相符合的领型。这种领型含蓄典雅，适用于多种女装；也是近几年较为流行、时尚的一种领型。

连身出领的变化范围较小，因为其工艺结构有一定的局限性，造型时为了使之符合脖子结构，就需要加省或褶裥，而且还要考虑面料的造型性，太软的面料挺不起来，所以就要运用工艺手段，但是考虑到与脖子接触，面料也不宜太硬（图4-8）。

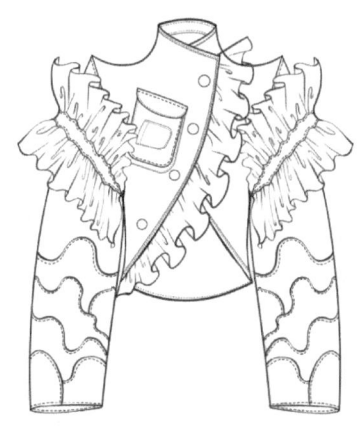

图 4-8　连身出领（王相满作品）

（二）装领

装领是指领子与衣身分开单独装上去的衣领。装领一般采用与衣身相同的材料，有时为了设计要求也会换用别的面料或色彩，或者通过某种工艺手法的处理。装领一般是与衣身缝合在一起，但也有出于某种设计目的而通过按钮、钮扣等装上去的活领，如风雪衣或羽绒服上的连帽领，通常都是可以脱卸的。

装领的外观形式十分丰富，通常有几个决定因素：领座的高度、领子的高度、翻折线的特点及领外边缘线的造型。前后横开领是领型结构设计的重要部分，决定着领子的合体性。在翻领设计中，翻折线直接决定着领子是否翻得过来以及决定着领子的外观形状。此外领尖与领面的装饰、领型的宽度等因素对领子也有一定的影响。根据其结构特征，服装领主要可分为立领、翻领、驳领和平贴领四种。

1. 立领

立领是立在脖子周围的一种领型。立领一般分为直立式和倾斜式，倾斜式又分为内倾式和外倾式两种。内倾式是典型的东方风格立领，中式立领大都属于外倾式，这种立领与脖子之间的空间较小，显得比较含蓄内敛；而在欧洲国家则倾向于外倾式，领型挺拔夸张，豪华优美，装饰性极强。

为了便于穿脱，立领都要有开口，开口以中开居多，但也有侧开和后开，通常侧开和后开从正面看更优雅、整体感更强。立领的外边缘形状也很多样化，如圆形、直形、皱褶形、层叠形等，立领的高度不一，下巴以下的、齐及耳根的或高过头顶的都有。根据服装风格，设计师可自行调节变化，还可与面料结合创新出一些新造型（图4-9）。

图4-9　立领（牛瑞阳作品）

2. 翻领

翻领是领面外翻的一种领型，除非有设计要求，翻领的领面一般都从外边看不到横向的接缝，后中心视具体情况或设计要求可以有纵向接缝。翻领有加领台和不加领台两种形式，男士正装、衬衣领子都属于加了领台的翻领，女士衬衣可自由选择两种形式，加不加领台根据个人喜好或服装风格而定。翻领的外形线变化范围非常广泛自由，领角可方可圆、可长可短，领宽可以宽到翻至腰节线，形成夸张的披肩领，也可只保留细细的一条翻折边。翻领可以与帽子相连，形成连帽领，兼具二者之功能，还可以加花边、镂空、刺绣等。翻领设计中特别注意翻折线的形状，翻折线的位置找不准，翻过来的领子就会不平整（图4-10）。

图4-10　翻领（张愉成作品）

3. 驳领

严格地讲，驳领也是翻折领的一种，但是驳领多了一个与衣片连在一起的驳头，同通常意义上的翻领相比又很不一样，而且驳领是使用非常广泛、广为人们所熟悉的领型，所以在服装设计中经常把它单独列出作为一种领型。驳领的形状由领座、翻折线和驳头三部分决定。驳头是指衣片上向外翻折出的部分，驳头长短、宽窄、方向都可以变化。例如驳头向上为枪驳领，向下则是平驳领，变宽比较休闲，变窄则比较职业化。此外，驳头与驳领接口的位置、驳领止口线的位置等对领型都会有很大的影响，不同风格的服装对此有不同的要求，小驳领比较优雅秀气，大驳领比较粗犷大气。驳领要求翻领在身体正面的部分与驳头要非常平整地相接而且翻折线处还要平伏地贴于颈部，所以结构工艺比较复杂（图4-11）。

图 4-11 驳领（王相满作品）

4. 平贴领

平贴领是指一种仅有领面而没有领台的领型，整个领子平摊于肩背部或前胸，故又叫趴领或摊领。平贴领比较注重领面的大小宽窄及领口线的形状，为了在装领时使领子平伏以顺应与衣身的拼合线，平贴领一般要从后中线处裁成两片。装领时两片领片在后中处连接的叫单片平贴领，在后中处断开的叫双片平贴领。当然也有不裁成两片的，但是要在领圈处收省或抽褶才可以平伏。平贴领的变化空间也很大，设计师完全可根据款式需要而定，可拉长或拉宽领型，可加边饰或蝴蝶结、丝带，还可处理成双层或多层效果等等，平贴领是一个为设计师提供广泛创意空间的领型（图4-12）。

图 4-12 平贴领

（三）组合领

上面几种都是概念性较强的对领型的分类。在实际设计中，领型会有多种变化设计，两种或几种领型可以组合设计形成独特的新的领型。例如翻领与立领可组合成为立翻领、军装领，平贴领也可与立领组合成各种装饰领，驳领还可与立领组合成立驳领，驳领还可以变化成青果领、马面领等。因此设计者要灵活运用各种领型，根据设计需要进行变化设计，切不可太概念化（图4-13）。

图4-13　组合领（王相满作品）

二、衣袖

衣袖设计也是服装设计中非常重要的部件。人的上肢是人体上活动最频繁，活动幅度最大的部分，它通过肩、肘、腕等部位进行活动，从而带动上身各部位的动作发生改变，同时袖窿处特别是肩部和腋下是连接袖子和衣身的最重要部分，如果设计不合理，就会妨碍人体运动。如袖山高不够，将胳膊垂下时就会在上臂处出现太多皱褶或在肩头拉紧；袖山太高，胳膊就难以抬起或者抬起时肩部余量太大，所以要求肩袖设计的适体性要好。同时，衣袖是服装上较大的部件，其形状一定要与服装整体相协调，如非常蓬松的外形加上紧身袖或筒形袖，可能其审美效果就不好。所以衣袖设计更要讲究装饰性和功能性的统一。

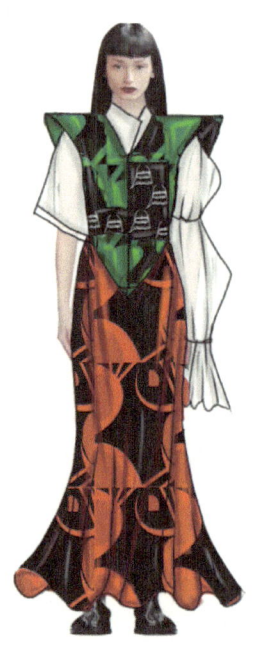

衣袖设计主要可分为袖山设计、袖身设计、袖口设计三部分。在现代的服装设计领域，越来越多的设计师将设计重点由以往的领口转移到了袖子和肩部。在经历了多年简约主义的设计风格后，20世纪80年代那种具有表演效果的服装风格再一次风靡服装时尚领域，夸张的肩部、复古的装饰、碰撞的色彩等都是现的设计师喜欢标新立异的设计要素。无论是可爱的泡泡袖、夸张的灯笼袖和蝙蝠袖、优雅的羊腿袖还是立体感的肩部设计等，都可以在上面做贴花、刺绣、撑垫等细节装饰（图4-14）。对袖子部分添加各种精美的装饰细节可以增加服饰的观赏度及品质感，是现在服装

图4-14　衣袖（董秀秀作品）

设计领域发生的一场视觉革命，同时也为设计师提供了无限的想象与创意空间。

（一）袖山

袖山设计是从衣身与袖子的结构关系上进行的设计，据此可将袖子分为装袖、连身袖和插肩袖。

1. 装袖

装袖是袖子设计中应用最广泛的袖型，是服装中最为规范化的袖子。装袖是衣身与袖片分别裁剪，然后按照袖窿与袖山的对应点在臂根处缝合，袖山位置在肩端点附近上下移动。它的特点是根据人体肩部与手臂的结构自然造型，美观合体，装袖的工艺要求很高，缝合时接缝一定要平顺，尤其在肩端点处，要成一条直线，而不能有角度出现。装袖的袖窿弧线与衣身的袖窿弧线要有一定的装接参数，一般装袖的袖窿弧线要大于衣身的袖窿弧线，如西装中一般大3~4cm，袖山边缘线要经过"归"的工艺处理，这样做的目的是塑造肩部的造型，使袖型圆润饱满，这通常叫作"袖包肩"。当然为了款式设计需要，也可以使用衣身的袖窿弧线大于装袖袖窿弧线的"肩包袖"。不同的设计有不同的装接方法和熨烫要求。装袖一般用于正装中，西装中用得最多。装袖还可以根据具体情况进行适当的变化。

装袖还可以分为圆装袖和平装袖。圆装袖一般袖山高则袖根瘦，袖山低则袖根肥，静态效果比较好，袖型笔挺。平装袖与圆装袖结构原理一样，但不同的是袖山高度不高，袖窿较深且平直，常常肩点下落，所以又叫落肩袖。平装袖多采用一片袖的裁剪方式，穿着宽松舒适，简洁大方，多用于外套、风衣、茄克之类的设计（图4-15）。

图4-15 装袖（贾文静作品）

2. 连身袖

连身袖是出现最早的袖型之一，是从衣身上直接延伸下来的没有经过单独裁剪的袖型。连身袖原为东方民族所特有，如我国古代的深衣、中式衫、袄的袖子都是典型的连身袖，是连身袖最初的原型，所以连身袖经常又叫"中式袖"。此外，日本的和服袖也是较为典型的连身袖，最初的连身袖都是完全平面的形态。连身袖的特点是宽松舒适、随意洒脱、易于活动，而且工艺简单，多用于老年服装、中式服装、练功服、家居服、睡衣等的设计。由于在肩部没有生硬的拼接缝，所以肩部平整圆顺，与衣身浑然一体，但由于结构的原因，不可能像圆装袖那样结构合体，腋下往往有太多的余量、衣褶堆集。

随着服装流行的发展和工艺水平的提高，连身袖出现了很多变化形式，在结构上越来越与人体相结合，通过省道、褶裥、袖衩等辅助设计塑造出较接近人体的立体形态（图4-16）。

3. 插肩袖

插肩袖是指袖子的袖山延伸到领围线或肩线的袖型。一般把延长至领围线的叫作全插肩袖，把延长至肩线的叫作半插肩袖。此外，根据服装的风格特点和设计目的不同，还可将插肩袖分为一片袖和两片袖，插肩袖的造型特点是袖型流畅修长、宽松舒展。插肩袖与衣身的拼接线可根据造型需要自由变化，如直线形、S线形、折线形及波浪线形等，而且可以运用抽褶、包边、褶裥、省道等多种工艺手法。不同的插肩线和不同的工艺有着不同的性格倾向，如抽褶、曲线、全插肩的设计，显得柔和优美，是非常女性化的设计；而直线、明缉线、半插肩设计，却会显得刚强有力，多用在男性的茄克、风衣的设计中。插肩袖设计中所有的变化一定要考虑活动的需要，肩臂活动范围较大的服装，经常在袖下加袖衩。插肩袖多用于运动服、休闲外套、大衣、风衣等的设计（图4-17）。

（二）袖身

袖身根据肥瘦可分为紧身袖、直筒袖和膨体袖。

图4-16　连身袖（安心语作品）

图4-17　插肩袖（于虔作品）

1. 紧身袖

紧身袖是指袖身形状紧贴手臂的袖子。紧身袖的特点是衬托手臂的形状，随手臂的运动柔和优美，多用于健美服、练功服、舞蹈服等的设计中，在时装类女装设计中，多用于毛衫、针织衫的设计。紧身袖通常使用弹性面料如针织面料、尼龙或加莱卡的面料中。紧身袖一般是一片袖设计，造型简洁，工艺简单（图4-18）。

2. 直筒袖

直筒袖是指袖身形状与人的手臂形状自然贴合、比较圆润的袖型。直筒袖的袖身肥瘦适中，迎合手臂自然前倾的状态，既要便于手臂的活动，又不显得烦琐拖沓。直筒袖往往都是两片袖，由大小袖片缝合而成，有的还在袖肘处收褶或进行其他工艺处理以塑造理想的立体效果。男装大多使用直筒袖，女装设计中直筒袖多用于经典或优雅风格的服装设计，如职业装、风衣等（图4-19）。

3. 膨体袖

膨体袖是指袖身膨大宽松、比较夸张的袖子。膨体袖的袖身脱离手臂，与人体之间的空间较大，其特点是舒适自然、便于活动。膨体袖多用于运动服、练功服及前卫风格的服装中，在少女装和童装中使用得也比较多。膨体袖可分别在袖山、袖中及袖口等不同部位膨起，如灯笼袖、泡泡袖、羊腿袖等。多采用柔软、悬垂性好、易于塑形的面料（图4-20）。

（三）袖口

袖口设计是袖子设计中一个不容忽视的部分，袖口虽小，但是手的活动最为频繁，所以举手之间，袖子都会牵动人的视线，引人注意，袖口的大小、形状等对袖子甚至服装整体造型有着至关重

图4-18 紧身袖（杨宁作品）

图4-19 直筒袖（学生作品）

要的影响。同时袖口是一个功能性很强的设计如工装的袖口既要方便穿脱,又要使之不能太松散而影响工作;而对于舞蹈演员来说,其舞蹈服的袖口则不能收紧,以便于配合其舞蹈动作时袖子可以挥动自如;另外袖口还有保暖功能,所以冬装中经常使用收紧式袖口。

袖口的分类方法也很多,一般按其宽度分为收紧式袖口和开放式袖口两大类。

1. 收紧式袖口

顾名思义,收紧式袖口是在袖口处收紧的袖子,这类袖口一般使用纽结、拌带、袖开衩或松紧带等将袖口收起,具有比较利落、保暖的特点。其在衬衫、工装童装及冬装中使用得比较多(图4-21)。

2. 开放式袖口

开放式袖口就是将袖口呈松散状态自然散开。这类袖口可使手臂自由出入,具有洒脱灵活的特点。风衣、西装多采用这种袖口。而且很多袖口还敞开呈喇叭状(图4-22)。无论是收紧式袖口还是开放式袖口,都可以根据位置、形态变化分为外翻式袖口、克夫袖口和装饰袖口等。

图 4-20 膨体袖
(张愉成作品)

图 4-21 收紧式袖口(王亚仙作品)

图 4-22 开放式袖口插肩袖(李锐作品)

以上为通常见到的袖子的分类形式。此外,袖子还可根据长短分为长袖、七分袖、中袖、短袖及无袖；或者从裁剪方式上分为一片袖、两片袖、三片袖等。服装的种类繁多，花样多变，不同的服装对袖子会有不同的要求，这就要求设计师在进行具体设计时根据具体情况灵活运用各种袖型，在设计肩袖时，一定要注意不同人的体型特点。人的肩型有正常肩型、平肩型和溜肩型（也叫塌肩型），并不是所有的袖型都适合每一个人，如溜肩的人不适合穿插肩袖，否则会让人觉得肩部更下塌，显得没有生气；穿装袖的设计或在肩部加垫肩则会抬高肩线，增加力度感，不同服装的风格、不同的流行趋势对肩袖也有不同的要求，一般来说衣身紧身合体的服装，使用装袖较多，衣身宽大松散的服装，使用插肩袖和连身袖较多，而且衣身越瘦，袖隆深度越浅，袖子越瘦，反之亦然，这样就会在视觉上感觉比较统一和谐。袖子的组合形状也很多，如郁金香袖、马蹄袖等，类似插肩的包肩袖、连领袖及介于插肩和装袖之间的露肩袖等。

所以在具体设计时设计者要根据情况灵活设计，不同的袖山与袖身、袖口或者不同长短的袖子与不同肥瘦的袖子交叉搭配，就会变化出多种多样的袖子。

三、口袋

在服装的部件设计中，与领子、袖子设计相比，口袋可以算是比较小的零部件。口袋的设计在结构上相对随意，口袋的尺寸依据是手的尺寸，因为口袋的功能就是为了放置一些小物品。对于特种服装来说，口袋的功能性是需要特别强调的条件之一，如钳工服上的口袋比较多而且大，结构结实，就是为了在施工时便于放置工具；此外，同其他任何部件一样，口袋也有其装饰功能，口袋设计得合理可以丰富服装的结构，增加装饰趣味。

由于设计较为随意，口袋的变化就更为丰富，位置、形状、大小、材质、色彩等可以自由交叉搭配。但是口袋的性格特点也很明显，不同或相同的口袋经过不同搭配，可以改变服装的风格，所以在设计时一定要注意与服装的整体风格相统一。例如，服装整体廓形为直身形，口袋以棱角分明的直线形为妙；口袋上缉明线会给人休闲随意的感觉，所以缉明线的口袋一般不会用在职业装上；各种仿生形状的口袋看上去活泼可爱，富有情趣，一般会用在童装上。另外，条纹或格子面料服装上的口袋还要考虑对条对格的问题。

根据口袋的结构特点分类，口袋主要可分为贴袋、暗袋、插袋三种。设计时要注意袋口、袋身和袋底的细节处理。

（一）贴袋

贴袋是贴附于服装主体之上、袋型完全外露的口袋，又叫"明袋"。根据空间存在方式，贴袋又分为平面贴袋和立体贴袋；根据开启方式，分为有盖贴袋和无盖贴袋。因为受工艺的限制性较小，贴袋的位置、大小、外形变化最自由，但同时由于其外露的特点也就最容易吸引人的视线，贴袋的设计更要注重与服装风格的统一。贴袋的风格特点一般倾向于休闲随意，所以在成人装中多用在休闲装、工装的设计中。

此外，贴袋是童装上用得最多的口袋，而且经常是童装上最吸引人的地方，形状可自由变化，动物、花草、卡通、工业产品的造型等都可以被借鉴，工艺手法可以用拼接、刺绣、镶边、褶袍等，而且其边缘线也可以经过不同的工艺处理，童装上贴袋的妙用可使得整件服装韵味陡生，意趣盎然（图4-23）。

（二）暗袋

暗袋是在服装上根据设计要求将面料挖开一定宽度的开口，再从里面衬以袋布，然后在开口处缝接固定的口袋，暗袋又叫挖袋或嵌线袋。暗袋的特点是简洁明快，从外观来看只在衣片上留有袋口线，袋口一般都有嵌条，根据嵌条的条数可把暗袋分为单开线暗袋和双开线暗袋两种。暗袋多用在正装中，特别是西装中暗袋几乎就是不可缺少的部件，西装中的手巾袋都是单开线暗袋，嵌线宽度一般在2.5cm，大袋则根据实际情况决定使用单开线还是双开线，一般单开线嵌线宽度为0.8cm，双开线为0.5cm。

日常生活中也有便装使用暗袋，如运动装、休闲外套的口袋，感觉比较规整含蓄。暗袋也可分为有盖暗袋和无盖暗袋（图4-24）。

图 4-23　贴袋（李永凯作品）

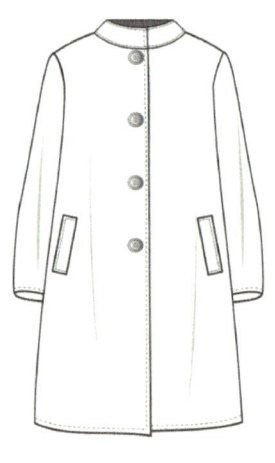

图 4-24　暗袋

（三）插袋

从原理上讲，插袋也是暗袋，因为插袋的袋型也是隐藏在里边，在工艺上与暗袋相似，不同的是插袋口在服装的接缝处直接留出而不是在衣片上挖出。插袋隐蔽性好，与接缝浑然一体，更为含蓄高雅、成熟宁静，多用在经典成衣中。有时出于设计需要，故意在袋口处做一些装饰，如线形刺绣、条形包边等，以此丰富设计，增加美感。由于插袋在接缝处，所以制作时要求直顺、平伏，与接缝线成一直线（图4-25）。

图4-25　插袋

（四）里袋

顾名思义，里袋就是装在服装里面的口袋，里袋是服装上最具实用功能和隐蔽性的口袋。里袋在许多服装上经常使用，如茄克、西装、风衣、马甲等。里袋最初完全是为了实用功能而设计的，如可以装一些随身携带的比较重要的小物品，比如钱夹经常是放在里袋里面的。后来随着人们对服装品质的更高要求，对里袋设计也有了较高的审美要求，如西装的里袋，经常使用暗袋的开线设计，外观平整，还会装有三角形或锯齿形的小袋盖。茄克、风衣的里袋则形式多样，开线、拉链、粘扣、按钮等均可使用。

（五）复合袋

复合袋是几种袋型在一个部位集合出现形成的口袋。以上讲到的仅是口袋的几种基本类型，其实在生活中口袋的种类非常繁多，实际设计时要多种类综合搭配，就会创造出许许多多款式别致、富有新意的复合袋设计。如将大贴袋中加入暗袋设计，将插袋上加上贴袋设计等，复合袋兼具几种口袋的特点，其功能性和审美性更好。

四、连接件

连接件是在服装上起连接作用的部件。连接件设计也有其实用功能和审美功能。从服装的功能性角度讲连接件设计尤为重要，大多数服装都是需要闭合穿着的，如冬装需要扣紧，才会保暖挡风，职业装闭合穿着才会让人觉得严谨。此外，连接件设计的审美功能也是不可小觑的，连接件设计精致巧妙可以弥补服装造型的不足，设计粗糙则会影响服装品质。最常用的连接件设计主要包括纽结设计、拉链设计、粘扣设计以及绳带设计。

（一）纽结

纽结在服装设计中也有较为重要的作用，纽结在服装中起连接、固定作用，功能性较强。此外，纽结在服装上常处于显眼的位置，还有装饰作用，功能性和装饰性是服装所有配件的特性。纽结包括纽扣、袢带等。

纽结是重要的配件，可以装饰和弥补体型的缺陷。如在腰部加个纽结，可调节衣身的宽松度，如果将其扣上就有收腰作用；肩袢的运用可给人以肩宽魁伟的感觉，又弥补了窄肩、溜肩的不足；下摆运用袢带，可以调节下摆松紧，如缝在前中线，则袢带起纽扣的紧固作用；袖口使用袢带可代替袖克夫或起装饰作用。此外，袋边等部位都可以使用袢带，袢带可设计成各种几何形状，可根据不同的面料、色彩和不同季节的服装进行合理搭配（图4-26）。

图4-26 纽结（李锐作品）

（二）拉链

拉链设计是现代服装细节设计中的重要组成内容，是服装常用的带状连接设计。主要用于服装门襟、领口、裤门襟、裤脚等处，也用于鞋子、包袋等的设计中，用以代替纽扣。如皮革服装、运动装、羽绒服、皮靴等的设计中几乎离不开拉链的使用，否则将会影响服装的机能和品质。服装上使用拉链可以省去挂面和叠门，也可免去开扣眼，可简化服装制作工艺，还可以使服装外观平整。拉链的种类繁多，从材料上看，拉链有金属拉链、塑料拉链、尼龙拉链之分。金属拉链经常用于茄克衫、皮衣、旅游装，塑料拉

图4-27 拉链

链多用于羽绒服、运动服、针织衫等，尼龙拉链则较多用于夏季服装、贴身内衣等。根据在服装上是否暴露，拉链还可以分为明拉链和隐形拉链，明拉链多用于风格粗犷的服装中，隐形拉链多用于风格细腻含蓄、轻巧纤柔的服装中。从式样上看，拉链可以一端开口，也可以两端开口，还可以将拉链头正、反两面使用，而且还可以有粗细、形状的不同变化（图4-27）。

（三）粘扣

粘扣通常又叫子母扣或搭扣，是在需要连接的服装部位两边配对使用的带状连接设计。由钩面带与圈面带组成。其中一根带子的表面布满密集的小毛圈，另一根带子表面则是密集的小钩，使用时，将两面轻轻对合按压即可粘和在一起，且结合较为紧密。粘扣的闭合与拉开比较方便，常代替拉链和钮扣用于服装的门襟、袋口及手套包袋等的连接处，而且从表面看不到任何连接的痕迹，表面整洁平实。粘口的宽度、规格、色彩都较多，设计师可根据设计自由选用（图4-28）。

图4-28　粘扣

（四）绳带

绳带是服装上经常使用的扁平带状连接件设计，常用于腰头、裤脚口、袖口、下摆、领围及帽围等处。常用的绳带有带有弹性的松紧带、罗纹带及各种没有弹性的尼龙带、布带等。带有弹性的松紧带、罗纹带，伸缩性大，经常用在运动服、练功服的裤脚口、袖口处，起收紧作用，还可变换颜色、花纹，用于内衣、袜口，起装饰作用，既美观又舒适。没有弹性的尼龙带、布带等经常用于下摆、领围及帽围，通过系扎将需要部位收紧，这种绳带经常在绳带头处系结或钉珠子及其他小物品，既可防止绳带从服装上抽掉，又具有一定的装饰作用。绳带的材料、宽度、长度以及具体形状种类繁多，可由设计师根据服装自由选用或制作（图4-29）。

图4-29　绳带（学生作品）

五、腰节

腰节设计指的是上装或上下相连服装腰部细节的设计。腰节设计是服装中非常丰富的细节设计，腰节的变化可以使服装具有完全不同的风格，在女装设计中腰节设计尤为重要。腰节设计除了我们前面讲过的省道设计以外，还有许多种设计手法，如进行收腰设计时，可以使用褶裥设计、抽褶设计或使用松紧带、罗纹带设计，还可以使用纽结和袢带设计，或通过绳带设计在腰部系成蝴蝶结或其他花结。使用腰带也是腰节设计的重要方法，腰带的色彩、长短、宽窄的不同变化会使腰节变化丰富，如色彩典雅的细腰带配合风格细腻柔和的服装，手工编结的宽腰带则适合风格粗犷自然的服装。在腰节设计中，使用各种分割线或装饰线也是经常使用的设计手法，分割线可以与省道联合使用，也可以单独使用，还可以与服装上其他部位的设计互相联系。腰节还可以运用没有任何装饰设计和收腰设计的松散式设计。风格自然洒脱，宽松舒适。腰节设计的设计方法多种多样，设计者可根据设计要求灵活使用（图4-30）。

六、门襟

门襟是服装的"门脸"，是服装设计中非常重要的部位，门襟的设计一定要与服装的风格相统一。门襟的设计方法、制作工艺、装饰手法等非常丰富，因此会有种类繁多的外观表现。

图4-30　腰节设计
（李锐作品）

门襟根据服装前片的左右两边是否对称可分为对称式门襟和偏襟。对称式门襟也叫中开式门襟，门襟开口在服装的前中线处，由于人体的左右对称性，大多数服装都使用对称式门襟，比较严谨正式的服装如西装、军装等则必须使用这类门襟；偏襟也叫侧开式门襟，偏襟的设计相对灵活，多运用在前卫服装及民族服装设计中。

门襟根据是否闭合可分为闭合式门襟和敞开式门襟，闭合式门襟是通过拉链、纽扣、粘扣、绳带等不同的连接设计将左右衣片闭合，这类门襟比较规整实用。从服装的功能性角度讲，服装中的闭合式门襟使用较多；顾名思义，敞开式门襟就是不用任何方式闭合的门襟，如披肩式毛衣、休闲外套等多使用这类门襟，给人以洒脱飘逸、不拘小节的感觉。

此外，门襟从制作工艺角度还可以分为普通门襟和工艺门襟。普通门襟就是用最基本的制作工艺将门襟缝合或熨平；工艺门襟则是通过镶边、嵌条、刺绣等方式使门襟具有非常漂亮的外观，工艺门襟的形状可以富有变化，如曲线形、锯齿形、曲直结合形等。

门襟还可以根据厚度和体积分为平面式门襟和立体式门襟，一般的门襟都是平面式门襟，这种门襟规范严谨，使用范围广泛，将面料层叠、抽褶、系扎或者经过其他工艺手段处理形成一定体积感的门襟则属于立体式门襟，立体式门襟具有较强的艺术效果，多用于表演性服装或前卫、轻快等风格的服装中（图4-31）。

在进行门襟的设计时需注意以下几个设计要点：

（1）门襟的结构要与衣领相适应：门襟与衣领相连，如果门襟的结构不能与衣领的结构相适应，将会给制作带来很大的困难，并最终影响设计的效果。

（2）被门襟分割的衣片要有美的比例：门襟设置在大身衣片上，必然对大身衣片造成分割，因此，在安排门襟的位置和长度时，一方面要注意穿衣人使用时的方便，另一方面也要使被分割的大身衣片具有"比例美"。

（3）对门襟的装饰要注意整体风格的协调：不同的装饰手法对服装的整体风格都可能带来影响？如门襟车双明线会显得较粗犷；沿门襟缀上不同色的细边，会使服装显得清秀。

图4-31　门襟（王亚仙作品）

七、下摆

下摆指衣、裙最下面的部分，包括上衣下摆和裙摆。下摆设计受人体结构限制相对较少，所以设计自由度比较好，在造型的选择上也比较自由，可以是对称的或者不对称的，可以是圆形的、锯齿形的或者其他任意具象形的，只要在结构和工艺上能够实现即可（图4-32）。

下摆的长度也有各种变化，造型夸张修长的大下摆使服装在视觉上冲击力强，比如婚纱的下摆，感觉修长但同时也感觉拖沓笨重。造型短小合体的下摆则感觉活泼利落，比如长及膝盖以上的直筒裙。

上衣下摆设计时，其最小尺寸以不小于人

图4-32　下摆（杨宁作品）

的臀围尺寸为准，要考虑到人体臀部活动的方便性，裙摆设计则要考虑到人走路时方便迈开步子，以人可以自由迈步为准，限制人走路的裙摆是不合适的。下摆的设计中经常会使用一些花色设计，比如使用蕾丝花边、荷叶边、缎带二方连续图案等。

八、腰头

腰头是与下装直接相连的下装部件，是下装设计的重要部位之一。腰头的宽窄及形状直接影响下装的外观效果，也是反映下装流行的热点部分。

腰头按高低可分为高腰设计、中腰设计和低腰设计；高腰设计是指腰头在腰节线或以上部位，高腰设计让人感觉活泼，同时还有将腿部拉长的感觉，在少女装中用得比较多；中腰设计让人感觉稳重大方，普通的西装裤、西装裙等都用此设计；低腰设计则显得现代而性感，是前卫时髦的年轻人喜爱的款式。

腰头按是否与衣片连接可分为无腰设计和上腰设计。无腰设计是由裤片或裙身直接连裁，在腰节处通过收省或收褶将腰部收紧合体，无腰设计外观感觉规整自然，线条流畅，能充分显露女性优美的腰身；上腰设计是指在裤片或裙身上单独装接腰头，腰头的形状可根据设计要求或个人爱好自由变化形状，如宽、窄、曲直，双菱形或单菱形，对称或不对称等，还可以使用纽扣、拉链、抽带等。腰头的具体种类也很多，在设计时可根据需要自由选择。

九、裤腿

裤腿是裤子穿在两腿上的筒状部分，裤腿设计受人体结构的限制比较大，因为人的下肢活动非常频繁，而且经常会有较大的活动幅度，比如跳跃、走路、下蹲这些动作都对裤腿的设计有较高的结构和工艺上的要求，裤腿设计要满足这些动作要求，同时又要满足设计上的审美和创意要求。比如，人体在下蹲时，裤腿膝盖处不能太紧，裤腿太紧一方面使人体感觉不舒服，另一方面容易造成裤腿侧缝处的缝纫线开裂，使人根本无法下蹲的设计则更不能使用。通常情况下，裤腿的设计在膝盖处留有足够的放量，如果是非常合体的裤腿，则要求面料有足够的弹性。裤腿的设计受服装风格影响很大，休闲裤经常会使用一些夸张造型，如低裆裤、灯笼裤、锥形裤、阔脚裤等，而且经常会加口袋设计，口袋还常用一些较大的立体口袋，裤脚口也经常会加一些装饰设计。而优雅风格和经典的裤装则大多选择大方的直筒造型或微小喇叭造型，裤脚口设计也不会使用烦琐造型。设计师要根据要求合理安排裤腿造型。

十、衬里

衬里是服装的里子或衬料，通俗而言，就是用在服装里面的那层面料。有些服装是不需要加衬里的，比如夏装为了凉爽而仅做单层面料，但是大多数外套类服装需要加衬里。首先，加衬里可以使服装具有挺括感和整体感，可以遮掩里面不需要露出的缝份、线头、毛边等，提高服装的外观品质。其次，加衬里的服装便于穿脱。再次，加了衬里的服装因为多了一层里料而相对比较保暖，对于有絮料的服装来说，衬里还可以包裹絮料不至于裸露在外。

衬里可选用全棉、真丝及化纤等材质。不贴身穿的服装衬里大多使用化纤材质，手感光滑，布面平整，比如休闲装、运动装经常使用透气性好的经编涤纶网眼布，西装、大衣、套装常用美丽绸、羽纱、尼龙绸作衬里。贴身穿的服装则常用全棉和真丝作衬里。衬里选择要注意质地厚薄、色彩、性能、价值等与面料相匹配，比如缩水率要与面料尽可能相当，在衬里结构设计时可预缩或留出缩水余量，这样洗涤之后，底边才不会出现起吊、起皱等现象。

当前，衬里的设计呈现出越来越复杂的趋势，一件服装的衬里不仅可以使用不同材料，还多了拼接缝，工艺上也颇为讲究，而且衬里的功能也因增加了细节而复杂起来，如手机袋、防盗钱袋、音响接口等。这种趋势在男装衬里上更加明显，已经超越了传统意义上的衬里概念，甚至成为男装的重要卖点，因此，必须重视对衬里的设计。

十一、装饰

（一）分割线

分割线又叫开刀线，分割线的重要功能也是从造型需要出发将服装分割成几部分，然后再缝合成衣，以求适体美观。线在服装造型中有重要的价值，它既能构成多种形态，又能起装饰和分割形态的作用；既能随着人体的线条进行塑造，也可改变人体的一般形态而塑造出新的、带有强烈个性的形态。因此由裁片缝合时所产生的分割线条，既具有造型特点，也具有功能特点，它对服装造型与合体性起着主导作用。

分割线通常被分为两大类：装饰分割线和结构分割线。

服装中的装饰分割线是指为了服装造型的设计视觉需要而使用的分割线，附加在服装上起装饰作用。分割线所处部位、形态和数量的改变会引起服装设计视觉艺术效果的改变。

在不考虑其他造型因素的情况下，服装中线构成的美感是通过线条的横竖曲斜与起伏转折及富有节奏的粗犷纤柔来表现的。女士服装大多采用曲线形分割线，外形轮廓线也以曲线居多，显示出活泼、秀丽、柔美的韵味。但是男装上的线条无论怎样变化，刚直豪放的直线应该是服装构成的主旋律。单一分割线在服装的某部位中所起的装饰作用是有限的，为了塑造较完美的造型及迎合某些特殊造型的需要，增添分割线是必要的。如后衣身的纵向分割线，两条就能比一条更能使腰身合体，形态自然。但分割线数量的增加易引起分割线的配置失去平衡，因此，数量的增加必须保持分割线整体的平衡感和韵律感，特别是对于水平分割线，其分割非常讲究比例美。

结构分割线是指具有塑造人体体型及加工方便特征的分割线。结构分割线的设计不仅要设计出款式新颖的服装造型，而且要具有更多的实用功能性，如突出胸部、收紧腰部、扩大臀部等，使服装能够充分塑造人体曲线之美。并且尽量做到在保持造型美感的前提下，最大限度地减少成衣加工过程的复杂程度。

以简单的分割线形式，最大限度地显示出人体轮廓的重要曲面形态，是结构分割线的主要特征之一。例如，背缝线和公主线可以充分显示人体的侧面体型，肩缝线和侧缝线则可以充分显示人体的正面体型。此外，结构分割线还有代替收省的作用，同时以简单的分割线形式取代复杂的塑形工艺，如公主线的设置，其分割线位于胸部曲率变化最大的部位，上与肩省相连，下与腰省相连，通过简单的分割线就把人体复杂的胸、腰、臀部的形态描绘出来。

以上两种分割线型结合，形成了结构装饰分割线。这是一种处理比较巧妙的能同时符合结构和装饰需要的线型，将造型需要的结构处理隐含在对美感需求的装饰线中。相对前两种分割线而言，结构装饰分割线的设计难度要大一点，要求要高一点，因为它既要塑造美的形体，同时又要兼顾设计美感，而且还要考虑到工艺的可实现性，对工艺有较高的要求。

（二）褶

褶是服装结构线的另一种形式，它将布料折叠缝制成多种形态的线条状，给人以自然、飘逸的印象。褶在服装中运用十分广泛，男装茄克衫、衬衫、女装衣裙及各式童装都有不同褶的使用。在服装设计中，为了达到宽松的目的，常会留出一定的余量，使服装有膨胀感、便于活动，同时它还可以补正体型的不足，也可作为装饰之用。打褶位置及方向、褶量不同，即使同样技法，也会显示出不同效果。根据形成手法和方式的不同，褶可分为两种：自然褶和人工褶。

1. 自然褶

自然褶是利用布料的悬垂性及经纬线的斜度自然形成的未经人工处理的褶。自然褶是立体设计中经常出现的褶，把面料直接披挂于身或者裁成衣片，再在某处缝合或系扎，利用面料的自然属性取得褶的造型效果。自然褶的皱褶起伏自如、优美流畅，而且还会随着人体的活动产生自然飘逸的韵律感。自然褶中最典型的代表是圆台裙，在腰部裁成合体的形状，让其余的面料自然下垂，就会有许多自然褶形成，底摆越大，皱褶就会越多，飘逸感也越强；反之底摆越小，皱褶也会越少，飘逸感随之减弱。

由于自然褶自然下垂、生动活泼，具有洒脱浪漫的韵味，所以在女装中经常见到运用自然褶的设计，多运用在胸部、领部、腰部、袖口等处，如领子的涡状波浪造型、胸围线以下的皱褶处理、晚礼服上层叠的曲线底摆等。由于自然褶的形成会有许多平面结构设计中意想不到的美妙效果，所以许多设计师在进行设计时都热衷于自然褶的使用。

2. 人工褶

（1）褶裥：人工褶中最有代表性的是褶裥，褶裥是把面料折叠成多个有规律、有方向的褶，然后经过熨烫定型处理而形成的。因为经过人为的加工折叠，所以褶裥具有整齐端庄、大方高雅的感觉，多用在职业套装及其他种类的正装中。

根据折叠的方法和方向不同，褶裥可分为顺褶、箱式褶、工字褶、风箱式褶（图4-33）。

图4-33　褶裥（李锐作品）

通常情况下，褶裥都是垂直排列的，当然根据不同的设计目的，也可倾斜排列或水平排列。褶裥根据缝合方式不同可分为明线褶和暗线褶、活褶和死褶。明线褶多从装饰性方面考虑，柔中带刚，经常用在休闲女装或男装中，暗线褶隐蔽性较好，外形美观，活褶易于活动，而且还可以与条纹、印花面料本身的特色配合使用，使褶裥闭合与打开时会有不同的图形效果，在视觉上感觉设计丰富、富有层次。此外，褶裥还有宽窄之分，有时一件服装上只有几个褶裥，每条褶裥都较宽，非常大方；有时可能会有几十甚至上百条，褶裥窄小细密，如我们最熟悉的百褶裙。我们在进行具体设计时要善于灵活交叉搭配，合理使用不同的褶裥，如宽褶与窄褶交错、活褶与死褶并用，如此可以加强设计的韵律感，取得饶有情调的设计效果（图4-34）。

图 4-34　褶裥的应用（付文丽作品）

在服装中运用褶裥设计一定要注意面料的选用，选用定型性较好、耐压耐烫的面料为宜，否则褶裥不易定型或者经过熨烫就会起皱或断裂，从而影响设计效果。褶裥的使用还可以掩盖形体缺陷，比如瘦高形体的人穿带有褶裥的裙子，由于褶裥的扩张性可能会显得胖一点，而矮胖的人则不宜穿这种设计的服装。

在男装中，褶裥的应用也非常普遍，多用在休闲服装和衬衫中，尤其在男士休闲衬衣的背面，几乎都有褶裥的运用，而且根据设计目的和要求会有许多变化设计。

（2）抽褶：抽褶也是经常用到的人工褶，抽褶也有不同的形成：一是用缝纫机的大针脚在布料上缝好以后，然后将缝线抽紧，布料自然收缩形成的皱褶；或者用有弹性的橡皮筋、带子等拉紧缝在布料上，再自然回弹将布料抽紧形成皱褶。从某种程度上来说，抽褶有一点自然褶的韵味，因为在人为加工过程中抽褶表现出来的形态有时是不以人的意志为转移的。抽褶还有一种形成方式，就是将长度不同的面料进行缝合，缩缝出细碎的小皱褶。这种方式在缝合时就已经加入了人为的控制，相对而言人工的味道更浓一点。

因为处理手法介于人工和自然之间，所以抽褶比较整齐有规律，比褶裥灵活柔软、典雅细腻。抽褶的使用位置非常之多，领口、袖口、裙边、前胸、腰部、袖克夫等均可使用，中间抽褶、单边抽褶或双边抽褶等形式不一，灯笼状、喇叭状等形状随心所欲、自由变换。抽褶也可以掩饰人的体型缺陷，如利用其蓬起性在胸部进行装饰可以使形体瘦弱的女性看上去较为丰满。

抽褶在男装中很少使用，在女装与童装中却运用非常普遍，而且有时还会成为某一季度女装的流行热点，如2002年流行的波西米亚风格，花边抽褶在女装中的使用成铺天盖地之势，商店里、大街上入目皆是（图4-35）。

（3）堆砌褶：堆砌褶是一种面感和体感较强的人工褶，利用衣褶的缠绕，堆砌在服装上，形成强烈的视觉效果。服装中运用堆砌褶的部位一般都会成为设计中的视觉中心。堆砌褶对服装材料的表面效果影响很大，可以在面料上形成很好的肌理效果，从很大程度上可以说是对服装材料的再创造。直接在模特身上进行立体设计时，设计师可以直接拉扯面料在某一部位进行旋转缠绕或交叉缠绕，衣褶根据情况可平行堆砌、螺旋式堆砌或呈放射状堆砌，可单层堆砌，可双层堆砌，还可不断改变其间距以寻求变化，这样就会使得原本单调的面料富有层次、平添韵味。这样形成的堆砌褶又叫牵拉褶。还有一种典型的堆砌褶的构成形式，就是在原本平面的服装之上层层堆砌褶构成元素，如在某一部位大量堆砌手工绢花、缝扎成褶的配件等堆砌褶常用在晚礼服或婚纱设计中，一般使用较为柔软华丽的面料，让人感觉典雅高贵、精致华美（图4-36）。

（三）蕾丝

蕾丝是一种网眼组织，最早由钩针手工编织，欧美人在女装特别是晚礼服和婚纱上用得很多，18世纪，欧洲宫廷和贵族男性在袖口、领襟和袜沿也曾大量使用。蕾丝的织法通常是在已经准备好的织物上以针引线，按照设计要求进行穿刺，通过运针将绣线组织成各种图案和色彩，这些图案或抽象艺术，或古典优雅，成为服装上引人注目的设计元素，现在已有很多种类机织蕾丝。蕾丝作为自古以来重要的服饰语言，有着丰富的文化内涵。蕾丝可以作为服装的一种面料，比如，迪奥的黑色和金色蕾丝装、夏奈尔纯洁的白色蕾丝裤、阿玛尼的红色窗花图案蕾丝裙，蕾丝装同样带有强化女性身份角色的意识特征。蕾丝经常作为一种辅料用于服装的装饰设计，比如用于荷叶裙边的修饰、衬衣上的小巧蝴蝶结及袖口、领口、裙摆等部位的装饰。此外，蕾丝还是婚纱和内衣上最常用的装饰辅料，服装上使用蕾丝可以使服装显得柔美、性感，富有设计感。

十二、省道

省道设计是为了塑造服装合体性而采用的一

图4-35　抽褶的应用（学生作品）

图4-36　堆砌褶的应用（张愉成作品）

种塑形手法。人体是曲面的、立体的，而布料却是平面的，当把平面的布披在凹凸起伏的人体上时两者是不能完全贴合的，为使布料能够顺应人体结构，就要把多余的布料剪裁掉或者收褶缝合掉，这样制作出来的服装就会非常合体。被减掉或缝褶部分就是省道，其两边的结构线就是省道线。省道一般外宽里窄，从服装的外边缘线向人体上某一高点收成三角形或近似三角形，外边的叫省根，里面的叫省尖。

省道有很多种，以胸高点为中根据收省的位置不同，上装省道主心，要分为七种基本类型：腰省、侧缝省（腰肋省）、腋下省、袖窿省、肩省、领省、前中缝省。分别以其省根所在位置线命名（图4-37）。近几年，中缝省用得也比较多，剪开或不剪开均有。

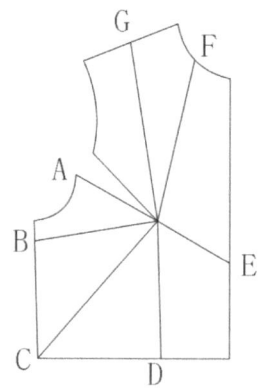

A. 袖窿省　B. 腋下省　C. 侧缝省　D. 腰省　E. 前中缝省　F. 领省　G. 肩省

图4-37　胸省类型

人体背部虽不如正面那么凹凸有致，但也有一定的曲面，背部较细，臀部较宽，肩胛处较高，女性尤为明显。按省根位置，背部省道也分为背部肩省、背部腰省等。背部省道也可根据造型要求联合使用。

事实上，在实际设计中，省道的具体形状很多，但都是以上述基本省道进行相应的省道转移得来的。省道转移是服装结构设计中的重要内容，在此我们不对其具体转移方法作以详述，只以图示的形式列举一些经过省道转移了的省道的形状（图4-38）。

图4-38　变化省道

在服装设计中，往往不是某一种省道单独使用，两条或两条以上省道联合使用会塑造出更为优美的女性曲线。在现代服装设计中，省道的使用更为讲究，服装设计师们竭尽所能，以更合理的收省方法塑造女性胸部曲线，常常是袖隆省、腋下省与腰省并用。省道收得合理与否是决定服装板型好坏的重要因素。

与上装相比，下装省道位置相对比较固定，多集中在腰臀部，所以下装的省道又叫臀位省。人的体形特点是腰部较细，臀部较宽，因此需要在腰部、臀部、腹部作适量的省量，使得裙装或裤装在腰部合体美观。在这一点上男性与女性相同，只不过女性更为明显而已，而且女性臀部丰满、小腹微隆，这导致了女下装与男下装省道略有不同，女装在臀部曲线更为明显，特别是臀部略翘臀，而男装则相对挺直。收臀位省还有一个重要的功能，就是使得下装能够挂于腰部，以前的抿裆裤，腰部肥大不收省，所以必须在腰部抿住，否则就会穿不住。在现代社会中，服装讲究简洁实用，许多裙装和裤装都不束腰带，这对臀位省的结构设计会有更高的要求，省量太大不便穿脱，省量太小则容易使服装下坠而在腰上挂不住。臀位省在设计时还可以与上装联合，如连衣裙与长大衣在腰节线附近收的省通常也叫腰省。

省道缝合时一般向内折暗缝，在服装表面只留有一条平整的缝合线，使服装外形立体美观。在现代服装设计中，省道除了其最基本的合体性功能以外，许多设计师把省道设计当成一种变化设计的手法，例如，在省道处加嵌条、装饰线或者省道外折等。

第三节　服装细节设计方法

一、变形法

变形法是指对原有局部细节的形状进行变化，即把原有内轮廓作为设计原型进行一些符合设计意图的处理，如进行扭转、拉伸、弯曲、切开、折叠等处理，原有形状将会随之改变。前面已经讲过的设计方法和造型方法也非常适合在此使用，可以从这些方法出发，对原型进行处理，得到的结果也许是自己不曾想到过的。只要掌握了造型手法，新造型便会呼之即来。

二、移位法

移位法是指对设计原型的构成内容不作实质性改变，只是作移动位置的处理。在一件服装中，口袋是一个局部造型，在不改变其造型的情况下，将口袋转移到新的位置上，便已有了设计意义，如果是一个有袋盖的口袋，在不改变其造型的情况下，将袋盖移动到新的位置上，也具有设计意义。从这个方面来说，移位法既简单又有效，关键是看设计者能否独具慧眼，在有限的空间里发现既合情理又有新意的位置。

为了灵活使用移位法，使它施展的空间更大、结果更巧妙，在实际设计中，可结合其他的设计方法和造型方法，这样会使设计更加得心应手。

三、实物法

实物法是指用服装材料在实践过程中直接成型。实物法类似于立体裁剪，但它是有限的立体裁剪或局部裁剪，由于内部造型一般比较小，甚至有些零部件的平面感很强，不需要在人体模型上完成，许多东西可以在平面状态下完成，因此在操作上比外轮廓的直接造型法简单得多。

为了看到真实的设计效果，一些零部件不仅做成1∶1大小，而且制作非常精细，完成后放在相应的部位，有些局部结构的处理也是用绘画不易实现的，是在边设计边制作的过程中，随机应变形成的。有些空间转折关系中复杂的局部结构则必须用此法来完成，经过实物法设计或检验的设计结果非常可靠，在空间状态和制作程序方面不会有太大的矛盾。

四、材料转换法

材料转换法是指通过变换原有服装细节的材料而形成新的设计。材料是影响设计风格和效果的重要因素之一，有时我们会看到某些设计中值得借鉴的细节设计的形状或技法等，但是由于其设计要求与目的的差异性不可能直接挪用，就可以通过变换材料的手法将其运用到新的设计中形成巧妙的设计。材料转换法是一个形成新设计的简便方法，仅仅通过转换材料就可以形成许多富有新意的设计。

本章小结

本章首先对服装细节设计的含义作了概述，然后分别从服装功能、服装辅料、制作工艺、视觉中心、结构设计、设计趣味等六方面讲了影响服装细节设计的主要因素，设计师在进行细节设计之前必须熟悉并灵活把握这些方面的知识，在此基础上才能深入设计。本章重点将服装主要的细节设计展开讲解，在这些细节中衣领、衣袖、口袋是被称为服装三大部件，是细节设计的主要内容，讲述也比较详细。在服装部件设计中，设计者要充分了解其结构与制作工艺，以此为基础进行款式造型的变化设计，其他细节也是服装造型中不可或缺的配合因素，在设计过程中要注意与服装廓形、部件等的相互协调。

思考与练习

1. 在设计中，如何协调影响服装细节设计的各个因素？

2. 不同服装部件的创意设计练习。要求：充分表现设计理念，先以草图形式表现 30 款，然后从中选择 10 款深入设计，以标准平面款式图或完整人体着装效果图表现。

第五章　服装分类设计

第一节　服装分类设计概述

一、服装分类设计的意义

如果把每件在造型、色彩、面料和结构上略有不同的服装都算作不同款式，那么，服装大概是款式最多的日常用品了，尤其是它的造型之多、色彩之众、面料之杂是任何其他生活用品都不能比的。当被问及如何进行服装设计这个简单而又复杂的问题时，作出的只能是笼统的回答，因为服装与服装之间有太多的不同，不可能用一种具体的解答结果以偏概全地满足提问的各个方面。比如，如何进行男装设计？回答显然是笼统的，因为男装中有西装、夹克、便装、大衣等；西装中有青年西装，也有老年西装；青年人中有热情开朗的青年，也有沉着稳健的青年；热情开朗的青年中，有需要正式场合穿的西装，也有休闲场所穿的西装；正式场合穿的西装有高档的，也有中低档的；高档西装中，有流行感强的，也有传统型的；等等。因此，将服装进行分类，才能使设计有比较明确的目标。

我们要说清楚生活中随便哪件衣服究竟属于哪个类别，恐怕仅用某一种分类方法是很难做到的。有时，一件衣服可以单独用好几种方法分类，分类的结果却可能仍然是个含糊的概念，只有同时使用好几种方法并加入每种方法的限定成分以后，这件衣服的属性才比较清晰、特征才容易显露，就像一个空间位置，必须从水平、垂直、前后等方向对其透视扫描，才能准确叙述它的方位。这就要求设计者在设计之前全面、细致、准确地理解各种形式的设计指令，才能得出令人满意的设计结果。

二、服装分类设计的原则

无论设计何种服装，均要掌握以下三项总的设计原则。

第一，用途明确。

这里的用途是指设计的目的和服装的去向。设计者为什么要设计这件服装？是参加服装设计比赛用，还是投放市场销售用？是作为宾馆制服，还是作为社交服装？服装的去向决定了服装存在的环境条件。即使同样是作为宾馆制服，宾馆的等级、风格和空间环境也大不相同，工种也门类繁多，设计便不能概念化、程式化进行。明确了服装用途，设计才能有的放矢。

第二，角色明确。

角色是指具体的服装穿着者。仅仅按年龄性别划分穿着者类别仍是比较抽象的，还应该对穿着者的社会角色、经济状况、文化素养、性格特征、生活环境等进行分析，批量生产的服装是求得穿着者在诸多方面的共性，单件定制的服装则要找出穿着者的个性，并且要注意穿着者的身体条件。角色明确是在用途明确的基础上进行的，没有明确的角色仍可进行设计构思——尽管会在穿着方面带有一定的盲目性，却并不影响服装的存在；没有明确的用途则无法进行设计构思——不知道穿着者想要什么东西。

第三，定位准确。

定位包括风格定位、内容定位和价格定位。风格定位是服装的品位要求，成熟的穿着者明白自己需要什么样的风格，需要什么样的品位。内容定位是服装的具体款式和功能，服装的款式可以千变万化，其性质却要相对稳定。价格定位是针对销售服装而言的，无论采用何种销售方式，价格定位将涉及生产者和消费者的经济利益。定位过高虽然利润丰厚却会引起滞销，定位过低虽能畅销却利润微薄，因此，合理的产品价格比一直是设计者应该了解的内容。

掌握了以上三项总的设计原则之后，具体的设计才能根据具体要求展开。本章内容以介绍几种常见分类服装的设计为主，对于其他分类服装设计不作详细讲解。

第二节 服装的分类方法

一、常见服装分类方法

服装的常见分类方法是从人们熟悉的、约定俗成的、在服装的一般流通领域易被接受的角度对服装进行分类，其服装名称出现的频率很高，便于在现实生活中被普通人所认知和接受。不同的分类方法，导致我们平时对服装的称谓也不同。

（一）根据年龄分类

1. 婴儿装

0~1岁儿童穿着的服装。

2. 幼儿装

2~5岁儿童穿着的服装。

3. 儿童装

6~11岁儿童穿着的服装。

4. 少年装

12~17岁少年穿着的服装。

5. 青年装

18~30岁青年穿着的服装。

6. 成年装

31~50岁成年人穿着的服装。

7. 中老年装

51岁以上的中老年人穿着的服装。

不同国家和地区对年龄段的划分有所差异，服装的分类也随之不同。同时，当前服装市场开始注意生理年龄与心理年龄的差异，这是设计时应该考虑的因素。

（二）根据国际通用标准分类

1. 高级女装

高级女装是指专为欧洲高级女装店里出售而设计的高级女装。

2. 时装

时装是指介于高级女装和成衣之间、具有流行意味的、顾客目标较为明确的时尚服装。

3. 成衣

成衣是指按计划大批量、在流水线上生产的标准号型服装。

（三）根据目的分类

1. 比赛服装

为了参加各类服装设计比赛而设计的服装。

2. 发布服装

为了各种服装发布会而设计的服装。

3. 表演服装

为了满足各种表演需求而设计的服装。

4. 销售服装

为了适应市场销售而设计的服装。

5. 指定服装

为了符合特殊需求而设计的服装。

（四）根据用途分类

1. 日常生活装

在普通的生活、学习、工作和休闲场合穿着的服装，如家居服、学生服、运动服、休闲服、旅游服等。

2. 特殊生活装

较少人在日常生活中穿着的服装，如孕妇服、残疾人服、病员服等。

3. 社交礼仪服

在比较正式的场合穿着的服装，如晚礼服、婚礼服、丧服、葬礼服、宗教服、午后礼服等。

4. 特殊作业服

在特殊环境下具有防护作用的作业服装，如防火服、防毒服、防辐射服、宇宙服、潜水服、极地服等。

5 装扮装

在具有装扮、假饰等要求的场合穿着的服装，如戏剧服、道具服、迷彩服等。

（五）根据季节分类

1. 春秋装

春秋装是指在春秋季节穿着的服装，如套装、单衣等。

2. 夏装

夏装是指在夏季穿着的服装，如短袖衬衣、短裤、背心等。

3. 冬装

冬装是指在冬季穿着的服装，如滑雪衫、羽绒服、大衣等。

（六）根据品质分类

1. 高档服装

服装的设计、材料和制作呈高标准组合的服装。

2. 中档服装

服装的设计、材料和制作呈一般标准组合的服装。

3. 低档服装

服装的设计、材料和制作工艺呈低标准组合的服装。

（七）根据服装外形分类

1. 字母型服装

外轮廓以对称的英文字母命名的服装，如 A 形大衣、X 形套装、H 形长裙等。

2. 规则几何型服装

具有规则几何型特点的服装，如箱形服装、倒三角形服装、圆形服装等。

3. 自由几何型服装

具有自由几何型特点的服装，如旋涡形、S 形等。

4. 物象型服装

具有某种物体形状的服装，如花篮形、箭形、磁石形、吊钟形等。

（八）根据性别分类

1. 男装

所有的男子使用的服装。

2. 女装

所有的女子使用的服装。

3. 中性服装

男女可以共用的服装，如普通 T 恤、牛仔装等。

（九）根据气候分类

1. 季节服装

能适应季节变化的特点的服装，如春秋装、冬装、夏装、旱地服装、雨季服装等。

2. 地带服装

能适应不同地带要求的服装，如热带服、寒带服、温带服等。

3. 气候服装

能适应气候变化特点的服装，如防寒服、防暑服、防雨服、防风服等。

（十）根据材料分类

1. 纤维服装

用不同纤维制成服装，如羊毛衫、棉麻衫、丙纶衫、氨纶衫、涤纶衫等。

2. 毛皮服装

用动物毛皮制成的服装，如狐皮大衣、狗皮大衣、貂皮大衣等。

3. 皮革服装

用去毛的动物皮革制成的服装，如牛皮茄克、羊皮茄克、猪皮茄克等。

4. 其他材料服装

用不常用的材料制成的服装，如稻草服、树叶服、金属服等。

（十一）根据品种分类

符合品种划分要求的服装，如大衣、风衣、套装、衬衣、裤子、裙子等。

（十二）根据民族性分类

1. 中式服装

以中国传统服饰为蓝本的服装。

2. 西式服装

以西方国家服饰为蓝本的服装。

3. 民族服装

以各个民族服饰为蓝本的服装。

4. 民俗服装

带有地域文化色彩的服装。

5. 国际服装

能够在世界范围内流行的服装。

（十三）根据制作方式分类

1. 工业化服装

工业化批量生产的服装。

2. 定制服装

符合个人要求定制的服装。

3. 自制服装

穿着者自己制作的服装。

（十四）根据商业习惯分类

1. 童装

0~12岁儿童穿着的服装。

2. 少女装

20岁左右年轻女性穿着的服装。

3. 淑女装

适合年纪较轻女性穿着的让人感觉稳重大方、优雅文气的服装。

4. 职业装

职业装是指在有统一着装要求的工作环境中穿着的服装，又称制服。

5. 男装

所有的男子穿着的服装。

6. 女装

所有的女子穿着的服装。

7. 家居服

家居服是指平时在家里穿的服装，包括起居服、庭院服和睡衣等。

8. 休闲服

休闲服是指在休闲场合所穿的服装，包括垂钓服、猎装、便装等。

9. 运动服

运动服是指方便人体运动而穿着的服装，包括跑步衣、晨练服等。

10. 内衣

内衣是指贴体穿着的内层服装，包括文胸类"小内衣"和保暖类"大内衣"等。

二、其他服装分类方法

服装还有一些人们不太熟悉的，更多地用于服装研究领域的分类方法。专业服装工作者应该对此有所了解，并可以从中获取设计灵感和设计素材。

（一）从着装方式上分

1. 佩戴式服装

将片状材料固定于身体的某一部分。这是最初在原始时期出现的服装形态，现代原始民族仍部分保留这种着装方式。

2. 系扎式服装

将线状材料系扎于身体的某一部分。通常以绳索、线带等材料系扎在腰、颈、腿等部位，在部分热带土著居民中仍能看到这种着装方式。

3. 披挂式服装

以上身某一部分为支点，用布料披挂于身上的形式。现代的披肩、斗篷、长巾等服饰皆源于此。

4. 包缠式服装

用大面积的布料将身躯缠绕包裹起来的形式。从古代希腊、罗马的壁画和雕塑中，以及现代印度妇女的沙丽中都能看到这种方式的着装。

5. 地式服装

长而垂地的、上下连装的全身连衣形式。起源于古埃及，经过拜占庭时期和中世纪的延续，在现代晚礼服中也能见到它的影响。

6. 套头式服装

在衣料中央挖洞套在肩部的形式。原先多见于西方古代服装，现今广为流行的套头衫是这类服装的变化形式。

7. 包裹式服装

左右襟重叠的前开式全身衣。这类服装一般为直线裁剪、扣系两边，多见于朝鲜、波斯、中亚等国和地区的东方服饰。

8. 体型式服装

按照身体结构的特点进行分别包装的着装方式。这种服装已成为国际通用的着装方式，绝大部分服装均属此列。

（二）从着装状态上分

1. 轻便型、笨重型

从着装的庄重角度和服装的分量角度研究服装。

2. 夸大型、缩小型

从着装的张扬角度和服装的体积角度研究服装。

3. 上重下轻型、上轻下重型

从着装的对比角度和服装的重量角度研究服装。

4. 硬挺型、柔软型

从着装的舒适角度和服装的软硬角度研究服装。

5. 合型、单层型

从着装的层次角度和服装的保暖角度研究服装。

（三）从覆盖状态上分

1. 贴体型、离体型

从服装与身体的接触程度区分服装。

2. 紧身型、宽松型

从服装与身体的松紧程度区分服装。

3. 束紧型、放松型

从服装的机能角度区分服装。

4. 前开型、后开型

从服装闭合方式和闭合部位区分服装。

5. 包裹型、裸露型

从服装的暴露程度区分服装。

6. 分离型、整体型

从服装的结合程度区分服装。

(四) 从服装部件形式上分

1. 单件式服装

上下连装的全身连衣形式，如连衣裙、婚纱、晚装等。

2. 二件式服装

上下分开的二件套装形式，如运动套装、春秋套装等。

3. 三件式服装

上下、内外分开的三件套装形式，如带背心的套装、内长外短的套装等。

4. 多件式服装

三件以上的套装形式，如带衬衣的三件式套装，可组合搭配的多件式套装等。

(五) 从服饰关系上分

1. 衣服

所有符合狭义服装概念的穿着物。

2. 附属品

穿戴或系扎于服装及人体上的具有实用价值的物品，如围巾、耳套、领带、皮带、臂章、领章、眼镜等。

3. 装饰品

在服装中主要起装饰作用的物品，如头饰、项饰、胸饰、腰饰、腕饰、指饰、脚饰等。

4. 携带品

随身携带并具有盛物、护身、行动和爱好等意义的物品，如包袋、雨具、手杖、手表、烟具、扇子等。

（六）从着装部位上分

1. 首服

穿戴或系扎于头部的服饰，如头巾、帽子、网罩等。

2. 躯干服

穿戴或系扎于躯干部的服饰，如大衣、文胸、套衫等。

3. 足部服

穿戴或系扎于足部的服饰，如鞋子、袜子、绑腿等。

4. 手部服

穿戴或系扎于手部的服饰，如手套、护腕、手笼等。

（七）从着装类别上分

1. 外衣

穿着在人体最外部的服装，如大衣、风衣等。

2. 内衣

穿着在外衣内层的服装，如羊毛衫、马夹等。

3. 肌体衣

紧贴人体肌肤穿着的服装，如文胸、内裤等。

4. 上装

穿着在人体上部的服装，如夹克、衬衣、套头衫等。

5. 下装

穿着在人体下部的服装，如裤子、裙子、连裤袜等。

（八）从扮饰上分

1. 扮装用服装

用于扮装艺术表演角色的服装，如电影服装、戏装等。

2. 假装用服装

用于假装迷信角色的服装，如祭祀服装、巫术服装等。

3. 变装用服装

用于改变真实身份的服装，如侦探用衣、间谍用衣等。

4. 拟装用服装

用于迷惑、隐蔽目的服装，如迷彩服、狩猎的伪装服等。

（九）从构成形态上分

1. 封闭角度

分为开放型服装和密闭型服装。

2. 立体角度

分为平面构成服装和立体构成服装。

3. 成型角度

分为非成型服装、半成型服装和人体型服装。

（十）从历史上分

以服装出现的年代顺序划分，分为原始服装、古代服装、中世纪服装、近世纪服装、近代服装、现代服装、当代服装等。

（十一）按 HS 编码分

商品名称及编码协调制度（The Harmonized Commodity Description and Coding System）简称协调制度（HS），它是在《海关合作理事会分类目录》（CCCN）和联合国《国际贸易标准分类》（SITC）的基础上，参照国际其他主要的税则、统计、运输等分类协调制度的一个多用途的国际商品分类目录。

HS 编码，以六位码表示其分类代号，前两位码代表章次，第三、四位码为该产品于该章的位置（按加工层次顺序排列），第一至第四位码为节（Heading），其后续接的第五、六位码称为目（Subheading），前面六位码各国均一致。第七位码以后各国根据本身的需要制订码数。服装属 HS 分类制的第十一类及第 61、62 章，第 61 章为针织或钩编制品，第 62 章为非针织或非钩编织服装及衣着附件，适用于除絮胎以外，任何纺织物的制成品。

棉制男式羽绒大衣的 HS 编号为 6201、1210，棉制女式羽绒大衣的 HS 编码为 6202、1210。服装 HS 编码分类中对成衣性别的规定有具体要求，即性别分男式、男童、女式、女童、婴儿，左门襟在右门襟之上归男性，反之归女性，中性成衣归女性类别。针、梭织成衣及衣着附件其编序依照产品特性由外套类至内衣类，针、梭织相互对应，再次则为其他产品。

第三节 常见服装分类设计

一、根据年龄分类的服装设计

这种分类服装的年龄跨度很大，从小到老，几乎涵盖了人生的全过程。以年龄段区分服装是目前比较流行的品牌定位的做法，每个年龄段的人群都有不同的生理特征，这是服装裁剪的依据。更要注意每个年龄段的人群所拥有的心理特征，反映出他们对服装的看法，这是服装设计进行艺术处理的根本。此外，还要注意他们的经济状况，这是产品价格定位的要素。如果价格定位已确定，那么面料价格范围和制作成本就基本明确了。

（一）童装

童装可以分为婴儿装、幼儿装、小童装、中童装和大童装。

1. 婴儿装

从出生到周岁之内为婴儿期，这是儿童身体发育最显著的时期。婴儿的体征是头大身体小，身高约为 4 个头长，腿短且向内侧呈弧度弯曲，其头围与胸围接近，肩宽与臀围的一半接近。婴儿一般不会行走，大部分时间在床上或大人怀中度过，对事物好奇而缺少辨别能力，而且大小便不定时且次数频繁。婴儿服装总的要求是：款式要简洁宽松，易脱易穿，面料以吸湿性强、透气性好的天然纤维为宜，如柔软的棉织物等，不能用硬质辅料，以免损伤皮肤；不能有太多扣袢等装饰，以免误食。尿不湿的发明使婴儿装设计的烦琐程度稍有改观。婴儿装色彩一般以浅色、柔和的暖色调为主，可以适当装饰一些绣花图案。

2. 幼儿装

1~3 岁为幼儿期。这个时期的孩子体重和身高都在迅速发展，体型特点是头部大，身高为头长的 4~4.5 倍，脖子短而粗，四肢短胖，肚子圆滚，身体前挺。男女幼儿基本没有大的形体差别。这个时期也是心理发育的启蒙时期，因此要适当加入服装品种上的男女倾向。由于幼儿对自己行为的控制能力较差，设计时要考虑安全和卫生功能。幼儿服装总的要求是：造型宽松活泼，基本没有省道；处理幼儿女装外轮廓多用 A 形，如连衣裙、小外套、小罩衫等。幼儿男装外轮廓多用 H 形或 O 形，如 T 恤衫、灯笼裤等。局部可采用动物或文字等刺绣图案，配以滚边、镶嵌、抽褶等装饰，但要注意清爽悦目，不可过滥。色彩以鲜艳色调或耐脏色调为宜。面料要耐磨耐穿、易于洗涤，可采用全棉的针织布或灯芯绒，也可选用柔软易洗的化纤面料。

3. 小童装

4~6岁儿童正处于学龄前期，又称幼儿园期，俗称小童期。小童期体形的特点是挺腰、凸肚、肩窄、四肢短，胸、腰、臀三部位的围度尺寸差距不大。身体高度增长较快，而围度增长较慢，4岁以后身长已有5~6个头高。小童服装造型与幼儿服装造型比较相似，造型也比较宽松活泼，常使用H形、A形或O形，小童女装如连衣裙、外套等有时也使用X形。连衣裙、裤，吊带裙、裤或背心裙、裤也是小童服装的常用造型。这个年龄的儿童可以使用多种装饰手法，可以有婴幼儿的活泼随意的装饰，但因其有了一定的自理能力，在结构处理和装饰处理上又可以多讲究一点装饰性。为适应小童期儿童的心理，在服装上经常使用一些趣味性、知识性的图案，取材经常带有神话和童话色彩，以动画形式表现，具有烂漫天真的童趣性。由于这时期男孩与女孩在性格上出现一些差异，因此男女童装的设计开始出现较明显的差别。小童期儿童的服装色彩与幼儿相似，多使用一些明度较高的鲜艳色彩，而含灰度高的中性色调则使用相对少一些，面料以纯棉起绒针织布、纯棉布、灯芯绒布及混纺涤棉布居多。

4. 中童装

7~12岁为中童期，也称小学生阶段。此时的儿童生长速度减缓，体型变得匀称起来，凸肚现象逐渐消失，手脚增大，身高为头长的6~6.5倍，腰身显露，臂腿变长。男女体格的差异也日益明显，女孩子在这个时期开始出现胸围与腰围差，即腰围比胸围细。中童服装总的造型以宽松为主，可以考虑体型因素而收省道。款式设计不宜过于烦琐、华丽，以免影响上课注意力，设计既要适应时代需要，但也不宜过于赶潮流。设计男女儿童服装时不能拿儿童体型的共性去考虑，而是有所区别。女童服装可采用X形、H形、A形等外轮廓造型，连衣裙分割线也更加接近人体自然部位；男童装外形可以O型、H形为主。此阶段儿童的服装款式相对简洁大方，便于活动，针织T恤衫、背心裙、夹克、运动衫、组合搭配套装都极为适宜。同时，学生服或校服也是该阶段儿童在校的主要服装。中童服装的色彩不宜过分鲜艳，可以强调对比关系但对比不宜太强烈，在图案装饰上不宜过于烦琐和过分追求华贵，不宜用大型醒目的图案，一般只用一些小型花草图案。中童服装的面料适用范围较广，天然纤维和化学纤维织物均可使用。

5. 青少年装

13~17岁的中学生时期为青少年期，又称少年期，这是少年身体和精神发育成长明显的阶段，也是少年逐渐向青春期转变的时期。这个时期的体型变化很快，身头比例大约为7∶1，性别特征明显，差距拉大。少女装在廓形上可以有梯形、长方形、X形等近似成人的轮廓造型。少女时期选择中腰X形的造型能体现娟秀的身姿，上身适体而略显腰身，下裙展开，这类款式具有利落、活泼的特点。男学童在心理上希望具有男子气概，日常运动和游戏的范围也越来越广泛，如踢足球、骑自行车等。因此，男学童的服装通常由T恤衫加衬衫、西式长裤、短裤或牛仔裤组合而成，或者牛仔裤与针织衫配穿、牛仔裤与印花衬衫配穿，感觉比较时尚，此外，运动上装配宽松长裤也很受青睐。大童服装图案类装饰大大减少，局部造型以简洁为宜，可以适当增添不同用途的服装。大童服装的款式过于天真活泼，少年儿童自身都不愿接受；而款式太过成人化，又显得少年老成，没有了少年儿童的生气和活泼。因此设计师要充分观察掌握少年儿童的生理和心理变化特征，掌握他们的衣着审美需求。校服是大童这一时期的典型服装。大童服装的色彩不再那么艳丽，多参考青年人的服装色彩，以常用色调为宜，男女大童的服装色彩性别差异也比较明显，女大童装经常采用一些柔和的粉色调，如浅粉色、粉紫色、嫩黄色等，还经常选用一些同样比较女性化的花色面料。大童服装可选用的材料很多，服装的功能不同，面料的性质随之而变。居家服以天然纤维面料为主，如丝、棉等。外出服或校服的面料更多采用化纤织物，此外，牛仔面料也是这一时期儿童服装的主要面料。

（二）青年装

这是一个很有特点的年龄段，是服装重点设计对象。这个年龄的人体型已发育成熟，身高已经固定，个性和喜好相对稳定，对流行的追求比较敏感，对服装品质、风格等有比较高的要求。青年装总的要求是造型轻松、明快，变化范围很大，除了偏中性风格的服装外，青年装的性别特征非常明显。一般来说，男青年装造型挺直、结构略有夸张，讲究服装的品质；女青年装造型多变，以能突出优美身段和女性气质的造型为佳，局部造型丰富多变，各种装饰运用丰富。色彩的选择与流行色关系密切，经常运用对比因素。面料则几乎包括所有服装面料，尤其偏好新颖流行的面料。这个年龄段又可以分为两段，25岁之前的青年人着装更注重流行和青春活力，而25岁之后的人群已经有了比较稳定的经济基础和社会地位，呈现追逐名牌服装的倾向，有相对固定的服装品牌。

（三）中年装

这个年龄段的人群年龄跨度较大，体型随年龄逐渐变化而且可能变化比较明显。40岁以后的成年人有逐渐发胖的趋势。中年装的造型合体、稳重，基本不使用太张扬、太个性的造型，受流行因素的影响较青年装少，局部造型简洁而精致，装饰较少，讲究服装的系列搭配，注重服装的品质、风格和品位。中年装色彩以常用色为主，稳重大方，也会根据流行趋势使用一些流行色。面料选择的范围较广，但是面料品质要求较高，冬装还可使用高档的动物毛皮制作。

（四）老年装

这个年龄段的人群体型特征明显，或瘦弱，或肥胖，或凸肚，或驼背，随着年龄的增长，尤其是过了70岁以后，这种情况更加明显。这个年龄段的人比较稳重，对流行已不太关注，服装造型上适合沉稳优雅的风格，大方严谨而略带保守，有时还要注意通过造型修正体态。色彩追求平稳温和的色调，中年女装偶尔也用鲜亮色调。老年人已退出社会舞台，追求安详宁静的生活，对流行事物不感兴趣，造型要求宽松舒适、简洁大方，零部件宜简单实用，色彩宜选用干净明快的色调，以暖色系为主，适当配合一些碎花圆点图案以掩饰老去的容颜。面料宜选用柔软、透气的天然或化纤织物。

二、按国际通用标准分类的服装设计

这里所谓的"通用标准"是按照服装流行的层次、轨迹及生产制作的规模、着装者的身份和地位等因素结合在一起而形成的，服装按这个标准进行分类可分为高级女装、时装和成衣三大类。

（一）高级女装

这类服装传统而典雅，通常是量体裁衣、单件制作、工艺精致、价格昂贵。英国人查尔斯·弗雷德里克·沃斯（Charles Frederick Worth）是巴黎高级女装店的奠基人。其于1858年开设了世界上第一家以上流社会的达官贵人为对象的沙龙式高级女装店，深得皇后公主和贵族名媛的宠爱，开高级时装设计之先河，并以高级时装专门店这一形式在巴黎站住了脚，对以后的服装业影响深远。高级女装的设计观念仍较多地停留在装饰设计阶段，在相对稳定的审美定势下，设计手法和材料选择具有某种习惯性。由于它单件定制的特点，其制作往往不厌其烦，数十上百个人工成为保证品质的必要手段之一。时至今日，人们的审美趣味和社会财富的分配已发生了很大变化，虽然仍有许多人对其怀有难以割舍的情结，但是，高级女装店仍在不断地萎缩或代之以其他服装，已减弱了当年的风光。成衣业的发展也是高级时装萎缩的原因之一。

（二）时装

与高级女装和成衣相比，时装不如高级女装豪华昂贵，却比普通常规的成衣活泼多样，具有非常明显的流行时段的痕迹，因此，时装的面貌灵活多变，设计手法受流行趋势左右，其产品数量一般也比高级女装多，但比成衣少。

尽管高级女装和成衣之间有明显的区别，但时装与成衣之间常常界限模糊，有些成衣含有时装的特点，而有些时装则带有成衣倾向。尤其在服装业趋向于个性化发展的今天，成衣也很时装化，因此试图将两者硬性区分是比较困难也没有什么实际意义的。

（三）成衣

成衣是20世纪初出现的服装形式。工业文明的不断进步，使得批量化生产标准号型的服装有了可能，商业销售的现代化为这些服装进入市场打开了方便之门，成衣的发展也越来越走向高级化、多样化、正规化，专门的成衣设计师也应运而生。成衣设计没有具体的单一的顾客对象，但是，其设计方向必须是在熟知市场的情况下制定的，是在市场调研的基础上，将顾客分成不同类型，根据市场空缺和公司自身特点而进行的。目前，在一般服装商店或百货商店出售的服装都可称为成衣。

成衣的设计具有生产设计阶段的特征，即批量生产的可能性。服装上的每一条线迹、每一颗纽扣都要考虑成本核算，结构、工艺的设计要适宜在生产流水线上制作。过多的手工制作工序和表面装饰被摒弃，设计风格不谋而合地走向简洁，与高级女装设计相比，无论是设计语言还是工艺制作都有着明显的区别。

三、根据用途分类的服装设计

（一）比赛服装

参加各类服装设计比赛，可以帮助设计师叩响服装设计的大门，获得荣誉，给今后的发展铺设道路，同时还可以通过实战磨炼设计技能。初学设计者应该在经济条件许可的情况下积极参赛。参加服装设计比赛之前，首先要弄清比赛的宗旨了解比赛的性质和对参赛服装的要求。由于主办者举行服装设计比赛的目的不尽相同，从而会对应征作品提出一定的要求，如作品的风格、种类、数量和时间等。主办者办赛的目的一般有三个：一是在比赛中发掘服装设计新秀；二是主办者或赞助商提高社会效应；三是提高行业水平和推广服饰文化。我国目前风行将比赛分为创意装设计和实用装设计的做法，其设计要点是截然不同的，许多设计者的作品非常好但却因作品不对路而痛失得奖机会，令评委也遗憾有加。很多情况下，能在创意设计比赛中得大奖的作品，在实用设计比赛中可能连初赛关都过不了，反之亦然，在实用设计比赛中摘得桂冠的作品也许进不了创意设计比赛的复赛圈。这应该是设计者极为关注的问题。

图 5-1　比赛服装通常比较注意服装的创意
（王相满作品）

参加创意设计比赛的服装，要求主题明确，构思奇特，在符合主办宗旨的前提下，竭尽设计的新奇怪异之能事，力求创造出令人耳目一新的作品。要做到这一点，首先要精心选择设计题材，用出乎意料的题材表现设计主题是出奇制胜的高招，如果找不到新颖的题材，则在以往题材上追求表现形式的突破，利用设计语言多样组合的可能性，寻找题材与形式最佳结合点。造型一般以大体积、非常规为宜，要求强烈的整体大气之感，在讲究新奇的同时，千万不能忽视"巧妙"，避免僵硬呆板的结果。色彩处理要注重时代气息和视觉冲击力，虽不以刺激醒目为唯一途径，但如何使配色效果令诸评委们首肯，却是设计师要考虑的重要问题。面料应根据主题和题材的内容及具体表现形式而定，在所有服装类别中，材料范围也许是最广泛的，经常采用钢丝、泡沫塑料、竹片、海绵、PVC薄膜、纸张等非服用材料，当然主体材料仍然以织物居多。

参加实用设计比赛的服装，要求搭配合理协调，实用中带有新意。虽然主办宗旨会要求作品是具有销售意义的实用服装，是能够批量生产的日常生活装，但是，并没有哪套最终夺冠的作品被真正地批量生产后投放市场，因为评委们在评比过程中往往不由自主地将评比标准倾向于审美要求。事实上，真正畅销的产品不可能在这类比赛中获得大奖，获奖作品也很少能成为最畅销产品，这是由于在服装表演气氛中产生的评比结果与在商场货架中产生的销售结果无法相提并论的缘故造成的。因此，设计参加比赛的实用服装必须考虑能影响比赛效果的种种因素（图 5-1）。

（二）发布服装

服装发布会是促进服装业繁荣不可缺少的环节，尤其是站在服装流行前沿的地区无可替代的服饰文化载体之一。频繁的服装发布会不仅体现了该地区服装业的整体实力，也是设计师展现才华的绝好舞台。

服装发布会主要有三个目的：一是宣传品牌形象。为了在公众心目中树立品牌形象，必须在新闻传媒中频频曝光。服装发布会是公众喜闻乐见的宣传素材，为了达到过目难忘的宣传目的，主办者必须推出与众不同的、富有个性的服装，他们并不在乎这类服装能否直接营利，只要能给观者留下深刻印象即可。这也是有些观者对T形舞台上出现的奇异服装发出"这种衣服能卖掉吗？"或"这种衣服能穿吗？"等种种疑问的原因。二是发布流行信息。有些流行预测机构会以服装发布会的形式发布其流行预测结果，指导服装的生产和消费。这类服装往往也并不能直接上柜销售，而是传递流行信息，属于概念性设计。三是用于服装订货。服装公司可以用服装发布会的形式，征求服装的订货单。这类服装与流行因素有关，能够成为上柜销售的服装。

由于服装发布的目的不同，设计思路也不一样。目的在于宣传品牌形象的发布会，其服装的设计要求带有鲜明的个性，哪怕是可能引起观者指责的前卫怪诞的设计也在所不惜。如果让观者前后观看两个服装发布会，一个是充满新奇怪异服装的发布会，一个是衬衣西装之类常见服装的发布会，究竟哪个发布会上的服装能留给观者深刻印象便不言而喻了。目的在于发布流行信息的发布会，其服装要有相当的超前性，又要具备实用服装的特征，在设计中反复强调流行因素，使人们像接受反复刺激的广告一样接受流行概念。目的在于服装订货的发布会则采用非常务实的设计路线，努力使每个款式都能成为客户争相订货的热点。设计这类服装也应该具有适当的超前意识，考虑订货—生产—销售的时间差。

（三）表演服装

表演服装是指以服装为表演内容的服装。虽然服装发布会可以用服装表演的方式进行，但是表演服装与发布服装有本质区别，服装表演与服装发布会也不是同一件事。服装表演的主要作用是娱乐，或者说是普及服饰文化。对主办者来说，表演服装可以是直接营利的工具。设计表演服装时，不仅要考虑整台服装之间的连续、呼应、对比、统一等总体安排，还要考虑灯光、舞台等表演条件对演出效果的影响。

由于服装表演具有一定的经济目的，设计时要注意服装的成本核算，成本过高会使经济目的不易实现。因此，除了控制材料的用量以外，还要考虑工艺制作的简便，同时要注意组合搭配的多变性，既能以少胜多，又增加了表演的趣味性。为了不至于忙中出错，设计的造型要考虑穿脱的方便，不能太紧身、层次不宜多、纽扣应减少或用黏合扣（又称子母扣）等。此外，表演是离不开演员的，服装表演中的模特儿也是审美对象之一，因此，设计表演服装时要把展示模特儿之美通盘考虑（图5-2）。

图 5-2　表演服装大都注重舞台效果和视觉冲击力（马梦格作品）

（四）销售服装

占服装总数的百分之九十以上的是用于市场销售的实用服装，因此，销售服装是设计的重点对象。销售服装的主要目的是营利，是服装企业的经济行为，衡量销售服装成败的标志是销量的多少，包括相对成交率和成交总量。而且，卖出的服装设计水平的高低反映出该地区消费者服饰审美水平的高低，也就是说，销售服装的状况能反映出一个地区一个民族甚至一个国家的经济文化水平。既然营利是其主要目的，精确考虑成本核算便成了销售服装的主要特征之一，也理所当然地影响到设计方向。在设计稿上随意改变一下结构、增加一点长度或是多画一根线条都有可能提高生产成本。销售服装成败的关键是销售渠道、设计品位和价格定位三者之间的吻合，因此，了解市场、了解顾客和熟悉价格是设计者的必修课。销售服装中面料所占的比重较大，手中有没有新颖别致的面料往往直接影响销售结果，畅通的面料信息渠道非常重要。此外，产品质量是保证设计效果的重要条件，也只有优良的品质才能使销售服装具备畅销的可能。

设计销售服装要求符合当今流行趋势，不可过于超前，更不能落后于流行，在造型、色彩、面料等方面尽可能将流行因素与品牌原有风格结合起来，在紧跟流行的同时，注意保持自我的品牌风格，即服装设计中的个性与共性的关系，否则会因为过于依附流行而失去自己的特色。由于绝大部分销售服装是在生产流水线上加工的，因此，设计所选择的装饰、局部造型等要适合流水操作的特点，有利于提高工效。如果是为不太熟悉的服装单位设计的话，先要了解该单位加工水平如何，能达到怎样的技术高度，根据其具体情况确定设计方案，否则会出现设计与制作无法衔接的尴尬局面（图 5-3）。

（五）指定服装

指定服装是根据客户的特殊要求而设计的服装。有些客户因市场销售的服装无法满足其特殊要求而不得不寻找专门设计。指定服装一般不通过普通的市场销售环节而完成交易，往往是需方向供方（即服装企业）直接订货，取消中间流通环节，因此，供需双方的直接洽谈使得供方更明白设计指令。

指定服装主要有三类：职业服、演出服和定制服。职业服是指在统一着装要求的工作环境中穿着的服装，又称制服。演出服是指表演团体或个人用于表演艺术节目的服装，也称装扮服。定制服是指特殊客户要求单件（套）定制的服装。

职业服有蓝领职业服、白领职业服、粉领职业服和军警部队制服等。蓝领职业服是指在生产第一线的工作人员所穿的职业服，亦称作业服。其工种极其复杂，工作条件悬殊，动作范围各异。白领职业服是指在机关事业单位或非生产第一线的工作人员所穿的职业服，尤指办公室人员所穿的职业服。

图 5-3　销售服装讲究实用性和美观性的结合
（李云飞作品）

由于办公室里的工作条件大同小异，其服装要求相对比较简单和统一。粉领职业服是指在餐饮娱乐等服务性行业中的工作人员所穿的职业服，其服装因行业差异较大而面目各异。军警部队制服是指在国家军事部门和司法部门等国家机关的工作人员所穿的制服，这类服装的共同特点是庄严威武、职衔明确，象征国家威严。职业服设计必须按照不同的工作性质、工作环境及在工作中的身份，分门别类地设计。由于工厂、公司、商场、学校、宾馆、空港、车站、机关等单位的具体情况不同，设计要求也相去甚远，即使是同一个单位，也会因该单位的社会地位和分工情况而对各工作岗位的服装有相应要求。以星级宾馆为例，其工种可以分为迎宾员、行李员、总台服务员、清洁员、吧台服务员、引座员、跑堂员、餐桌服务员、调酒师、厨师、音响师、洗衣工、维修工等不下数十种，设计前要弄清委托方总的设计要求并分析其合理性和可行性，去现场实地察看，然后确定一个总的设计方案，逐一完成每个款式的设计。

蓝领职业服总的设计要求是，造型较为宽松，干净利落，不能有垂挂飘逸的局部处理，以免发生因此而引起的工伤事故。功能第一是这类服装不可更改的硬指标，色彩以耐脏的中灰色调为主，还要考虑工作环境的色彩，一般不能与环境色彩混为一体。面料则根据工种的要求分别选择，如防火、防辐射、绝缘、耐油、耐酸等。白领职业服总的设计要求是，造型合体紧凑，庄重优雅，零部件造型细致合理。服装的品质要求较高，工艺较为精湛。色彩以沉着、明朗的色调为主，可搭配部分亮丽鲜艳的点缀色。面料以混合精纺织物或化纤织物为主，要求抗皱性强、不易起毛起球。这类服装一般不太需要结合流行因素而自成一体。

粉领职业服总的设计要求是，造型青春活泼、短小轻松，适当运用装饰手段，局部细节较为花哨。色彩以强调对比效果的配色为主，粉彩色搭配黑白色较多，也可因环境色彩的变化而变化。面料以中档的混纺织物和化纤织物居多，在一些风格别致的环境中，如日式料理店、伊斯兰餐厅等，可选择和服图案或伊斯兰图案等与环境风格协调的面料。

军警制服总的设计要求是：造型挺拔、威严、庄重、精神，按不同的军警种类、军警职衔及训练、礼仪的要求分别设计。军警制服非常讲究系列化和严肃性，一般不会轻易更改。色彩以纯度中等的常用色居多，用黑白色作为搭配色，局部的镶拼色较为鲜艳。面料则因服装不同而定，礼仪服多用精纺纯毛织物，厚实挺括；训练服多用具有坚固耐磨或其他特殊防护作用的化纤织物。

演出服是装扮服中的一种，主要是指非叙事性如歌唱、舞蹈、乐器演奏等文艺演出用的服装。这类服装与演出内容没有合乎逻辑的必然联系，其设计要求是比较注重舞台效果，造型可比较夸张，工艺也不需要太精致，色彩一般比较鲜艳，只要远观效果好即可。

定制服总的设计要求是：造型要符合和美化客户的身材，要与客户对服装造型的喜好相吻合，力求突出客户的独特气质。色彩搭配前也要揣摩客户心理，避开其忌讳的色彩。面料一般可使用客户直接提供的现代面料，也可建议客户接受某种与造型般配的面料。较高穿着品位的客户往往不喜欢设计者将太多流行因素加进其设计中，否则，不如购买现成的流行服装，既省时又轻松（图5-4）。

图5-4　定制服装要符合着装环境和行业特点
（李云飞作品）

四、根据用途分类的服装设计

生活是极其丰富多彩的,其中自然有服装的一份功劳。为了配合生活中各种场合的需要,用途各异的服装便层出不穷。根据用途的不同而设计服装是服装业长期以来约定俗成的做法。事实上,完全单纯地按照用途对服装的要求设计服装,仍然是难以操作的,其中必定会碰到人的因素,即穿着者是男是女是老是少?为了叙述问题的方便,这里还是对概念中的用途分类的服装提出最一般的设计要求。

(一) 日常生活装

日常生活所包含的内容很广,生活、学习、工作、休闲等没有特殊变化和特别要求的场合中所使用的服装都可以归类为日常生活服装。在服饰文化尚不发达的地区,会出现穿着一种服装出入任何日常生活场合的情况。随着服饰文化不断进步,上述情况会逐渐减少,人们会越来越懂得根据场合着装的道理。

在平时的家庭生活中,便装、睡衣、起居服占有很大比例。便装为非正式社交场合穿着的服装,造型轻松自然,搭配随意多变,装饰运用不多,色彩比较明朗单纯,具有流行特征。面料选择范围极广,条格面料和印花面料被大量使用。睡衣即睡眠时穿着的服装,造型多为直线型,男式睡衣品种比较单一,女式睡衣则变化较多,主要是在抽褶、花边和绣花方面追求创新。色彩以柔和、淡雅的粉色调为主营造温馨的家庭气氛。面料要求滑爽、透气、轻薄、悬垂。起居服是指除了睡眠时间以外在家里穿的服装。造型比睡衣略正式一些,比较简洁随意,在厨房做菜或庭院养花时穿的起居服,要适当考虑这些场合的特点和要求。

在一些不需要特别严谨规范的工作环境里所穿的服装,也可归类为日常生活装。例如,并无统一着装规定的公司上班服、自由职业者外出工作时穿着的服装等。设计这类服装要注意服装与工作环境的协调。在众人共同工作的环境里,大家在穿着上也应保持一种不可言喻的默契,过分显眼的服装可能会破坏这种默契。这类服装的典型代表是各式各样的套装,风格上比较严谨庄重,讲究品质,可以适当加入一些流行因素。自由职业者则可以保持一定的个性,在服装上安排一些能表现个人气质或职业特点的东西。休闲场合所穿的服装则比较随便,是充分展示穿着者工作另一面风采的服装,休闲装已被越来越多的人接受,再繁忙的人也需要休闲时间来调节,需要休闲情调的服装点缀生活。休闲装的设计关键在于得休闲之神,而不是学休闲之形。最忌讳用所谓休闲装面料制作结构和工艺无甚变化的服装,并冠以"休闲"之名。除了面料之外,休闲风格主要体现在结构和工艺之中。休闲装的另一个特点是所谓"软性配套",即上下装不是同一面料做成的套装,而是用风格一致、面料相异的单件服装配套而成。这个课题往往是留给穿着者自己去完成的，因此，设计单件休闲装时应考虑到它与其他服装最大限度地兼容。休闲装所用的面料以具有粗糙肌理或涂层处理的织物为宜，造型与色彩受流行因素的影响很大，轻松而不拖沓，随意而不消沉，自由而不无聊，新颖而不怪诞。

娱乐性的运动装也是日常生活装的一部分。这类服装与真正的专业性运动装不同，是介于专业性运动和休闲装之间的服装。穿着这类运动装所从事的运动，是带有游戏、娱乐和消遣性的户外活动，如郊游、垂钓、爬山、狩猎等。活动性质决定了这类服装要具备很强的功能性，如贮物功能、保暖功能、防水防风功能等，有些功能可以通过造型设计解决，有些则通过选择面料解决。这类服装造型上要求宽

图 5-5　日常生活装要符合穿着场合和目的的要求（酒戊祖作品）

松，零部件尺寸放大，可考虑脱卸结构。局部多用松紧带、克夫、抽绳等处理。色彩比较明朗鲜艳，采用对比色调配色。面料以尼龙、防雨府绸等织物为主，也可用皮革、细帆布、牛仔布等其他面料（图5-5）。

（二）特殊生活装

所谓特殊生活是指不经常有的、非常规的生活场合。这种生活也需要有合适的服装为之服务。能形成"特殊"的原因很多，"特殊"的结果也各不相同，这些原因和结果是设计的依据。例如，孕妇装是怀孕妇女必穿的服装。怀孕后，妇女的体型变化很大，穿平时的服装，既不雅观，又不符合生育保健的要求，温馨而又舒适的孕妇装便随之产生。孕妇装一般腰部比较宽松，不使用收腰设计，款式相对比较简洁大方，以背带裙裤、套头式的吊带衫裙为主，色彩比较淡雅，面料以天然纤维面料为主。残疾人服装是针对残疾人的特点而设计的，残疾人尤其是肢体残疾者也需要美，需要用服装来修补他们身体的缺憾。残疾的部位和程度是造型设计的依据，要尽可能利用视错觉原理为其修饰。盲人服则需要色彩设计来引起旁人的注意。病员服是病员在康复期间穿着的服装，其服装要方便病员活动，便于换洗和护理。尤

其是手术后的病员，更需要有特殊的病员服。特殊生活服的设计不仅要把重点放在加强功能性方面，还要考虑穿着者的心理特征，帮助他们克服心理障碍，在造型、色彩和面料的选择上不能掉以轻心（图5-6）。

（三）社交礼仪装

在正式的社交场合，穿着礼仪装不仅是体现自身价值的需要，也是起码的对别人的尊重。礼仪装包括晚礼服、婚礼服、晨礼服、午后礼服、仪仗服、葬礼服、祭礼服等。随着现代社会文明的发展和快节奏生活方式的需要，某些场合或某些种类的礼服正在被简化，或者被其他服装代替，只有晚礼服、婚礼服、仪仗服等还受到人们应有的重视。尽管如此，这些礼服在继承传统的基础上，融合了不少现代因素。

图5-6　特殊生活装要符合特定场合的要求（李永凯作品）

传统的男式晚礼服已基本定型，由领结、衬衫、燕尾服和长裤组成，除了面料和局部造型有极细小的变化外，没有其他变动。穿着这种晚礼服的男性呈减少的趋势，取而代之的是简洁的西服套装，其款式变化较多，有单排扣和双排扣之分；单排扣中有单粒扣、两粒扣、三粒扣和四粒扣之分；双排扣中有两粒扣、四粒扣、六粒扣和八粒扣之分；常用的领型有平驳领、枪驳领、青果领等，下摆有单开气、双开气和无开气之分；口袋有手巾袋、单开线袋、双开线袋、巾袋、有盖袋和无盖袋之分。整体造型要求挺拔、合体、肩部加宽、腰部收紧。色彩基本上是黑色，面料为精纺呢绒，局部可镶拼缎面织物。这类服装是男式服装中最讲究品质的服装之一，充分表现出豪华、庄重的特征。

女式晚礼服是女装百花园中开得最妖娆艳丽的花朵，是最能展现设计者艺术才华的服装之一。由于社会形态和传统文化的影响，女式晚礼服的面貌风格各异，内涵极为丰富。以西方女式晚礼服为例，其设计时而讲究主题，时而讲究形式，或端庄秀丽，或热情性感，造型、色彩和面料的选用都较有特点。比较传统的晚礼服注重腰部以上的设计，腰部以下多为曳地长裙，体积夸张；比较现代的晚礼服则设计中心随意设置，虽以长裙式居多，却线型简练，结构精致，晚礼服的色彩艳而不俗，

图 5-7 礼仪装庄重正式，比较强调细节设计（张慧作品）

雅而不淡，面料以质地上乘的丝绸、塔夫绸、纱绡为主。高档晚礼服通常是因人而异单独设计的，穿着者的身材、肤色及气质是重要的设计条件。

婚礼服在人的一生中穿着次数虽然极少，但会留下弥足珍贵的美好记忆，是非常重要的礼仪服之一。除了有些传统服饰文化保留得很好的地区，男性在婚礼上仍穿燕尾服以外，更多地区的男式婚礼服已改为高档的西服套装。女式婚礼服则基本保留了传统的婚礼服形式，体现纯洁高雅、秀丽素净的风格。女式婚礼服又叫婚纱，外轮廓造型以 X 形居多，典型特点是上身贴体、袖山高耸宽大，下身长及地面，裙摆夸张，配以头纱和手套。其变化设计很多吸收晚礼服的造型特点，采用大量花边和刺绣作装饰，层层叠叠，在圣洁中显露华贵之气。富有个性的婚纱设计甚至采用超短连衣裙的造型，配合大量轻纱、花边和亮片，透出时代气息。绝大部分婚纱均选用纯白色，面料以高档丝绸和纱绡为主，也采用人造缎面和电脑绣花织物（图 5-7）。

仪仗服是指在隆重的庆典仪式中仪仗行列所穿着的礼仪服。仪仗服带有军队礼仪服的痕迹。所不同的是后者强调威武严谨，前者力求热烈欢快、豪华辉煌的气氛。仪仗服的造型威严中带有活泼，合体中带有夸张，局部造型明快而肯定，多用镶拼、滚条等手法，绶带、肩章、领章、勋章、缨穗、腰带、靴子等配饰应有尽有，配饰的材料也丰富多样，如金属、丝绸、皮革、驼毛、羽毛、裘皮、编织带等。色彩以鲜亮的暖色调为主，配合金、银、黑、白，形成豪华耀眼的色调。面料以挺括的制服呢、华达呢或直贡呢为主，偶尔也采用一些轻薄织物。

（四）特殊作业服

特殊作业服是在有危害性的、非常条件特殊的环境下穿着的工作服。这些特殊环境是一般日常生活中几乎碰不到的，对人体存在着种种不利和危险因素。例如，宇航员、极地考察员、核材料研究员、消防员、潜水员等在其工作现场所穿的服装。一般来说，这类服装的防护功能大大超过审美功能，是由专门的工程技术人员设计的，服装设计师几乎没有这种设计任务，因此这里就不再详述了。

（五）装扮装

装扮装的用途也比较特殊，普通人不太有机会去穿着，其中最有代表性的是戏剧服装和道具服装。

戏剧服装是指在影视艺术和舞台艺术中扮演某个角色所穿着的服装。影视艺术服装与舞台艺术服装有所不同，前者比较真实，用历史的、现实的态度再现服装，后者比较夸张，用写意的、虚拟的态度表现服装。两者的共同点是，服装与表演的内容紧密相关，不能让服装与剧情产生矛盾。在以历史题材为背景的影视艺术中，服装的设计成分其实不多，设计的步子不能跨出历史背景下的服装，否则要闹出笑话。反映当代题材的影视艺术中的服装则以当前真实的服装为蓝本进行设计或搭配。只有在表现未来题材的影视艺术中，服装的设计成分上升到首位，给设计者有较大想象余地。舞台艺术的特点决定了其服装与现实生活的距离，尤其是戏曲服装，如京剧、沪剧、越剧、川剧、昆剧等，均有各自的传统特色，服装与角色行当有一定的规定性。即使在话剧等比较贴近生活的剧种中，其服装仍对生活服装进行概念化、程式化处理。大多数情况下，戏剧服装设计是贯彻导演的意志，绝不是个人时装发布会，因此，其造型、色彩甚至面料往往是集体创作的产物。

道具服装是指在一些表演形式或特定场合中充当道具角色的服装。例如，迪士尼乐园中的唐老鸭、米老鼠形象，电视节目中的大熊猫、机灵鬼等。道具服装已远离了服装的本来面目，成为表演项目的一个组成部分。道具服装的造型要求卡通化、典型化，与人们心目中的形象保持一致，体积庞大，可高达5米以上，穿着者仅是其支撑物。这类服装的难点在于制作，是裁缝师傅与道具师傅合作的产物。在造型设计时，要考虑结构的可能性和合理性，为制作提供方便。对一些将全身包裹封闭其中的道具服装，要顾及穿着者视觉和呼吸的需要，还要注意服装的散热性能。为了获得生动的效果，可以将动物造型的眼睛和嘴巴等设计成由穿着者在内部牵引的活动式。根据内容的需要，还可以安排一些冒烟、喷火或拟音效果。需要特别注意的是，必须用质优量轻的骨架材料扎出造型，既不能过于求轻而东倒西歪，也不能过于求稳而沉重不堪，面料要求既轻量又逼真，必要时表面要做模拟效果。色彩要求鲜艳明快，强调对比因素，达到醒目耀眼的目的（图5-8）。

五、根据季节分类的服装设计

按照季节特点将服装分为春秋装、夏装和冬装是非常通俗的分法。目前国际上流行按季节名称来界定服装发布会上服装的内容，例如，"'2009-2010'秋冬服装发布会""2010春夏流行预测"等。下面就以女装为例，对这类服装的设计要求作一个概括叙述。

（一）春秋装

春秋天是一年中比较凉爽宜人的季节，既即不像夏天因太热而不得不减少衣物，也不像冬天因太冷而不得不增加衣物，前者的结果有不够庄重礼貌之嫌，后者则厚重有加而身段无形。因此，春秋装给设计师的余地很大，单衣、套装等长短兼宜、厚薄均可。春秋装可分为两类：一类是初春或暮秋时穿的服装，这一时节天气稍凉，衣料不能太薄，仍需注意保暖功能；另一类是暮春或初秋时穿的服装，这一时节天气较热，服装上仍保留着夏装的痕迹。由于各个国家和地区在同一时节的温差变化很大，春秋装的款式定性也差异很大，即使在我国，北方地区的春装给南方地区作冬装都可能嫌厚。因此，实际设

图 5-8　道具服装是典型的装扮装
（李佳妮作品）

计时，应该以穿着地区的气候条件为参考依据。

一般来说，春秋装以套装为主，兼有风衣、棉褛、茄克、编织衫等。造型、色彩、面料都有浓厚的流行气氛，设计构思往往紧跟流行，只有一些著名品牌，才相对稳定地坚持自己的风格，谨慎地、有限地考虑流行因素。套装设计颇讲究品位，或温文尔雅，或明快亮丽，面料考究，做工精良。风衣、棉褛则注重舒适，形式较为活泼，风格多样。

（二）夏装

炎热的夏季对服装有较大的限制，是服装业公认的销售淡季。由于高温的关系，夏装总是能薄则薄，能简则简，相对其他季节的服装来说，夏装的服饰形象显得比较单薄，缺少层次感。换个角度来看，倒也轻松活泼，简洁爽快。

夏装总的要求是凉快透气、滑爽吸汗、不粘不闷、不糙不紧。设计时，首先要从造型角度符合上述要求，如剪短长度、增加宽松量、开衩开气、领口下移等。然后从面料角度达到夏装要求，一般以高支棉织物、麻织物和真丝织物为主，也可选择性能优良的仿真化纤织物，目前此类织物的许多物理性能甚至超过了其仿真对象。

黏合衬等辅料也尽量选择夏装用辅料。还要从色彩角度符合夏装特点，色彩通常以淡雅清爽为主，条格印花兼顾，流行色在夏装中应用很广，这也许与夏装成本较低，可以经常更换购置有关夏装最常见的品种是衬衣、裙子、短裤、T恤、背心、连衣裙等。设计总要求是不变的，涉及具体的品种时，结合该品种的基本内容完成设计。

（三）冬装

冬装是季节性服装中的重头戏，由于其用料多、制作难，是季节性服装中成本最高的，售价和利润也最高，因此，冬装是服装厂商必争之物，是一年内销量最多的时节。

在冬装的实用功能中，保暖性放在首位。这个问题可以通过造型设计和面料选择解决。领口抬高、双排纽扣、衣长增加、双层结构、毛皮领袖、收紧腰带等，都是在造型上增加保暖性措施。厚型呢绒、中空纤维、缝织物、涂层织物、动物毛皮等面料的选用可以保证服装的保暖性，织物中含有静止空气越多，保暖性越强，因此，蓬松厚实的面料是冬装的首选面料。冬装的色彩以沉稳柔和的中低明度暖色调为宜，由于冬装面料昂贵、制作复杂，经常洗涤会影响其外观效果和内在质量，因此，比较耐脏的中低明度色彩被经常选用。在流行色的影响下，有些冬装也可选用纯白、鹅黄等高明度、高彩度色调，给冬天抹上一笔亮丽跳跃的色彩。

冬装最常见的品种有大衣、棉风衣、滑雪衫厚呢套装、皮衣、羽绒服等。每个品种均有一定的规定性，设计时要考虑这些规定性的基本内容，如果设计出来的款式过于脱离这些约定俗成的基本内容有可能会使冬装变成不伦不类的品种。

六、根据品质分类的服装设计

有些服装企业在给自己的产品定位时，经常采用所谓"高档服装"或"中高档服装"，也许他们对此并无确切的概念，往往以市场的相对价位为标准。这种过于含糊的做法对产品定位不利，到头来还是跟在别人后面瞎忙乎，由于产品价位的人为因素很大，并不能完全客观地反映品质的真实情况，例如，品牌价值、商场折扣率、销售成本、积压因素等，都会影响到产品价格。因此，价格只是设计的参考因素，与服装品质无必然联系。

服装可以根据品质分为高档、中档和低档三个档次，介于三者中间的是所谓中高档和中低档。每个档次的服装在造型、面料、色彩、辅料和工艺制作上均有各自的特点。

(一)高档服装

高档服装是服装构成要素的高标准组合,其设计、材料、制作均是一流的。高档服装的特点是批量小、成本高,强调传统风格。高成本的投入使高档服装只能以质取胜,价格不菲。设计时注重造型的稳定性,一般不太受流行因素的影响,在品牌的既定风格上进行有限的变化,局部设计非常精致,注重韵味感和成熟感,色彩运用也以传统的常用色为主,与流行色基本无缘。面料常选用质地精良的天然纤维织物,如羊绒薄花呢、真丝乔其纱等,也选用优质裘皮或皮革作面料。结构与规格均非常合理,目标顾客明确。

(二)中档服装

中档服装是服装构成要素组合有所欠缺的服装,其设计、材料和制作的某一要素会降低一些标准。出于满足普通消费者的考虑,适当降低某一要素的标准,会相应降低销售价格,带动消费。较低的价格使喜欢经常改变服饰形象的普通消费者有更多的购买能力,使得流行因素在这类服装中能够大显身手,因此,中档服装的造型、色彩和面料均以流行信息为目标,每年的变化幅度都较大。可以说,中档服装是最强调流行感的服装。

(三)低档服装

低档服装是服装构成的低标准组合,其设计、材料制作都维系在较低的水平上。低档服装的特点是成本低、批量大、效果平平。为了适合低水平消费者的需要,低档服装必须降低生产成本和销售成本,以量取胜,因此,面料粗糙或者过时、制作简陋就成了这类服装的通病,在经济不发达的社会背景下,低档服装仍有相当的市场。其造型和结构处理往往以省料为原则,面料多为低档化纤织物或其他积压面料,辅料也能省则省,不能省则以低档货代替,通常在批发市场、简易商场或地摊上出售。

除了高档服装以外,中档和低档服装的材料和制作都已基本确定,只有通过提高设计水平来提高其产品附加值,才是既经济又可行的办法,也是设计者肩负的重任。

本章小结

本章按不同分类方法对服装进行细分,并作了简要介绍,对于常见服装分类设计讲解比较详细,这部分内容是本章的重点,同时也是设计实践中比较实用的内容,设计者要对这部分内容结合服装品牌策划、产品开发和服装市场深入领会并进行设计练习，只有这样，才能设计出符合各类服装特征、受不同消费者欢迎的服装。分类服装设计是对分类服装提出总的设计要求，设计者应该在对这些单项的总的设计要求理解的前提下，对某个具体设计指令进行多方位的"设计扫描"，得出个既综合多项设计要求又针对该设计指令的最佳设计方案。

思考与练习

1. 为什么要对服装进行分类？进行服装设计时应如何对不同类别的服装因素综合考虑？

2. 请按分类的组合应用设计 10 款实用服装，要求组合种类不低于 5 种，类别可自由选择。

3. 调查高档、中档、低档服装品牌各 2 个，从面料、色彩、做工以及价格等设计因素进行比较分析。

第六章 服装风格设计

服装设计追求的境界说到底是风格的定位和设计，服装是有风格的。现在的消费者在追求服装形式美和实用性的同时，越来越注重服装本身的精神内涵和文化氛围。种类繁多的服装风格可以按照地域特征、时代特征、艺术流派、文化群体等多个方式进行分类。

第一节 服装风格概述

一、风格的概念

海因里希·沃尔夫林认为，各种风格是建立在"民族的感觉基础"之上的，在此基础上，"形式感与精神和道德的要素发生着直接联系"。某一时期的风格特征会出现在某一件人造物上，如建筑、服装、音乐、家具等方方面面，形成一个完整的风格群体。研究风格最敏锐、最精到的学者之一沃尔夫林在年轻时（1988年）曾就风格问题作过简明的论述：解释一种风格不外乎意味着，将该种风格置于其一般的历史背景里，并证明它和当时其余的"喉舌"发出了一致的"声音"。这种整体论的观点广泛地被史学家和艺术家所接受。如奥地利现代建筑的开创者阿道夫·卢斯（Adolf Loos）就曾说过：即使一个绝种的民族除了一颗纽扣之外没有留下任何别的东西，我也能从这颗纽扣的形状上推断出这个民族的人们是如何穿戴、如何建房、如何生活以及他们有什么样的宗教、艺术和精神状态。借助贡布里希的研究，我们获知，风格也是表现或者创作所采取的或应当采取的独特可辨认的方式。如"罗马风格"或"巴洛克风格"，这些术语从用于描写建筑扩展到描写其他艺术的表现方式，甚至还扩展到用于描写那个时期的种种社会现象，如"巴乐""巴洛克哲学""巴洛克外交"等。

"风格"一词在当代英语中有众多的用法。在《简明牛津英语词典》里，"风格"一词的定义和说明几乎占了一页，一方面解释了风格的类别及各类风格的特征，呈现了形式语言与风格特征的关系，这些特征往往与一个国家、一个集团、一个时期、一个人相关，如吉卜赛风格音乐、法国烹调风格或18世纪风格服装、"西塞罗风格"等。另一方面描述了风格与形式语言的关系，如"风格"还可以指某个人做事的方式，还可以是某出版商的"出版风格"。

刘静伟教授在《设计思维》一书中认为，风格是在历史上的某一时期、某一地区形成的，其内容与形态有一定的、相对固定的、程式化的、类型化的标志特征。一般有独特的题材、装饰方法和造型要素，贯穿于人造物的整体和局部，甚至是细枝末节，处处能感觉出其存在的必然性与整体性，同时又主题鲜明地反映出当时的政治、经济、社会现状。

盛行于一个国家的各种风格之间，总还有一个共同的因素，这一因素产生于民族的土壤之中。一个时代所采用的传统风格反映了这个时代的集体心理，就像一个人的表现风格反映了这个人的心理意向。风格是指某一类群体的整体对人造物状态在表现形式和承载的意义方面所显示出来的个人背景、生活形态、审美和情感诉求等。我国不同历史阶段也有着不同的风格：如神秘质朴（商周）、厚重威武（秦汉）、丰满华丽（唐）、典雅柔美（宋）、简练秀丽（明）、繁琐富丽（清）等，再如文艺复兴时期，意大利的严谨、华丽、结实、永恒，法国的精湛、华美，英国的刚劲、严肃，西班牙的简洁、淳朴。应用这些概念，人造物风格的学习与使用可以通过一定的形式语言提供给消费者消费。

艺术中的风格就是艺术家的创造个性与艺术作品的语言、情境交互作用所呈现出的相对稳定的整体性艺术特色，风格是艺术家创造个性成熟的标志，也是作品达到较高艺术水准的标志。风格既包括艺术家个人的风格，也包括流派风格、时代风格和民族风格等。艺术风格可分为艺术家风格和艺术作品风格两种。由于艺术家世界观、生活经历、性格气质、文化教养、艺术才能、审美情趣不同，因而其有着各不相同的艺术特色和创作个性，形成各不相同的艺术风格。简单来说，风格有两层含义，一是指人在社会生活中的思想行为特点及个性表现特征；二是指艺术创作中设计师对艺术的独到见解和运用创作手法表现出来的作品面貌、特征倾向。

艺术作品风格是作品在内容与形式的和谐统一中所展现出的总的思想倾向和艺术特色，集中体现在主题的提炼、题材的选择、形象的塑造、体裁的驾驭、艺术语言和艺术手法的运用等方面。艺术风格有时指某一艺术作品的风格，有时指一系列艺术作品所表现出来的总的格调。艺术家风格和艺术作品风格有着不可分割的密切关系。艺术家风格并非抽象、空洞的存在，而要具体落实到艺术作品上；艺术作品的风格也不是无源之水、无本之木，它直接根源于艺术家的风格。

艺术风格的主要特征是：个体性与社会性相统一，稳定性与变异性相统一，一致性与多样性相统一。艺术风格具有时代性、民族性，在阶级社会里，还不可避免地打上阶级的烙印。社会主义的艺术，提倡政治方向的一致性和艺术风格的多样性，鼓励艺术家在"二为"方向、"双百"方针的指引下，发展不同的艺术风格。当然，一个时代也有一个时代的艺术风格，这是由于人们在一段时期内受到共同的影响有着比较接近的审美趋向。比如汉代大多崇尚简洁浑厚的艺术风格，18世纪的法国流行装饰味极强的洛可可风格等。

二、服装风格的含义

服装风格是指服装设计师通过设计方法，将其对服装现象的理解用服装作为载体表现出来的面貌特征。服装风格表现了设计师独特的创作思想、艺术追求，也反映了鲜明的时代特色。服装设计是艺术设计中的分支，其作品也具备一定的艺术风格。服装风格所反映的客观内容，主要包括三个方面：一是时代特色、社会面貌及民族传统，二是材料、技术的最新特点和它们审美的可能性，三是服装的功能性与艺术性的结合。服装风格应该反映时代的社会面貌，在一个时代的潮流下，设计师们各有独特的创作天地，能够造成百花齐放的繁荣局面。

三、风格与品牌消费

风格与品牌消费风格提供了人们喜爱人造物的方式与方法，提供了人们与品牌交流的方式与方法。一个产品、一个品牌的风格为谁所喜爱，为谁所追随，追随的时间、场景、喜爱的方式等，是不同的年龄段持续喜爱的一种风格，还是不同的年龄段喜爱不同的风格，或者是在不同的场景喜爱不同的风格，或者是在不同的场景下喜爱相同的风格等，这些为产品或品牌的设计提供了思路与思维方式。何为品牌？品牌本身是人造物，它又是产品、企业的符号，是产品、企业的象征性符号，是产品、企业的牌子。品牌作为符号意味着产品、企业的品位、品格、品德、品行、品貌、品相、品质、品级、品性等。品牌众多的"品"通过企业的产品、广告、运行方式等被设计与展现，提供给消费者消费。

对于品牌而言，风格的建立与稳定是形成顾客品牌忠诚度的前提，更是形成品牌高价值的基石。品牌风格的准确定位，是服装企划的核心，反映了品牌独特的设计理念与目标群体的个性化需求，决定了服装材质、款式、色彩以及陈列展示等多种元素的设计原则。国际知名的服装品牌都有自己稳定成熟的风格定位，无论岁月的流逝、设计师的更替、流行的浪潮变化，都不会影响对品牌风格的长期贯彻。例如香奈尔（Chanel）品牌的时装以线条流畅、质地舒适、款式简洁的格调被时尚女性奉为优雅风格的典范，其20世纪20年代的三件套"夏奈尔套装"风行至今，并被许多品牌所效仿；英国品牌巴宝莉（Burberry）作为经典风格最具代表性的品牌，米色底，红色、驼色、黑色和白色的格子是巴宝莉的典型图案，无论是经典的巴宝莉风衣还是巴宝莉品牌的鞋子、围巾甚至雨伞都无一例外地被打上了格子烙印，显示出高贵而典雅的品质；安娜苏（Anna Sui）品牌的田园风格从广袤的大自然和悠闲舒适的乡村生活中汲取灵感，塑造自然而诗意的休闲形象。世界著名的服装设计师都有自己明确的设计风格，他们每年举办时装发布会，以作品传达自身独特的设计理念，同时也使自己所任职的服装品牌在市场竞争中独树一帜。设计师让·保罗·戈尔捷（Jean Paul Gaultier）在2010年巴黎秋冬时装作品发布中，就将东方的很多民族元素与西方服饰的设计理念巧妙结合，整个舞台充满了浓郁的异域风情和强烈的民族气息。设计师薇薇恩·韦斯特伍德（Vivienne Westwood）和川久保玲（Rei Kawakubo）为前卫风格的代表设计师，韦斯特伍德的设计主题怪异，设计手法充满了对传统服装的叛逆和挑衅，被誉为"朋克之母"，日本设计师川久保玲则以其独树一帜、融合东西方概念的设计，被服装界称为"另类设计师"。对于服装设计初学者而言，确定某种风格，并努力表现出来，不仅能够提高服装的品位，同时也能并提升设计水平。

第二节　服装设计风格的表现要素

风格必须借助于某种形式或载体才能体现出来。服装风格是以设计的主题和服装造型形式中的设计要素来传达的，如款式、色彩、面料、饰品、发型等，它们是综合表现服装风格的主要因素。设计师就是利用这些要素，并将其很好地融合到一件或多件服装中，去创造服饰风格的。

一、款式

（一）廓形

廓形是指服装的外轮廓和外形线。廓形是流行变化的重要标志之一，也是系列服装造型风格中重要的视觉要素，廓形是区别和描述服装的重要特征，服装造型风格的总体印象是由服装的外轮廓决定的。比如经典风格和优雅风格服装廓形多为X形和Y形，A形也经常使用，而O形和H形则相对较少；在运动风格的服装中最常用的廓形却恰恰是自然宽松，便于活动的H形、O形等。服装廓形造型的背后隐含着风格倾向。

（二）细节

在服装风格表现中，细节设计也是非常具有表现力的一个方面。不同的风格会有不同的细节表现。比如前卫风格中多会出现不对称结构，领子比普通领型造型夸张且经常左右不对称，衣片和门襟也经常采用不对称结构，尺寸变化较大，分割线随意无限制，袖山夸张，如膨起、露肩等；古典风格的领型多为常规领型，使用常规分割线，袖型以直筒装袖居多，门襟纽扣对称，可有少量的绣花或局部印花等。服装设计中所有细节设计都是强化某种风格的设计元素。

二、色彩

在设计要素中，色彩能最先吸引人的注意力，当我们在商店或其他一些场合接触某一服装产品的瞬间，色彩总是最先进入我们的视线，传递出时尚的或是经典的、优雅的或是休闲的等信息。在服装发布会上或是服装设计比赛中，色彩组合表达出来的色调远远看来更是吸引观众和评委的视觉要素，能够吸引人们进一步仔细观看，并留下深刻的印象。不同的色彩带给人们不同的感受，具有不同的风格表现力。比如田园风格的服装以自然界中花草树木等的自然本色为主，如白色、绿色、栗色、咖啡色等；时尚风格的服装则较多使用黑白灰色调及现代建筑色调等单纯明朗、具有流行特征的色调；而运动风格的服装则十分偏爱非常醒目的色彩，经常选用天蓝色、粉绿色、浅紫色、亮黄色及白色等鲜艳色。风格化的配色设计，可以非常明确地传达出服饰风格的色调意境。

三、面料

面料对于服装风格的影响也是比较明显的。不同的面料具有不同的质感、肌理及服用性能，人的感官能够感觉到的方面表现在织物的手感、视觉感和穿着于身的触感等，这些不同的表现决定了面料的使用方式和设计风格，不同风格的服装有不同的塑形性和表现力。比如，奇特新颖、时髦刺激的面料如各种真皮、仿皮、牛仔、上光涂层面料等多用于前卫风格的服装；轻薄而透明的纱质面料适用于淑女风格的公主裙；织锦缎、丝绸等面料则适用于民族风格的服装，如中国传统节日穿着的中式服装，则基本使用这类面料，而且面料上经常会有团花图案、传统纹样等；而厚重的麻织物或绒毛面料则特别适合表现线条清晰、廓形丰满、庄重稳定风格的服装。

四、饰品

廓形、色彩、面料作为最主要的设计元素可以表现服装形象的基本风格，但是作为搭配元素的服饰品选择得当与否，往往会增强或完全改变一套服饰的整体形象或者一系列服装的服饰效果，不同风格的服装需要风格与之相适应的服饰品来搭配。比如粉红色的淑女风格套裙，如果要搭配帽子可能需要搭配一顶同一色系、优雅大方的小礼帽，鞋子则可能需要搭配一双皮鞋，如果戴太阳帽，穿运动鞋那就显得非常不协调了；又如休闲风格的牛仔套装则可能需要搭配一顶休闲帽，如太阳帽、鸭舌帽等，鞋子则可能会选择一双半高筒靴或一双厚底休闲皮鞋。不同的服饰品有其相对固定的搭配范围，如棒球帽、旅游鞋、运动鞋、太阳镜、休闲包等服饰品给人运动休闲的印象，是运动风格服装常用的服饰品；贝雷帽、长筒靴、宽腰带则会让人觉得时尚休闲，是时尚休闲风格服装的常用服饰品；礼帽、皮鞋等服饰品则经常用于古典风格服装。选择合适的服饰品不仅能够烘托服装的风采，还能增添着装者本身的魅力。

五、发型

发型是塑造个性美和时尚美的一个重要因素，是整体形象设计的一部分，发型与服装巧妙地搭配能更好地体现服装风格。一种合适的发型配以相应风格的服装，将会使着装者倍添风采，反之，即使着装者的服装和发型都是最流行、最时髦的，也会给人以不舒服的感觉。比如，与经典风格服装相配的发型，男性可将头发吹风定型，使发型饱满、精神，并要经常梳理，避免头发凌乱，女性不论卷发还是直发，均应使发型具有端庄、大方的美，且头发不宜太蓬松。前卫风格的服装配以梳向一边的长发、漂亮的披肩发、活泼动人的短发或者奇妙的束发、盘发、辫子，会使人显得更加豪放潇洒。轻快风格的服装显示出一种天真活泼、青春活力的学生味，与之相适应的发型，也应该是充满朝气的，活泼轻松的直发、齐耳短发、削发均适宜。

六、搭配

服装搭配体现的是一种着装状态，是服装穿着搭配的整体最后着装效果，有时也包括化妆方式等，服装搭配是整体服饰形象的第二次设计，也是设计师传递服饰风貌的设计方式之一，通常还是某一种生活方式或社会环境背景的体现。比如现代生活追求以人为本，追求轻松、闲适、健康的生活，反映在服装搭配方式上就是混搭、随意；比如随意的休闲外套配宽松的阔脚裤或牛仔裤，脚穿休闲皮鞋或运动鞋，配随意的挎包、休闲帽等，再比如T恤与小西装、运动鞋的混搭等。同样的服装，穿着或搭配的方式不同，其外观效果也不相同。因此，服装的搭配方式也成为流行的内容，是服装风格的一种表现。

第三节　主要服装风格

划分服装风格的角度很多，不同的划分标准赋予服装风格不同的含义和称呼。例如，经典风格和前卫风格、平民风格和贵族风格、东方风格和西方风格、民族风格和世界风格、怀旧风格和超前风格、嬉皮风格和雅皮风格、都市风格和乡村风格等，在这里，我们主要从造型角度对风格作简要的划分和概述。从造型角度把主要服装风格划分为八种。这类风格分类更多地具有商业意义（图6-1）。

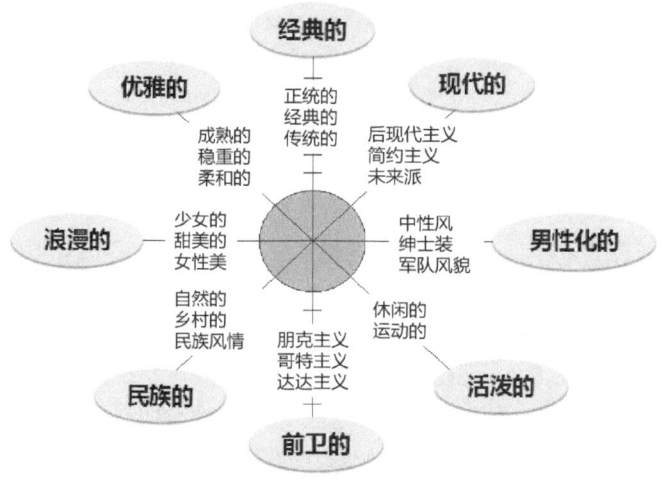

图6-1　主要服装风格

一、经典风格

（一）风格综述

端庄大方，具有传统服装的特点，相对比较成熟，讲究穿着品质的服装。代表服装：不受流行的左右，追求严谨、高雅，比较正统的西式套装。

（二）典型风格特征

造型元素：一般使用线、面造型，如分割线、少量装饰线和规整且不琐碎的分割，较少使用点、体造型。

服装廓形多为 X、A、Y 型，较少使用 O、H 形。色彩以藏蓝、酒红、墨绿、卡其、紫色等古典色彩为主。

细节特点：领型多为常规领，衣身多为直身或略收腰身，以直筒袖居多，门襟纽扣对称，使用少量绣花或局部印花，多以领结、领花及礼帽和正规包袋作为配饰。

（三）服装品牌：乔治·阿玛尼

设计风格：优雅含蓄、大方简洁、做工精致考究，代表了意大利时装的风格。

整体设计风格是传统与潮流的结合体。简单的套装搭配中性化剪裁，无论在任何时间、场合，都不存在不合时宜或者退出流行的问题（图 6-2）。

1951 年，玛斯曼娜推出一套驼色大衣和一套深红色套装，标志着 Max Mara 传奇的开端。融合法国及意大利的风格，讲求简洁线条和剪裁。

图 6-2　经典风格（李锐作品）

二、优雅风格

风格综述：具有较强的女性特征，兼具时尚感，表现出成熟女性那种脱俗、考究、优雅、稳重的气质风范。

造型元素：多以女性自然天成的完美曲线为造型要点，外观与品质均较为考究。讲究细部设计，强调精致感觉，装饰比较女性化。色彩多为柔和色调。

细节特点：领型不宜过大，翻领、西装领较多；衣身合体讲究廓形曲线，悬垂性好，分割线以规则的公主线、省道、腰节线为主，门襟对称，袖型以筒装袖为主（图 6-3）。

图 6-3　优雅风格（王佩宇作品）

服装品牌：夏奈尔。

设计风格：优雅纤细、品质上乘，设计简洁而时髦，一战后的夏奈尔借妇女解放运动之机，成功地将原本复杂烦琐的女装推向简洁高雅的时代。

塑造了女性高贵优雅的形象，简练中体现华丽，朴素但却高雅。

夏奈尔套装、开衫、筒型女装等经典款式至今经久不衰。

服装品牌：普拉达。

设计风格：20世纪90年代，"Less is More"的极简主义流行，普拉达简洁、冷静同时带有一股制服美学般的设计风格成了服装的主流。

三、浪漫风格

风格综述：甜美、柔和，富有梦幻的纯情浪漫女孩形象，是纯粹表现女性美的服装形象。

此类设计或表现少女的天真可爱，或为大胆、性感、女人味十足的风格。

造型元素：用柔软的造型，飘逸的流动线条，纤细、薄软、华丽、透明的面料等进行设计。细部常采用波形褶边等花边作为装饰。色彩多用浅淡色调的柔和与其他色彩的搭配方式，如白色、藕粉色等，婚纱是最具代表性的服装。

细节特点：花边、蕾丝、荷叶边、羽毛、薄纱（图6-4）。

服装品牌：迪奥。

设计风格：强调女性凸凹有致，形体柔美的曲线。1947年，"New Look"系列的收腰外套及宽身长裙，具有柔和的肩线、纤瘦的袖型，以束腰构架出的细腰，从而强调出胸部曲线的对比，营造出极其优雅和纤美的女性曲线。

图6-4　浪漫风格（赵保妮作品）

重点在于塑造服装中的女性造型线条，保持着华丽浪漫的设计路线。

华伦天奴代表的是一种宫廷式的奢华，高调之中却隐藏深邃的冷静，运用柔软贴身的丝质面料和光鲜华贵的亮绸缎，加之合身剪裁及华贵的整体搭配。

经典、优雅、浪漫风格均能够显示出独特的气质，同时给人以大方、精致、不俗的感觉。但三者也有诸多不同。

经典：偏重传统，风格相对保守，文静而含蓄，是以高度和谐为主要特征的服饰风格。优雅：具有较强的女性特征，强调精致的感觉，表现出成熟女性的优雅稳重的感觉。浪漫：以强调女性甜美化风格的面貌出现，带来浪漫、妩媚、性感、柔软乃至奢华的气息。

四、活泼风格

风格综述：借鉴运动装设计元素，充满活力，是穿着群体较广的具都市气息的服装风格，会较多运用块面与条状分割及拉链、商标等装饰。

灵感源自网球、高尔夫球、慢跑运动、美国足球等专业运动所用的服装形象，以期展现健康的运动形象。

造型元素：多使用线、面造型，而且多为对称造型，以圆润的弧线和平挺的直线居多。面造型多使用拼接形式而且相对规整，点造型使用较少，偶尔以少量装饰，如小面积图案，商标形式体现，运动风格服装中的体造型多表现为配饰如包袋等。

细节特点：轮廓多为H形、O形，自然宽松，便于活动。面料多用棉、针织或棉与针织的组合搭配等，可以突出机能性的材料。色彩一般比较鲜明而鲜亮，白色以及各种不同明度的红色、黄色、蓝色（图6-5）。

图6-5 活泼风格（周诩婷作品）

服装品牌：Y-3。

设计风格：简洁、极具设计感，完美地展现了一个高档时尚的运动品牌形象。朴实、冷静是Y-3的基本形象概念。

Y-3是山本耀司与adidas合作的品牌。"Y"代表Yohji Yamamoto，"3"代表adidas三条线的Logo。Y-3是国际著名运动休闲风格时装，其设计将先锋、时髦、舒适与个性化完美结合。

五、前卫风格

风格综述：朋克，20世纪70年代后半期，在伦敦产生的一种反叛旧体制的，以时尚运动为灵感来源的服装风格。通常以金属链条、黑色皮革、怪异发型为特征。

前卫和经典是两个相对立的风格派别。前卫风格受波普艺术、抽象派别艺术等影响。

造型元素：以怪异为主线，常出现不对称结构和装饰；衣片和部件的数量、尺寸比常规变化大；分割线无限制，袖山夸张；口袋常见立体袋等体积较大的口袋；装饰手法有毛边、破洞、磨砂、补丁、铆钉等。

细节特点：表现出一种对传统观念的叛逆和创新精神，常用夸张、卡通的手法去处理形、色、质的关系。多使用奇特新颖，时髦刺激的面料，如各种真皮、仿皮、牛仔、上光涂层面料等，而且不太受色彩的限制（图6-6）。

图6-6　前卫风格（李钰婷作品）

服装品牌：薇薇安、韦斯特伍德、亚历山大、麦昆。

设计风格：时装界的"朋克之母"。最荒诞的、最稀奇古怪的，也是最有独创性的，使摇滚具有了典型的外表，撕口子或挖洞的T恤、金属挂链等，一直影响至今。

惯用的皇冠、星球以高彩度的色泽出现在胸针、手链、与项链设计上，为服装增添不少冷艳时髦的俏丽模样。

服装品牌：川久保玲。

设计风格：融合了东西方的概念，独俱一格，十分前卫。将典雅沉静的传统、立体几何模式、不对称重叠式创新剪裁、利落的线条与沉郁色调创意结合，呈现出极具美感的服装设计风格。

六、中性风格

风格综述：在女性服装中融入男性化服装要素的服装风格，如通常的T恤、运动服、夹克衫等都属于比较中性化的服装。

具有一定时尚度，较有品位而稳重的服装风格。中性服装的服装款式、色彩、面料完全相同，男女皆可穿着。

造型元素：以线、面为主，造型大多对称规整，线造型以直线和斜线居多，且大多表现为分割线；点造型，除去必要的连接设计以外很少使用。

细节特点：中性风格的衣身较多使用直身形，分割线比较规整；领角以折角居多，一般不用圆角；袖子以装袖、插肩袖为主，使用衬衣袖等收紧式袖口；使用暗袋或插袋；肩部使用育克结构（图6-7）。

服装品牌：爱马仕。

设计风格：起初，只是巴黎城中的一家专门为马车制作各种配套的精致装饰的马具店。目前拥有的产品包括皮具、箱包、丝巾、男女服装系列、香水、手表等。

精致完美、高贵优雅、手工制作、品位高尚，让所有的产品至精至美、无可挑剔，是爱马仕的一贯宗旨。

图6-7 中性风格（学生作品）

七、现代简约风格

风格综述：具有都市洗练感和现代感的风格服装。强调知性感觉但又不失高雅品位和气质。

信奉简约主义的设计师擅长作减法，他们把一切多余的东西从服装上拿走。

造型元素：简约的款式造型，上下身皆强调细窄合身，窄肩线，结合鱼尾裙摆的及膝裙；裤管细窄，加上盖过脚背的裤装等。

细节特点：短窄且小的上装，漏斗身形，腰间再系条腰带，除了皮质的水管腰带外，还有缎织带的中版腰带，系绑位置正好落在中腰（图6-8）。

图6-8 现代简约风格（学生作品）

服装品牌：Gucci。

设计风格：以高档、豪华、性感而闻名于世，以"身份与财富之象征"品牌形象成为富有上流社会的消费宠儿，时尚又不失高雅。

1994年，Tom Ford 推出绸缎衬衫、马海毛上衣和天鹅绒裤装，塑造出集现代、性感、冷艳于一身的崭新形象。将这一传统品牌改变为崭新的摩登代言者，使 Gucci 成为年轻族的时尚代表。

八、民族风格

风格综述：从民族服装中摄取灵感，包含民族文化，具有强烈的民族特征。

西部牛仔风格：以美国西部牛仔男孩形象为灵感来源的一种服装风格。帽子、流苏、靴子为其标志性特征。

东方风情：以亚洲、南太平洋地区的民族风情为设计源泉，表现出含蓄、华贵的东方风情。

波西米亚风格：又称吉普赛风格，表现吉普赛民族自由、奔放的民族风格，多采用刺绣、镂空等细节设计。

造型元素：造型、色彩、材质感等特征，大多依据灵感来源进行确定，可以是古朴、含蓄的，又可以是热情、奔放的。要吸取民族传统服装的精髓，再找到与当代时尚的融汇点。

细节特点：服装衣身宽松悬垂，多层重叠且左右不对称，少使用分割线；多采用立领、抽褶领、方领等；袖型采用各种喇叭袖、灯笼袖；装饰流苏、刺绣、珠片、盘扣、补子等（图6-9）。

服装品牌：KENZO 郭培。

设计风格：设计的首要原则是"自然流畅、活动自如"，这是指结构。品牌追求对身体的尊重，采用传统和服式的直身剪裁技巧，不需打折，不用硬身面料，却又能保持服装挺直外形，充分利用东方民族服装平面构成和直线剪裁的组合。

图 6-9　民族风格服饰（贾文静作品）

第四节　服装艺术风格

服装风格从艺术风格角度划分，除了上述主要服装风格以外，还有比较常见的口语化的服装风格，包括瑞丽、嘻皮、百搭、淑女、韩版、民族、欧美、学院、通勤、中性、嘻哈、田园、朋克、OL、洛丽塔、街头、简约、波西米亚、巴洛克、洛可可、哥特、未来、运动、波普艺术等多种。我们也应对此有所了解，以下是对这些服装风格的简要概述。

一、瑞丽风格

瑞丽是日本著名的时尚杂志，分有三个大类："可爱先锋"主要受众是学生，"伊人风尚"主要受众是年轻白领，而"服饰美容"大家都可以看。总体说来，瑞丽的主要风格还是以甜美优雅深入人心，其专属模特桥本丽香就是瑞丽风格的最好诠释。

二、嬉皮风格

嬉皮士（英语 Hippie 的音意译）本来被用来描写西方国家 20 世纪 60 年代和 20 世纪 70 年代反抗习俗和当时政治的年轻人。嬉皮士用公社式的和流浪的生活方式来反映他们对民族主义和越南战争的反对，他们提倡非传统的宗教文化，批评西方国家中层阶级的价值观。

从细节上看，繁复的印花、圆形的口袋、细致的腰部缝合线、粗糙的毛边、珠宝的配饰等，都将成为个性化穿着的表达方式；从颜色上看，暖色调里的红色、黄色和橘色，冷色调里的绿色和蓝色都将大热；从款式上看，为了展示身体曲线的美感，女式紧身服采用轻薄又易于穿着的面料，而男式衬衫甚至外套广受异域风情的影响，把夏威夷海滩风情穿进办公室也不奇怪（图 6-10）。

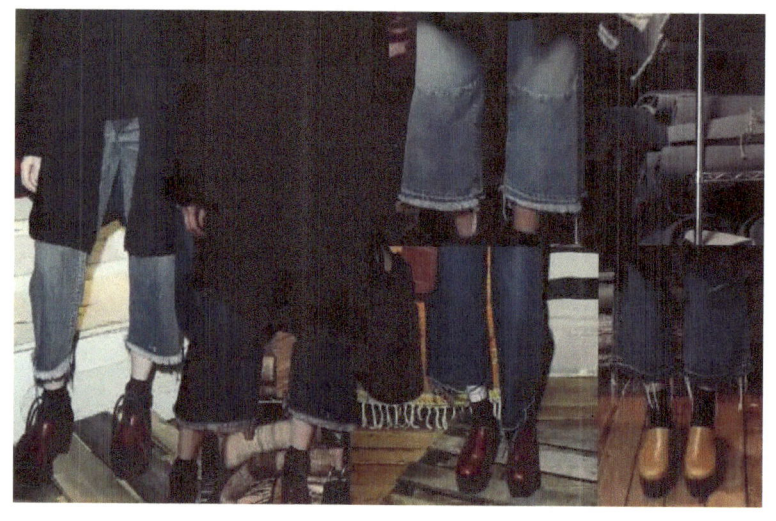

图 6-10　嬉皮风格

三、韩版风格

韩装舍弃了简单的色调堆砌，而是通过特别的明暗对比来彰显品位。服装的设计者通过面料的质感与对比，加上款式的丰富变化来强调冲击力，那种浓艳的、繁复的、表面的东西被精致的，甚至有点羞涩的展现取而代之，简洁得连口袋都省了的长裤、不规则的衣裙下摆、极具风情的褶褶花边都在表白它的美丽与流行（图 6-11）。

图 6-11　韩版风格

四、学院风格

也许身处校园生活的你,总是想方设法找机会把自己打扮得性感成熟,但一旦踏出校门,很快你就会重新迷恋简单却又充满理性的学院派风格,如针织帽、藏青裙、条纹衫、白衬衫等。

五、通勤和 OL 风格

OL 是英文 office lady 的缩写,通常指上班族女性,OL 时装一般来说多数是指套裙,很适合办公室穿着。

通勤与 OL 最大的区别是通勤更具有休闲风格,是时尚白领的半休闲主义服装。休闲已成为这个时代不可忽视的主题。它不仅是度假时的装束,而且会出现在职场和派对上。人们宽容地接纳了平底鞋、宽松长裤、针织套衫,因为这些服饰品让穿着者看上去温和,更加贴近自然,做工精致,重点在于打造干练、简洁、清爽的形象。

六、嘻哈风格

虽然说嘻哈很自由,但还是有些明确的服装标准(dress code),好比宽松的上衣和裤子、帽子、头巾或胖胖的鞋子。如要细分,嘻哈的穿法还可以分成好几派,如衬衫、刷白牛仔裤、任务靴和渔夫帽,也是嘻哈风的典型装造嘻哈中也有时尚感(图 6-12)。

图 6-12　嘻哈风格(王亚仙作品)

七、朋克风格

早期朋克的典型装扮是用发胶胶起头发,穿一条窄身牛仔裤,加上一件不扣钮的白衬衣,再戴上一个耳机连着别在腰间的 walkman,耳朵里听着朋克音乐。进入 20 世纪 90 年代以后,时装界出现了后朋克风潮,它的主要指标是鲜艳、破烂、简洁、金属(图 6-13)。

八、洛丽塔风格

西方人说的"洛丽塔"女孩是那些穿着超短裙,化着成熟妆容但又留着少女刘海的女生,简单来说就是"少女强穿女郎装"的情况。但是当"洛丽塔"流传到了日本,日本人就将其当成天真可爱少女的代名词,统一将 14 岁以下的女孩称为"洛丽塔代",而且态度变成"女郎强穿少女装",即成熟女人对青涩女孩的向往(图 6-14)。

图 6-13　朋克风格服饰(王亚仙作品)

图 6-14 洛丽塔风格服装（学生作品）

（1）Sweet Love Lolita：以粉红、粉蓝、白色等粉色系为主，衣料选用大量蕾丝，务求缔造出洋娃娃般的可爱和烂漫。

（2）Elegant Gothic Lolita：主色是黑和白，特征是想表达神秘、恐怖和死亡的感觉。通常配以十字架银器等装饰，以及化较为浓烈的深色妆容，如黑色指甲、眼影、唇色，强调神秘色彩。

（3）Classic Lolita：基本上与第一种相似，但以简约色调为主，着重剪裁以表达清雅的心思，颜色不出挑，如茶色和白色。蕾丝花边会相应减少，而荷叶褶是最大特色，整体风格比较平实。

九、巴洛克风格

20 世纪 90 年代的简约主义已经成为历史，时下古典主义风潮渗透到时尚舞台的每个角落，饰品设计更是着重于极富装饰性的巴洛克风格。不规则缠绕的华丽钻石项链，极具浪漫情怀的心型，闪耀着晶莹透亮的光芒，独特之处在于每一颗心型都呈现出完美的切割形状，处处流露奢华与迷人的气质。

巴洛克时期是一个崇尚高度华丽的年代，那时的鞋子大多采用优质的材料，像皮革、锦缎，配以奢侈豪华的装饰，如丝绸带、大扣子、刺绣、珠宝等。如今仿照巴洛克风格的靴子着重在细节上体现复古，像鞋帮上的十字抽绳，以及不和谐花纹和混搭风尚，虽然低调，却极其简洁优雅（图 6-15）。

十、洛可可风格

Rococo，由法语 Rocaille（贝壳工艺）和意大利语 Barocco（巴洛克）合并而来，起源于 17 世纪的法国，后蔓延至整个欧洲，在路易十五统治时期达到顶峰。所以当时有很多人认为洛可可风格是巴洛克风格的晚期，即巴洛克的瓦解和颓废阶段。固然洛可可与巴洛克有一定联系，但它们之间还是有一定区别的，总结起来也很简单，即巴洛克是霸气帝王将相的宫廷，而洛可可则是华丽忧郁的富家小姐。因为巴洛克风格服务于宗教与帝王，但到了洛可可时期这种宫廷奢华享乐风慢慢传入了法国上层社会，如果说巴洛克反映的是帝王、宗教主的生活，那洛可可则反映了当时社会享乐、奢华的风气。

图 6-15　巴洛克风格服装

在服装表现方面，洛可可艺术的特点就是极致的优雅和精致，它打破了文艺复兴时期提倡的对称美，创造了一种非对称的、轻快的、优雅的、热情奔放、烦琐的、精致的装饰样式。洛可可与巴洛克都偏爱繁杂的装饰纹样，但洛可可更偏爱白色、粉色等一些秀气的颜色（图 6-16）。

十一、哥特风格

哥特风格是中世纪后期的一种建筑形态在服装审美中的运用，代表高耸的尖塔形轮廓，高高的冠、尖头鞋、华丽诗意但阴沉忧郁为主要特征。裁剪方面多采用三角形、长条形，如斗篷和长手套。它的颜色以黑色和暗色为主，搭配饱和度高的纯色，面料主要有蕾丝、漆皮、绸缎、软羊皮、鱼网、羽毛、橡胶等（图 6-17）。

图 6-16　洛可可风格服装

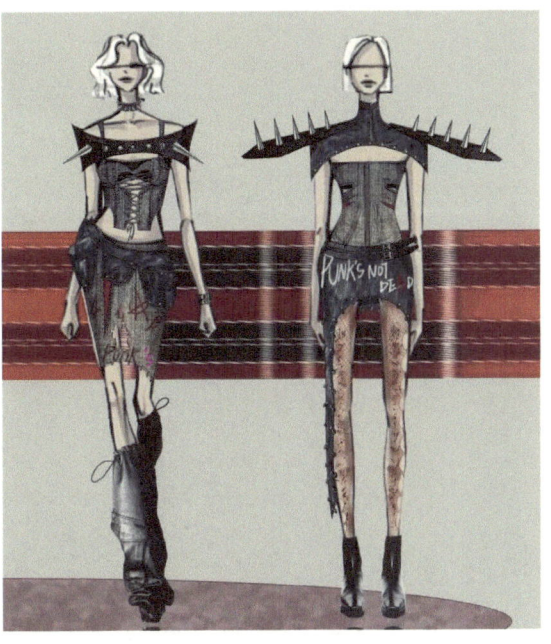

图 6-17 哥特风格服装(学生作品)

十二、未来主义风格

未来主义又称"未来派",是现代主义思潮的延伸。1909 年由意大利马利奈蒂(Marinetti)倡始,是一种对社会未来发展进行探索和预测的社会思潮。未来主义以"否定一切"为基本特征。反对传统,歌颂机械、年轻、速度、力量和技术,推崇物质,表达对未来的渴望与向往。

未来主义风格女性服饰,在色彩上着重金属色,如金、银等及透明色;在面料上,喜爱闪耀、亮丽的光泽感强且富有弹性的材质,用来强调女性的身形,表达女性性感之美;造型上,利用简单图形符号、现代感的几何图形,或简洁硬朗的设计,塑造出未来和宇宙的想象空间;在配饰上,除了体现无性别区分的现代主义以外,更讲究实用性,而非单纯的设计感,此外,一些科技含量高的未来主义风格女性服饰,则体现为服饰上附加智能感应等功能。服饰功能性的增强是未来主义风格女性服饰的趋势(图 6-18)。

图 6-18 未来主义风格（学生作品）

十三、波普艺术风格

波普风的服装风格源自波普艺术，该艺术形式诞生于 20 世纪 50 年代，是一种新写实主义。波普就是英文 Pop 的音译，所以波普是流行的、大众的，偏向于现实的艺术形式。波普是一种写实艺术，它的风格是一种注重现实生活，体现务实而不凡的生活态度，所以在图案上也会选择一些抽象、夸张的元素（图 6-19）。

十四、森林系风格

日本东京是时尚重镇，每隔一阵子就会出现新名词，继败犬女、草食男之后，日本社会又出现了一个新兴的族群，叫作"森林系女孩"（日语：森ガール，简称"森女"），泛指气质温柔、喜欢穿质地舒适的服饰且崇尚自然的女生。"森女"的平均年龄也就 20 岁，不崇尚名牌，穿着质地舒适的棉质服饰，颜色也以大地色和

图 6-19 波普艺术风格服饰

暖色系为主，有如从森林中走出而得名。

森林系女孩的特征在于不喜欢盲目追求时下的流行时尚，喜欢民族风味的服饰，习惯随身携带相机，并推崇返璞归真的生活模式，这样一股清新的气息在日本社会中自成一格，也意外地掀起了一波热潮。向往慢活生活的森林系女孩，无论是打扮还是生活态度，俨然成为日本年轻美眉追求的新典范（图6-20）。

图 6-20　森林系风格服装（张亚娟作品）

本章小结

一个服装品牌或一组服装产品，如果没有自己独特的风格与个性的设计，就像一个没有主题的故事，很难有感染人、吸引人的魅力。在服装产品设计中，尤其是在品牌服装产品设计中，追求风格比追求时尚更重要，设计师不仅要迎合时尚潮流，更要考虑自己独特的风格。没有个性的设计、没有风格的产品，很难在众多同类产品中脱颖而出。而且，服装企业都有自己的产品风格定位，这是每一季度服装产品设计的重要依据。因此，服装设计师要了解常用的服装风格，掌握影响服装风格的表现要素及不同风格服装的造型、色彩、面料选用、常见品类与搭配方式等。本章就从这些方面对各种服装风格作了分析介绍。

思考与练习

1. 在品牌服装设计中，划分服装风格有何实际意义？

2. 从主要服装风格中选择你最喜欢的一种，设计一组服装，要求不少于5套，设计品种在3种以上。

3. 从主要服装风格中所评述的代表性大师中任选一位，根据其作品风格重新设计一款服装。

第七章　服装色彩设计

服装色彩设计在服装整体设计中是非常重要的环节，其构成要素是多方面的。进行服装色彩设计时，必须根据服装的特性，运用色彩的基础理论知识，深入研究服装色彩设计的构成条件与设计原理，从理论上指导我们的实际应用。

服装色彩设计和其他设计一样，是一项融美学与科学技术为一体的创造行为。对服装色彩的研究，已逐渐形成了一门新的学科——服装色彩。在服装设计中，色彩的特性及制约因素有哪些、如何进行服装色彩配色等问题都是服装色彩研究的内容。

第一节　服装色彩的特性

色彩能为服装增添美感，也能破坏美感，这关键在于色彩的应用。服装色彩除了审美因素外，还有社会因素和功能因素等，设计者需要探讨这些因素是如何影响服装色彩，又是如何通过服装色彩将这些因素表现出来的。

我们首先要研究服装色彩与其他艺术色彩的区别，即服装色彩的特性。以下从四个方面论述服饰色彩的特性。

一、服饰色彩的社会象征性

服装是一种无声的语言，直观地反映着人类的思想情感、时代文明与社会风貌。不同时代的社会文化赋予了色彩不同的释义，它并非出于视觉美学方面的考虑，也不是传达某种感情，而是色彩对社会意识形态的象征。如用服装色彩分辨地位是古代世界通有的现象，而现代对色彩的感觉主要和时尚流行有直接的关联。

由于民族、风俗、文化的不同，不同国家下人们对服装色彩有着不同的认识和理解，并产生出不同的象征意义。如在中国，红色象征着幸福、喜庆等，是传统的节日色彩；在西方，红色调中，深红色表示嫉妒和暴虐，红色表示圣餐和祭典；在印度，红色是生命、活力、开朗和热烈的象征。

今天，人们选择服装色彩，不再受等级序列的限制，但服装仍然反映了这个时代特有的观念意识和精神面貌，而色彩正是这些精神面貌和观念意识最为直观的表现形式。同时，色彩也是不同身份、不同年龄、不同职业、不同文化素养及不同个性心理等方面的外在表现。

二、服饰色彩的审美性

人类穿衣装扮不仅是生活必需，更重要的是为了展现人的精神风貌。服装色彩真正的实用功能是审美。随着时代的发展，服饰审美内涵也在不断发生变化，呈现出艺术上的综合特性。服装在穿着过程中一旦与人体结合就形成了一个完整的、运动着的空间立体形态，其造型和色彩也发生了有序而丰富的变化。

在服饰审美中，最先让人感知的不是服装样式而是色彩，可见色彩在服装设计、审美感受上的重要性。

人们的服饰及其色彩随时间、气候的变换而不断更换。在服装中，色彩美不能单独实现，它存在于包括款式、面料等系统的综合因素中，存在于整体的服装设计中，需要与人的体态、肤色、性别、年龄等相协调，还需考虑人的心理、职业、文化、环境和社会风俗，只有这样才能借助服装色彩来展示真正的个性美。

从时间角度来看，服装色彩的季节性和流行性变化是很明显的。季节的自然更替与服装色彩融合一体能展现出人的生命活力和富有自然气息的艺术境界。

服装色彩的特点之一是装饰性。无论古代还是现代的服饰色彩，基本上都能表现出装饰风格，具有强烈的表现力。可根据人的心理需要及服饰的各种材质、款式等来进行色彩设计，以达到丰富的视觉效果。色彩的装饰性不是为装饰而装饰，而是通过其装饰的特性去突出着装者，使其更完美（图7-1）。

图7-1 服饰色彩的审美性（曹静作品）

三、服装色彩的实用机能性

服装色彩设计,除了社会习俗和审美所需外,还需要考虑许多特殊的实用机能。这种实用机能是在自然科学技术的引导下,依据色彩的科学原理,从人的视觉生理系统出发,根据人的工作特点和需要所产生的机能要求。一般可分为以下三类。

(一)视觉识别的实用功能

视觉识别的实用机能要求服饰色彩在特定的场所、位置具有较强的可视性,以达到安全、求援的目的(图7-2)。

图 7-2　视觉识别的实用功能

(二)职业识别的实用功能

职业识别的实用机能是根据职业特点,通过服饰色彩的统一设计,规范工作行为,以达到提高工作效率的目的,如军服、警服、医务工作者和饮食从业人员的服装等。

(三)色彩与生理互补的实用机能

在日常服饰中根据人的具体特点取长补短,利用明度与暗度在视觉上表现出的收与扩的特点来调整人们生理上的不足。应用这类色彩设计时主要考虑到人的不同特点,以不同的生理条件为依据,如胖人穿暗色有偏瘦的效果,而瘦人穿亮色会感觉丰满一些等。

四、服装色彩与面料材质

随着时代的发展,服装的美不断追求材质的舒适性、色彩的多变性及色彩和织物的创新性。色彩和服装面料之间是相互依存的,服装色彩是通过面料这一物质来体现的。

服装面料种类繁多,它们都具有不同的性能、质地、肌理及色彩。由于材料的不同、组织结构的不同,各类面料分别具有独特的材质性能与色彩效果。同一色彩在不同材质面料上会产生出不同的色彩效果和美感。

当整套服装使用单色或同一色调时,有时难免会显得过于单调,为了避免这种现象，可以利用材质肌理的变化来打破服装上的单调感，以弥补由单一的色彩而造成的不足。

当服装色彩为单色时，利用面料的规则与不规则的褶皱肌理，使织物表面风格具有浮雕感，形成同一色彩不同明度的效果，令单一的色彩产生变化。

此外，在不同的材质上，同一种色彩所表现出的效果是完全不同的，可利用材质的异同进行拼接对比。对于材质美感的把握往往取决于使用者对它的敏感程度及品位格调。

第二节　服装色彩的搭配

服装色彩分为两大类：一类指服装自身的色彩，另一类指与服装密切相关的服饰品色彩。这两大类别的色彩共同构成了服装色彩的整体关系（图7-3）。

图7-3　服装的色彩搭配（毛瀚秋作品）

按照属性，色彩可分成无彩色系、有彩色系两大类。黑色、白色及黑白两色相混的各种深浅不同的灰色、金色，被称为无彩色系。黑、白、灰用于服装色彩中不受年龄、性别等因素的限制是服装及纺织品中应用率最高的颜色。

第三节　服装配色方法

服装配色不仅仅是上衣和裙裤的搭配，应该考虑整体统一的效果，如服装和鞋帽、围巾、饰品、包、手套等。服装配色是设计中一个重要的环节，良好的服饰色彩搭配能表现出设计师和穿衣人卓尔不群的风范。以下是几种服装配色的常用搭配表现形式。

一、同类色搭配

同类色配色是服装设计常用的表现方法，尤其在春秋和冬装中内外衣与配饰物的搭配上。同类色搭配能达到色彩丰富和谐的效果（图7-4）。棕红色的皮茄克、皮裤、皮带和衬衫领为同一色，配砖红色方格衬衫以及驼色帽子形成同类色调，虽然色相近似，但纯度不同，所以产生统一变化的效果。

图 7-4　同类色搭配（高嘉欣作品）

二、无彩色系

（一）黑色服饰搭配

黑色给人们优越感和神秘感，是高贵风格的表现，同时也使人联想到庄重、坚毅、恐怖、罪恶等。黑色所表现的强烈内涵是多层面的，其蕴含的感情甚至是矛盾的。在西方社会传统中，作为礼服的黑色西服已经成为男子礼服的经典标志；在女性服装中黑色同样是永恒的时尚，社交场合中黑色服装往往是最佳选择。

黑色有很强的包容性，由于材质及组织结构的不同，即便是相同的黑色，看上去也会显现出差异。黑色最能反映面料的品质，当单独穿用黑色服装时，应适当用亮色加以调节，它可与任何色彩搭配组合（图7-5）。

（二）白色服饰搭配

白色服装被视为高层次的审美象征，它给人纯洁、优雅、轻盈、庄重、神圣的感觉。对有着悠久基督教传统的西方人来说，白色是神圣的象征，是崇高的标志，同时也是纯洁的代名词。

我国也有一些少数民族崇尚白色，藏族以白色为最尊贵的色彩，但是在汉族中白色又有不同的意义。

白色是一种单纯的颜色，但由于色彩倾向和材质的不同，不同的白色会呈现微妙的表情变化。白色单纯却不单调，它的可塑性很强。当把一些不同的白色并置时，它们之间的微妙差别就显现出来了。

（三）灰色服饰搭配

灰色给人以高雅、稳重、冷漠、平淡及朴素之感。灰色服装的深沉意蕴备受现代年轻人的青睐，灰色的中性与平和使很多人乐于接受。

图 7-5　黑色服饰搭配（学生作品）

中性灰色虽无色相，但明度层次丰富。中性灰色一旦有了色彩倾向，便能有效地改善原有的呆板。它多被用于传统男西装及中高档职业女装。每年发布的流行色中都有灰色家族的成员，因此，各种灰色往往成为服装行业和时装发布会的主打色和年轻品牌创新产品的首选色。

灰色是五大调和色之一，它能与任何颜色搭配，可起到调和色彩的作用。灰色常依靠其他颜色获得光彩，但灰色凭借自身所具有的中性品格而使纯色变得柔和；反之，纯色又以其洋溢的热情融化了灰色的冷漠。

（四）金银色服饰搭配

黄金与白银本身会发出黄色和白色的金属光泽，被称为光泽色。有光泽的黄色称为金色，有光泽的白色、灰色称为银色，银色比金色略显平和。金银色能为简洁的服装增色生辉，是华丽型服装中应用的主要色彩，象征着富贵和权力。

金色在色相上虽有倾向性，却因光的折射而具有特殊的色彩装饰和变化效果。近年来金属色面料使用颇为广泛。

大面积的金银色主要被用于宴会、舞会、庆典服饰的设计之中。日常生活中的服装则不宜大面积使用金银色。

金银色的丝绸、缎类和提花织缎较为华丽，设计与应用时一定要谨慎，注意金银色的明度及纯度倾向，应尽量减少金色中的亮黄成分，从而令服装在灿烂中不失"稳重"。

三、有彩色系

有彩色系同时具有色相、明度、纯度三种基本特征。色彩的这三种属性在具体应用中是同时存在、不可分割的整体。熟悉和掌握色彩的属性变化，对于服装配色极为重要。

在服装色彩配色中，以色相因素变化为主时，主要有单一色相与多色相的变化之分。当色相因素确定后，色彩的明度因素（高明度、中明度、低明度）、纯度因素（高纯度、中纯度、低纯度）等的变化共同决定了某一色彩的最终倾向。

（一）单一的服装色彩搭配

1. 红色服装搭配

红色在可见光谱中，光波最长，它有较强的穿透能力，明亮又温暖，富有浪漫气息，尤其红色是服装设计常用色，极具个性、引人注目。在礼服的设计中大量使用红色，实用装之中也有红色系与其他颜色不同的搭配。红色系也是中国传统服装的常用色，如婚庆喜事的红色旗袍。

人们把红色公认为最温暖的颜色，但它也有相对的冷暖区别。因而不同红色的服装也产生了完全不同的穿着效果。

红色与无彩系的黑、白、灰都有着很好的搭配效果。红色与有色彩系中的邻近色搭配相对较容易，但与对比色搭配则有较大难度（图7-6）。

2. 橙色服装搭配

橙色是有彩色系中最温暖的色彩，给人的感觉比红色更热烈。在橙色服装设计中要十分注意色彩面积对比及纯度对比。在日常服装中，一般将小面积、高纯度的橙色作为点缀色使用，大面积使用时一般会降低它的纯度。在服装配色中，鲜艳的橙色以小面积颜色出现是相当出色的，它作为点缀色往往成为整身装束中的画龙点睛之笔，如将橙色的服饰（围巾、帽子、手套、鞋子等）与整体色调低沉的服装相搭配，即刻便能使人眼前一亮。

图 7-6 红色服饰搭配（学生作品）

鲜橙色服装极适合棕黑或白皮肤的人穿着，另外，橙色常出现在运动服、运动鞋和安全性服装的色彩设计中。

橙色与黑色的组合，极富摩登感；橙色与白色搭配的服装，体现了健康活泼感；橙色与蓝色搭配的服装构成了欢快的色调；橙色与褐色系搭配的服装，色彩统一协调（图 7-7）。

3. 黄色服装搭配

黄色代表温暖、辉煌、明快。在服装设计中有以黄色为主色调的服色，也有采用与其他颜色搭配的方法。黄色作为服装用色，多在春、秋、夏的服饰和运动服中使用。黄色与其他色相比较，它是最亮的色，在服装用色中有淡黄、土黄、米黄、黄绿等色。

在日常生活中，黄色调的服装十分抢眼，因此在儿童服装、羽绒服的色彩设计

图 7-7 橙色服饰搭配（学生作品）

中常使用鲜亮的黄色，运动装、泳装中也常选用霓虹黄色和电光黄色。

设计黄色服装时需要有较高的配色技巧，进行黄色服装的设计与应用时要注意人的肤色等相关因素（图7-8）。

4. 绿色服装搭配

绿色具有中性色的性质，常给人以自然、和谐之感，同时也具有华丽、高雅的特性。由于绿色的色相、空间变化相对较大，运用时应根据实际情况进行选择。由于绿色是中性色，既不偏暖，也不偏冷，因此较易与其他服饰色彩搭配，但在服饰色彩设计上，要注意穿着者的因素。极浓重、娇艳的绿色仍较难与其他服饰色彩搭配；柔和、含灰的绿色更易于搭配，能够形成高品位的格调；暗灰的绿色往往带有消极意义，在设计上要拉开色彩关系才能避免产生晦暗的感觉；同色系绿色的组合是一组十分和谐的色彩（图7-9）。

5. 蓝色服装搭配

蓝色给人以庄重、平静、理智、文雅等感觉，是各类人群日常服装中喜爱和常用的颜色。蓝色系中的浅蓝、湖蓝、群青和深蓝是服装的常用色。蓝色系适用面广泛，不同年龄、性别和职业的服装都适合。浅蓝、粉蓝和孔雀蓝是青年女性常用服色，而深蓝是男装和职业装的常用色。

我国人民对蓝色一直情有独钟，如青花瓷、蜡染、蓝印花布等。深沉的靛蓝与纯净的白色相搭配，具有浓厚的中国情结。在欧洲，蓝色是高贵的标志，也是欧洲王室的象征色。牛仔服的诞生为庞大的蓝色家族注入了一种淳朴和自然的韵味。

图7-8　黄色服饰搭配（学生作品）

图7-9　绿色服饰搭配（学生作品）

蓝色调通常与工作服、学生服、东方情调及航海、航空主题联系在一起。由于蓝色明度较低，在配色中要注意明度对比。低明度蓝色不宜与黑色、讷色、紫色等暗色相搭配，这样会令色调显得更加沉闷。蓝色与土黄色搭配时，由于明度差大，所以配色效果明快、清晰（图7-10）。

6. 紫色服装搭配

古朴、优雅、高贵、优美是紫色调的象征，是一种非常有魅力的颜色。紫色是女性时装和礼服的常用色，浅紫色多在夏季服装中使用。在男性服饰中，紫色多用在领带或衬衫等小饰品上。紫色的补色为黄色，因此在服饰配色中紫色常以小面积作为搭配，能突出对比色和丰富整体服饰色彩的效果（图7-11）。

7. 粉色系服装搭配

粉色系是婴幼儿和年轻女性的主要服装色彩，粉色使人们产生清高、柔媚、浪漫之感。同时，粉色系的服装更具华丽、优美、个性的特点，易于与其他色彩搭配（图7-12）。

（二）多色的服饰色彩搭配

作为服装设计的基本要素之一，服装色彩通过不同材质的面料表现出来。服装配色的好坏很大程度上直接决定着设计作品的成败。我们通常把服装的色彩搭配分为两大类：一类是对比色搭配，另一类则是协调色搭配。

同一款式的服装，在配色上采用了不同的设计方法，其呈现的效果和感觉也会不同，这种色彩搭配的方法常常被运用在

图7-10　蓝色服饰搭配（学生作品）

图7-11　紫色服饰搭配（学生作品）

系列服装设计中。如果在不同的款式中采用相似的配色方法，也会让服装系列给人一种统一的感觉。

1. 对比色搭配

服装的色彩可以靠对比来相互衬托。单一色彩在人的视觉里，只具有色相、明度、纯度、面积、形状、位置的特征，眼睛感觉不到色彩的差别，也许第一印象会很强烈，但未免显得单调。当两个或两个以上色彩处于同一视线内时，所获得的视觉则完全不同。这是由于两种以上色彩并列所产生色彩差异比较和视觉上的对比所造成的。不同的色彩对比技巧运用会赋予服装设计个性感和层次感，也为每季的流行服装增添了很多新鲜度。

2. 强烈色对比搭配

强烈色对比搭配指两个在色相环上相隔较远（120~180度范围内）的颜色相配，如橙色与紫色、红色与青绿色等。这种对比配色的视觉效果比较强烈，所体现的服装风格鲜艳、明快，多用于运动服、儿童服、演出服的设计中。民族风格的服饰也常常用到强烈色搭配。（图7-13）

3. 互补色对比搭配

互补色对比搭配指两个在色相环上处于相对位置颜色的配合，如红与绿、黄与紫、蓝与橙等。补色相配能形成鲜明的对比，其效果比强烈色搭配更为明显。在相对色配色中要注意主次关系，同时还可通过加入中间色的方法使对比效果更富情趣。

4. 黑白搭配

在服装界中，黑白搭配是永恒的经典。

图 7-12　粉色服饰搭配（学生作品）

图 7-13　强烈色对比搭配（学生作品）

每一季都能看到黑白搭配活跃在流行T台上，并加入一些其他元素，让设计变得更加活泼、俏丽、时尚并富有新意。

日常生活中，我们常看到的是黑、白、灰与其他颜色的搭配。因为黑、白、灰为无色系，所以，无论它们与哪种颜色搭配，都不会出现太大的问题。一般来说，如果同一种色与白色搭配时，会显得明亮；与黑色搭配时就显得暗沉。因此在进行服饰色彩搭配时应先衡量一下，是为了突出哪个部分的衣饰。尽量避免把沉着色彩（例如深褐色、深紫色）与黑色搭配，这样会和黑色呈现"抢色"的后果，令整套服装没有重点，而且服装的整体表现也会显得很沉重、昏暗无色（图7-14）。

5. 纯度对比搭配

纯度对比的强弱变化，由色彩对比双方的纯度差所决定。纯度不同的两种色相形成对比，纯度强的色彩在对比下更显得鲜艳夺目。纯度低的色彩相对来说要灰暗得多。这就构成了纯度对比中的鲜明对比（图7-15）。

6. 冷暖对比搭配

色彩冷暖感受是人们结合生活经历中对外界温差变化的感知经验而在心理与视觉上形成的条件反映。冷暖感是色彩感情中最有代表性的感受。如红色会令人联想到温暖的阳光和火焰，蓝色会令人联想到海洋给人以清凉和开阔的感觉（图7-16）。

7. 明度对比搭配

色彩的明度对比是色彩构成中最基本的规律。它影响色彩配置的光感和色调的

图7-14　黑白色搭配（学生作品）

图7-15　纯度对比搭配（学生作品）

明亮度。对服装设计来说，运用明度对比搭配的规律，能使色彩配色令人产生外向型或含蓄型、愉快型或文静型、积极型或迟钝型等不同的视觉形象感知（图7-17）。

8.协调色搭配

前面已经讲过，服装色彩的整体美和协调统一的色调美总是密切地联系在一起的。色调在色彩组合的多种要素中起支配的作用，可以主导服装色彩的综合气氛。在多色配合中，按主色调掌握色彩的倾向性，是服装色彩搭配协调的有效手法。

（1）同类色协调：同类色协调是指通过同一种色相在明暗深浅上的不同变化来进行搭配的设计方法。比如，宝蓝配天蓝，墨绿配浅绿，咖啡配浅米色，深红配浅红等，同类色搭配的服装显得柔和文雅（图7-18）。

（2）近似色协调：近似色协调指在色相环上90度范围内色彩的搭配方法，给人以温和协调的观感。如红色与红或紫红相配，黄色与草绿色或橙黄色相配等。

（3）无彩色协调：无彩色系构成的服装配色是最容易调和的。将黑色、白色或位于黑白之间的灰色进行配合，将会展示出明度对比鲜明，色彩效果典雅的效果。巧妙地运用黑与白、黑与灰、白与灰之间的组合配置，并灵活地改变相互间的位置、形状、面积大小的比例等因素，能获得既朴素大方又高雅、含蓄的情调（图7-19）。

图 7-16　冷暖色对比搭配（洪秀彬作品）

图 7-17　明度对比搭配（学生作品）

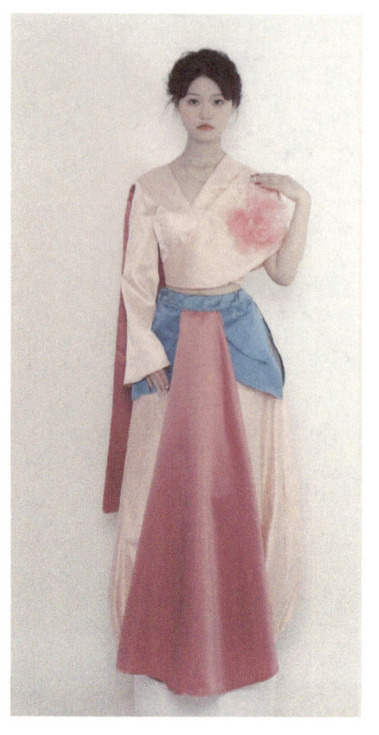

图 7-18　同类色协调搭配（吴思雨作品）　　图 7-19　无彩色协调搭配（学生作品）

9. 综合协调

无论多少个颜色相配，在色相、明度、纯度这3个要素中，只要给予它们同一性质，也就是说只要赋予这些颜色一个共同的要素，马上就可以得到协调的效果。在配色时必需注意服装色彩的整体平衡及色调的和谐。通常浅色衣服不会发生平衡问题，下身着暗色也没有多大问题。如果是上身暗色，下身浅色，鞋子就扮演了平衡的重要角色，它应该是暗色比较恰当，或者在其他配饰（如手袋、发饰等）的色彩上有个呼应，在上部的配饰就呼应下身的服装色彩，反之就要呼应上身的主色彩（图7-20）。

图 7-20　综合色协调搭配（学生作品）

四、服装色彩与面料

服装色彩与其他色彩最大的区别在于，它需要和服装面料的质感紧密联系在一起。当一款面料无论纹理、工艺还是款型都无可挑剔时，只要颜色不符合流行色，照样会被服装设计师拒之门外，即使被制作成服装服饰，也得不到消费者认可。

人除了懂得辨别色彩的亮度外，还要能察觉这种光反射在不同材质上的差异。也就是说，同一个色相表现在不同的面料肌理效果上，会让人产生不同的观感。如同样的大红色，表现在丝绸织物上，显得华丽而高贵；表现在毛线织物上，显得温暖却柔和；表现在皮革上，显得厚实而稳重；表现在薄透的纱织物上，显得飘逸动人。因为光在不同面料上的反射效果，对同一种强烈色彩的视觉也会令人产生不同的感觉。

一般来说，对柔软型和厚重型面料的色彩搭配比较好掌握，无论是对比色、同类色和近似色搭配都能达到较好的效果，而光泽型面料的配色则比较有难度，适合在色彩纯度、明度的协调基础上作搭配，或是加以中性色的调和，以取得完美的色彩效果。

第四节 服装流行色与经典色

所谓流行色，是在一定时间和空间内，受到消费者普遍欢迎的几种色、几组色和色调。

在服饰中，有一些颜色是被广泛而持久使用的，它们虽然不特别引人注目，但在服装色彩中却有着非常重要的地位，人们称之为常规色。

一、流行色的特点

顾名思义，流行色自然就是当季最流行的一些色彩，因此它跟流行时尚一样是不断变化的，今年可能是金、银等金属色当道，而到了下季却又流行像糖果一样的红、黄、蓝色，而且流行色的选择会随着季节的更替有一些潜在的有规律的变化。

二、经典色特点

常规色的形成不是偶然的，它是一定范围内，人们在生活中经过多方面的甄选而自然接受并广泛使用的，符合人们的普遍审美标准。因此，经典色在服饰中占有很大的比重。

黑、白、灰等在日常生活中亮相频率最高、最容易让人接受的色彩通常会被我们定义为经典色。但因年龄、性别、民族、生活水平、文化教养、职业、个性、地域以及其他社会环境的不同，人们对经典色的判断也会有异。

经典即永恒，它不会随着流行时尚而消失。就世界范围来讲，黑、白、灰为公认的经典色，一般男性会把藏青色、卡其色、浅咖啡色加入自己的选择列表，而女性则会选择红、粉、紫等相关颜色。

由于社会、政治、经济、文化、艺术、传统生活习惯的不同，不同国家和民族的人们在气质、性格、兴趣、爱好等方面也是不尽相同的，对色彩也会有偏爱，如红色在中国和东方民族中，象征喜庆、热烈、幸福，是传统节日的颜色，绿色在伊斯兰教国家里也是最受欢迎的颜色，象征生命之色；黄色在中国古代黄色象征土地、太阳和光芒，是帝王专属的高贵颜色，但在很多信奉基督教的国家里，却是卑劣、可耻的象征，为很避讳的颜色；中国的苗族因为服饰的不同而被称为白苗、黑苗、花苗等。

不同的国家和民族通常会把传统民族服饰的颜色作为经典色。在中国就有"中国红"一说，它来源于旗袍的颜色，还有常用的黑色和古代官服常用的青色（图7-21）。中国国旗的颜色也是红色，它象征着无数革命先驱流淌的鲜血，表达人民为解放和自由所付出的牺牲。在古代韩国，韩服通常使用颜色来区分穿着者的身份，色彩饱和度高的服饰通常为高官贵族所用，平民的服饰色彩比较朴素。在非洲大陆，阳光强烈，人们的肤色偏黑，故喜欢用鲜艳的颜色装扮自己，他们的纺织面料经常是被染成非常艳丽的条纹和不规则图案，做成简单的袍裙款式，然后再配以夸张的饰物，从而形成非常强的视觉冲击力。

图 7-21　传统服饰

第五节　服装色彩设计的方法

灵感是意图，是在文学、科研、艺术等活动中突然产生的创造性想法，在创作中具有十分重要的意义。

服装色彩在服装设计中起着举足轻重的作用，色彩的灵感更是服装色彩设计中的"灵魂"。激发服装色彩设计的灵感是服装色彩设计中的重要环节，其灵感来源并不是单一的，它可来自诸多方面。

一、从着装对象中提取灵感

在服装色彩设计中，着装对象因素是需考虑的第一个问题，也就是主体与客体的关系因素。主体的人存在着性别、年龄、性格、肤色、形体、气质及所处的消费阶层、文化素养等方面的差异，这一系列个性差异因素必然使设计构思产生与其个性相适应的配色计划。

服装色彩是装饰和美化人的。人表现出不同的个性，色彩的选择须符合不同的个性需要，并以此为依据进行色彩的设计与表现。如肤色较黑的人应选择与其相适应的服装色，冲淡面彩，通过色彩的对比原理衬托出面部的肤色；肤色较黄者可以通过同种色的调和补黄光，这样就须选择红暖色调的服装色彩。如果着装对象体态过于臃肿，为了掩盖其不足，宜采用收缩性较强的低明度、冷色调的色彩进行配色；而具有扩张感的明度色、暖色调的色彩可以使体瘦者显得丰满等。此外，由于人的性格、年龄、气质、文化素养及消费阶层的不同，对服装色彩的需求也不尽相同，构思时就要根据不同的对象进行色彩的思考与选择，使色彩在人的生理、心理等方面达到完美统一。

二、从大自然中获取灵感

当我们看到服装设计大师们带有魔力般的作品时，不难发现其中许多服装色彩的灵感直接来源于永恒的自然界。日本服装设计师三宅一生（Issey Miyake）认为大自然对他影响最为强烈，他认为万物始于自然，也要服从于自然。一切物象都有其自身的色彩，在自然界中有着无数和谐色彩的组合，它给予我们恰到好处的色彩应用提示。如果以大自然的色彩作为服装色彩设计的源泉，设计师就不难找到自己的灵感依据了。自然万物都有其自身的结构、色彩、肌理。但是设计师的眼睛绝不应成为一部高级"傻瓜"相机，不能仅仅将大自然的色彩进行简单的机械复制及一般的造型重复。正如画家马蒂斯在《色彩之路》一文中指出："我明白了一个人可以利用表现性的色彩进行创作，而无需描写性的色彩。""我利用色彩作为传达情感的手段，而不是作为抄录自然的工具。"创造者应通过认识和情感作用，把自然界的天造色彩有机地置换成非自然界的人造服装色彩。

三、从姊妹艺术中汲取灵感

服装色彩的灵感也可以从美术、音乐、舞蹈、文学作品（小说、诗歌、散文）等艺术中汲取。20世纪赫赫有名的服装设计师朗万（Jeanne Lanvin）的"朗万蓝"是由中世纪教堂玻璃上的天蓝色衍生而来。人们不仅能够从美术作品中直观地感受到颜色，音乐作品也能使人在想象中感受到色彩。美国著名音乐家马利翁曾经说过："声音是听得见的色彩，色彩是看得见的音乐。"在艺术创作中，最为显著的通感体现在视觉与听觉之间。听觉的声音可转换为视觉的形状及色彩，而视觉的色彩亦可转换为声音。

现代绘画追求乐感，或许音乐、绘画等艺术形式看似与服装色彩没有十分直接的联系，但实际却有着异曲同工之妙。当人们听到低沉的旋律时可联想到暗深色的服装色调，听到高亢的节奏时可联想到明亮的服装色彩，而抒情的轻音乐就好比是服装的流行色。美国著名爵士乐手戴维斯（Miles Davis）在评价三宅一生时说："三宅一生的设计方法就像考虑音乐的方法一样，轻轻拨动琴弦，就能奏出一个优美的旋律来。"

无论应用何种方法激发服装色彩的灵感，都需要用心去感受。多用色彩的眼睛观察周围事物，利用各种不同的方法锻炼色彩的识别能力和鉴赏能力，只有不断提高色彩修养，才有可能促使服装色彩设计的灵感升华到一种高境界、深层次。

四、从民族民间中汲取灵感

人类社会中存在着很多不同的民族，由于他们所处的地理位置、自然环境及生活方式、语言表达方式、风俗习惯、宗教信仰、心理素质方面的不同，往往表现出不同的审美意识、审美理想和审美形式。深入分析、研究这些复杂的社会现象和规律，对于我们进行服装色彩的设计，促使产品适应社会的时尚潮流变化与提高人们的审美格调具有十分重要的意义。

一个民族的生活条件，特别是自然条件和地理环境，造成了该民族独有的色彩偏好，其结果就产生了该民族自己的色彩感觉。沙漠民族因绿洲稀少，其服装喜欢用绿色,并且常常采用幻想的植物花纹;法兰西或西班牙民族热情奔放,性情活跃,他们喜欢明朗的色彩;我国人民之所以喜欢红色,是因为视红色为吉利、好运的色彩。

各民族对色彩的不同爱好,往往可以在自然生活条件中找到依据,但民族用色的偏好却更多由于社会性原因。如在中国封建社会中,黄色是皇帝的专用色,被视为至高无上的色彩,但在信仰基督教的国家和民族中,黄色则被认为是卑劣色;埃及人视白底或黑底上的红、绿、橙、浅蓝和青绿色为理想的色彩;巴西人对色彩具有强烈的偏爱与各种不同的感情,他们认为紫色代表悲伤,黄色代表绝望;我国云南少数民族一向把红色视为是最美丽的色彩,这种偏好的原因是在很早以前,原始部落的人崇尚火,认为火是神的赐予,能给人们带来温暖与欢乐,于是由火联想到了红色;四川羌族人崇尚白色,那里流传着一个古老的传说,古代羌人与戈基人作战,屡战屡败,有个神灵托梦于羌人,让他们以白石为武器,羌人照此做法,终于战胜了戈基人,从此以后他们铭记神灵的功德,世代供奉白石,视白色为神灵之色。

民族民间的色彩是启示服装色彩设计的重要灵感源,也是服装色彩设计中不可忽视的方面,目的是使服装色彩设计具有生活的意义和文化的内涵,以满足不同消费者生理和心理方面的需求。

本章小节

色彩常以不同方式的组合搭配影响着人们的感官,同时也是体现着装者个性的重要手段。所以在服装设计中,色彩的合理运用和搭配对服装最终呈现的效果是非常重要的。服装色彩设计,就是服装设计师根据穿着对象的特征所进行的综合考虑与搭配设计,包括对组成服装色彩的形状、面积、位置的确定,以及对这三者之间相互关系的处理。

思考与练习

1. 分析色彩之间的关系,进行色彩搭配训练。
2. 寻找灵感源,通过对色彩的归纳与提取,进行服装色彩设计的应用练习。
3. 根据本地的具体情况,运用国际流行色完成一个系列的服装作品设计。

第八章　服饰图案设计

第一节　服饰图案的含义

一、图案

图案是与人们生活密不可分的艺术性、实用性相结合的艺术形式。生活中具有装饰意味的花纹或者图形我们都可以称为图案。在电脑设计中，我们把各种矢量图也称为图案。图案形象是实用和装饰手段相结合的一种艺术形式，它把生活中的自然形象进行特殊的加工变化，使它更完美，更适合实际应用，成为一种有别于其他艺术造型的形式。系统地了解和掌握图案形象创造的基础知识和技能，不仅能提高对装饰美的发现能力和欣赏能力，还能在实际应用中创造装饰美，达到美的享受。

二、服饰图案

服饰图案是服装及其附件、配件本身结构形成的装饰纹样和附着在其上的装饰纹样。具有一定的图案规律，经过抽象、变化等方法而规则化、定型化的装饰图案纹样。服饰图案的概念，从广义上讲，一切元素构成具有一定美感的造型、结构、色彩、肌理及装饰纹样都可以称为图案；狭义上，一般把具有装饰作用的纹样图形，统称为图案（图8-1）。

服饰图案的取材广泛，它的起源可追溯到人类早期原始时代。原始人为了御寒、护体、遮盖，用树叶、树皮、兽皮围身。同时，为了表现自己或美化身体，吸引异性或为了原始图腾崇拜及祭祀、巫术等需要，原始人用有色矿土和兽血文身，或采用划破身体作为"刺青"装饰，还用兽骨、牙齿、贝壳、石子等材料串成饰链佩戴在身体上作为装饰或用于宗教形式的表现，这些都可以看成是服装图案的雏形。随着对动植物纤维认识的加深，在掌握了一定的纺织技术后，原始先民开始在织物上染绘原来装饰于身体上的纹饰。从此，图案作为一种装饰形式，被广泛应用于服饰中。事实上，人类对图案的创造始终伴随着文明的进程。除了身体装饰外，原始人还以绘制图案纹样作为记录生活、表达情感的重要手段。原始服饰图案在现代社会中很难找到具体实物，但在新石器时代文化的重要代表——陶器的装饰图案中，我们可以感受到原始服饰图案对后世服饰图案造型、构成形式的影响。在新石器时期，人类最著名的图案艺术成就主要体现在陶器的装饰图案上，其造型和装饰的大胆夸张，中外并无区别。这是人类图案艺术的起点，同样也是服饰图案的源头。

图8-1 服饰图案（王威元作品）

从出土的陶器纹饰上我们可以看出，新石器时期先民们已经掌握了一定的形式美的规律和艺术技巧，彩陶中的几何图案以二方连续应用得最为频繁和灵活，创造出了"S"形，正反相绕格外美观。对比与统一、对称与均衡、节奏与韵律等形式美法则，点、线、面等造型元素及夸张、强调、象征等表现手法在彩陶图案中充分显现。这些图案以艺术的手法表现了大自然、形体、运动产生的节奏感、韵律感和规律性，灵活而又美观。图案的构成或自由或格律，都与彩陶造型融为一体。

第二节 图案变化的方法

图案是工艺美术的一种，是实用艺术，要应用于实际的生产和生活中。图案的变化就是将自然形象或人为形象按照审美的要求，通过取舍、概括、提炼等方式变成实用的装饰艺术形象。把素材进行图案变化是为了让作品的美更集中、更典型。

变化的过程是思维方式的变化和形象造型的变化，要根据变化素材的材料、造型、色彩及应用领域的不同，灵活运用变化方式，紧密结合应用的工艺特点与艺术效果，创造具有装饰性与实用性的作品，应用到我们的美好生活中。

图案的变化方法很多，具有多样性，不同的方法能产生不同的艺术效果。选择合适的变化方法对图案作品的效果非常重要。图案变化的方法可以不断创造，这里介绍几种常用的方法。

一、修饰法

修饰法是对形象进行修整、加工、装饰的手法，可将杂乱的内容理顺，使之整齐统一。如平行的使之尽量平行，倾斜的使之尽量倾斜，尽量用相同的线、块面等将形象统一起来，减少无规律的变化，把可有可无的细节进行合并，使图案形象呈现条理与规范，多保留自然美（图8-2）。

图 8-2　修饰法

二、简化法

简化法是通过观察、体验形象的形态特征，进行归纳、简约、抽象化处理的手法。图案中的简化，是将形象元素概括取舍，进一步突出形象特征，使之更完善、更典型。作为收集素材时的写生作品，如白描、影绘等，只要借助归纳性、概括性进行处理，都能通过简化法使之变化成漂亮的图案（图8-3）。

图 8-3　简化法

三、夸张法

夸张法是指以强调和强化形象的形态特征而达到装饰目的的手法。所有装饰范畴的造型均带有夸张的特性，这种变化方法也是图案变化的最基本手法。根据图案夸张的成分可分为体现形态特征的形态夸张，体现动态特征的动态夸张，体现精神特征的精神夸张。在夸张手法的运用中，可以打破原有形象本身的长短、大小、多少等比例关系，把形象中最有代表性、最美的特征加以夸张表现（图8-4）。

四、添加法

添加也是装饰变化中常用的手法。添加法是根据构思与构图的需要，将简化后的较单一的纹样进行添加充实，使图案形象更完美。在添加时要注意添加的纹样与原型的协调性，不可生搬硬套、画蛇添足，要根据审美要求进行添加的处理，使图案丰富且协调。添加的形式也很多，有整体添加、局部添加等多种形式（图8-5）。

五、巧合法

巧合法是指两种或两种以上的形态发生偶然性的手法。这种方法能形成特殊的趣味图形，装饰味很浓。巧合法能引发图形和图形以外的联想，分为形与形的巧合、图与地的巧合、形与意义的巧合等（图8-6）。

六、几何法

几何法是将形象处理成各种不同的几何形并加以组合的表现手法。几何板块受几何形的制约，可以将几何形切割成各种曲线的、直线的或曲直线结合的板块，可以不受数量、长短、大小的限制，任意组合几何形象（图8-7）。

图8-4　夸张法

图8-5　添加法

图8-6　巧合法

图 8-7　几何法

七、反复法

反复法是把形象的整体或局部作单向、双向、多向或旋转的重复排列，使图案充满韵律感和节奏感。反复法的应用要注意不可过于机械，也不能反复过多，要根据形象灵活应用（图 8-8）。

图 8-8　反复法

八、文字构成法

文字构成法是以文字为构成元素，拼合成某种图案形象的造型方法。这种手法既可以表示文字的含义，也可以独立表达各种形象，在图案变化手法里比较特殊

（图8-9）。

图8-9　文字构成法

第三节　图案的构成形式及设计原则

一、图案的构成形式

图案的构成形式，除与其他造型艺术有一般的共通外，还有其特殊的形式，即它必须力求适应工艺制作和装饰要求的制约，又尽可能使图案结构的形式趋于完美。图案的构成形式种类可分为单独纹样、适合纹样、二方连续纹样、四方连续纹样、综合纹样。这些纹样有各自的组织形式。

（一）单独纹样

单独纹样是图案中最基本的单位和组织形式，它既可以单独使用，也是构成适合纹样、连续纹样的基础，具有完整性和独立性，有着广泛的用途。它不受外形限制，结构自由，但总体构成完整。单独纹样从结构形式上看有对称式和均衡式两种。

1. 对称式

对称式是以一条直线为对称轴，两侧为同形、同量的纹样，或一点为对称中心，上下、左右的纹样完全相同。对称式的特点是整齐、安详、庄重、平静，富于静态美，但容易出现平淡、呆板、无活力的感觉。人类对对称有着成千上万年的感受与追求，是人类最容易接受的构成形式。在社会生活中，对称式的单独纹样出现较多。

总体上对称式可分为轴对称和中心对称两种形式（图8-10）。

图8-10 对称式

2. 均衡式

均衡式就是平衡式，从组织形式到空间安排都不受限制，依据中心线或中心点上下、左右发展各不相同，但总体看来却是平衡、稳定的。其特点是生动、丰富、富于动态美，但要避免松散、零乱、失去图案的审美特点。

单独纹样形式的图案在纺织、服装、平面广告、工业产品、环境艺术、建筑装修等各种领域都有广泛的应用，应用范围没有限制，只要适合应用，都可以根据要求设计合适的单独纹样服务于各种艺术和生活（图8-11）。

图8-11 均衡式

（二）适合纹样及应用

适合纹样有别于单独纹样的特点在于，它必须有一定外形，纹样要适合其外形来构成。它是将纹样依据一定的组织方法，使其自然、完整地适合特定的外形，如正方形、圆形、三角形、多边形、心形、扇形等。

适合纹样的特点：造型构成严谨，有固定的构成规律。其可分为形体适合、角隅适合、边缘适合3种主要形式。

1. 形体适合

形体适合在适合纹样中比较普遍，形体适合的外形可以分为几何形体和自然形体两种。几何形体有圆形、六边形、星形等，自然形体有葫芦形、荷花形、水果形及文字形等。适合纹样有许多骨架规律，既要注意纹样的外形特征，也要把纹样内容自然、严谨地表现于外形中（图8-12）。

图8-12　形体适合

2. 角隅适合

角隅适合是装饰形体角落部位并适合一定角形的纹样。角隅纹样可根据不同的装饰要求，对角度的大小、形式结构进行变化，既可以单独使用，也可以与其他纹样组合。角隅适合纹样在服装饰品上应用非常广泛（图8-13）。

图8-13　角隅适合

3. 边缘适合

边缘适合是装饰于特定的形体四周边缘的纹样。纹样与形体的周边相适应，也受形体的影响。边缘适合纹样在外观上看有点像二方连续纹样，但在构成上完全不同于二方连续。边缘适合纹样比较自由，可根据表现的需要，自由确定纹样的形状、大小等，而不是简单地重复。通常，边缘适合纹样运用于圆环、方形的产品中（图8-14）。

适合纹样在实际的生活中应用比较广泛，但类型上相对比较集中，在古代工艺品、装饰品、服装图案上应用较多，在现代工业产品中有许多设计师把一些适合纹样表现于包装和装饰上，体现审美。

（三）二方连续纹样及应用

二方连续纹样是由一个或两二个纹样组

图8-14　边缘适合

合成的单位纹样，向上下或左右作重复排列的无限连续纹样。二方连续纹样能产生起伏、虚实、轻重、大小、疏密、强弱等各种变化的视觉效果。其有严密的组织结构，既可形成独立的装饰体，也可和其他形式的纹样综合使用。延展性和连续性是连续纹样的最大特点。二方连续纹样是带状的延展性纹样。

二方连续纹样主要有以下几种格式。

1. 散点式

散点式是指单位纹样之间互不相接的排列方式。这种形式可采用大小不一的多个纹样疏密有致、大小相间地进行排列。其形式比较自由，呈现单纯、整齐、跳跃、清晰的纹样特征（图 8-15）。

图 8-15　散点式

2. 连锁式

连锁式是以散点骨式为基础，纹样单位排列时相互挽扣连接，形成锁链式结构，一环扣一环，具有连续性强、主次分明的特点（图 8-16）。

图 8-16　连锁式

3. 波线式

波线式主要可以分为波浪式和折线式（图 8-17）。

图 8-17　波线式

波浪式是以波状曲线后方式作连续排列，一般由圆弧、椭圆弧、双曲线、抛物线等波浪形的曲线组成。构成时可以是单一的波线、平行的波线、交叉或重叠的波线，波线起伏的大小可以产生纹样动感的强弱变化，有着连绵不断的舒展感和柔和流畅的韵律感，应用性很强。

折线式是以折线为骨式作连续排列，可按照一定的空间、距离、方向进行排列。根据折线角度的变化形成纹样动势角度的变化，以折线组合来划分格局，体现严谨、有力的结构特点，方向、趋势明显。

4. 方位式

由于纹样方位朝向的不同，能产生不同格式的二方连续图案，方位式主要有垂直式、水平式、倾斜式。

垂直式指单位纹样全部由向上、向下混合成单位纹样并连续排列。其特点是稳重、端庄、严肃、次序感强。

水平式是相对于垂直式而言的，都具有方向性，但方向不同。水平式的主轴是水平状态的，方向由同向和背向互相交错组成。其特点清晰、平稳、交替有致（图8-18）。

图 8-18　水平式

倾斜式的组织与垂直式、水平式的相似，只是纹样的方向作倾斜的排列。有一面倾斜、对立倾斜、交叉倾斜等形式。倾斜式纹样应注意空间变化和节奏感，单位纹样之间距离不要过近，倾斜角度要适中，角度过大或过小都要适合图案的内容和主题。

5. 复合式

复合式是在散点、连锁、波线等形式基础上进行变化的组织结构形式的统称，其有不易呆板、无明显隔开的连续感。复合式的结构变化非常丰富，能根据需求随意变换，把二方连续纹样特点与实际应用结合起来（图8-19）。

二方连续纹样在实际生产生活中，应用范围很广，在服饰用品、建筑、装修等领域应用广泛，在需要条形出现的平面、空间中也都有灵活应用。

图 8-19　复合式

(四) 四方连续纹样

四方连续纹样是以一个单位纹样的上、下、左、右四个方向连续排列所组成的大面积的装饰纹样。四方连续纹样的排列构成形式有以下几种。

1. 散点式

散点式是四方连续纹样中最常用的排列方式,排列纹样较为自由。在画面内,将独立纹样规律地散布开来称为"散点"(图 8-20)。

散点排列方法分为平行排列和梯形排列。平行排列是指一个单位纹样向上下、左右平行移动则画面中的散点纹样

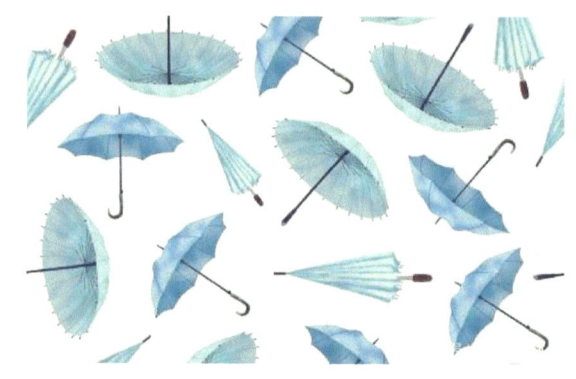

图 8-20　散点式

会沿着垂直或水平方向反复出现而形成图案,具有规律性强、容易掌握的特点。而梯形排列是指一个单位纹样的左右采用一高一低,沿着特定的斜线方向反复出现,形成梯状连续所组成的图案,具有灵活和变化丰富的特点。两种排列要根据图案的具体内容和要求来定。

散点构成的方法有多种。

一个散点构成,是指在一个单位区域内,用一个单位纹样上下、左右反复连续组成图案。这种排列构成是最基本、最简单的一种,结构变化较少,容易产生呆板、单调的问题。

两个散点构成,是由一个散点演变而来的,指的是在一个单位区域内,配置两个散点纹样,并向上下、左右反复连续组成的图案。这种结构类似于一个散点构成,变化少,较为单调。

三个散点构成,指在一个单位区域内,配置三个散点的排列,要求有两个点接近,另一个点相对远一些,这样的构成符合基本构图原则,应用很普遍。在三个点的大小处理上可以各不相同,需处理好主次关系。

四个散点构成,是指在一个单位区域内,配置四个散点纹样。对于四个散点的

排列，通常采用两大、两小的纹样组合，大小之间的散点距离要适当。当单位区域内有四个散点时，单位区域相应较大，其结构变化丰富，排列应用较多。

五个散点构成，指在一个单位区域内，配置五个散点纹样。五个散点的构成比四个散点的结构变化更为丰富，处理也更为复杂。

六个以上散点构成，指在一个单位区域内，配置六个散点纹样。另外，七个散点、八个散点、九个散点等都是依次类推。通常超过六个散点的构成相对较为复杂，处理起来难度也更大，需要把握好相互关系（图8-21）。

2. 连缀式

连缀式是指单位纹样间相互连接或穿插。单位纹样与单位纹样交错地连接起来，要保持单位形状、位置的特点。连缀式的内容配合紧密，连续性较强，有连绵不断的艺术效果，主要分为菱形连缀、波形连缀和转换连缀。

菱形连缀是将一个单位纹样填入菱形，使之四边能连接起来，纹样部分可超出菱形，但不能使纹样产生凌乱的效果。在一些民族图案和传统纹样中使用较多（图8-22）。

波形连缀是将单位纹样画成圆形、椭圆形等弧形，进行交错的连缀排列。波状线上的纹样处理，能给人活泼、优美、节奏之感。在传统花卉图案中经常运用波形连缀的方式。

转换连缀是指在规定形状内画带有方向的单位纹样，改变单位纹样的方

图8-21　多个散点式

图8-22　菱形连缀

向，进行转换排列，并使之自然衔接。这种转换连缀的纹样变化比较活泼，次序感明显，在现代装饰图案中应用较为广泛（图8-23）。

3. 重叠式

重叠式是两种连续形式的混合运用，是一种综合式的纹样构成。其方法是采用两种以上的纹样重叠排列在一起，其中一种纹样为地纹，另一种为浮纹，通过对比、衬托使纹样显得充实、丰富、有层次。这种排列在造型和色彩上要全面考虑，浮纹一般是主纹，地纹

图8-23　转换连缀

起陪衬作用。地纹的组织结构、色彩处理相对简单、柔和，而浮纹的处理相对强烈、明确、条理清晰、层次丰富，最终地纹和浮纹要相互协调，主要突出四方连续纹样的层次。

重叠纹样的构成有三种：

第一种，平铺型地纹和散点浮纹重叠构成。平铺型地纹与散点浮纹重叠构成是以规则的简单纹理为主，以自然形象变化而成的散点图形作为浮纹重叠起来，虚实相生，达到对比与统一的视觉效果。

第二种，散点地纹与散点浮纹重叠构成要注意，用作地纹的散点的图形必须比浮纹的散点图形造型和色彩都简单，才能衬托出浮纹，否则会主次不分，杂乱无章（图8-24）。

图8-24　散点地纹

第三种，相同的地纹和浮纹重叠构成是指用同一个纹样，既作地纹，又作浮纹，相互穿插，重叠构成。在这种重叠构成中，要注意色彩和大小的对比运用。地纹一般用单一、对比弱的色彩，浮纹用色彩丰富、能突出浮纹特点的色彩。图形大小上一般地纹偏小，浮纹偏大，方向与角度上都有所变化（图8-25）。

4. 条格式

条格式是指以各种不同大小的条格进行组织排列的连续图案。条格分条子和格

子，条子有横条、直条、斜条、弧形条等，格子有正方形、斜方格、弧形格等。条格式构成可以是几何形组成，也可以是自然形组成，还可以是几何形和自然形的组合。条格式的连续图案能体现稳重、有序的特点。

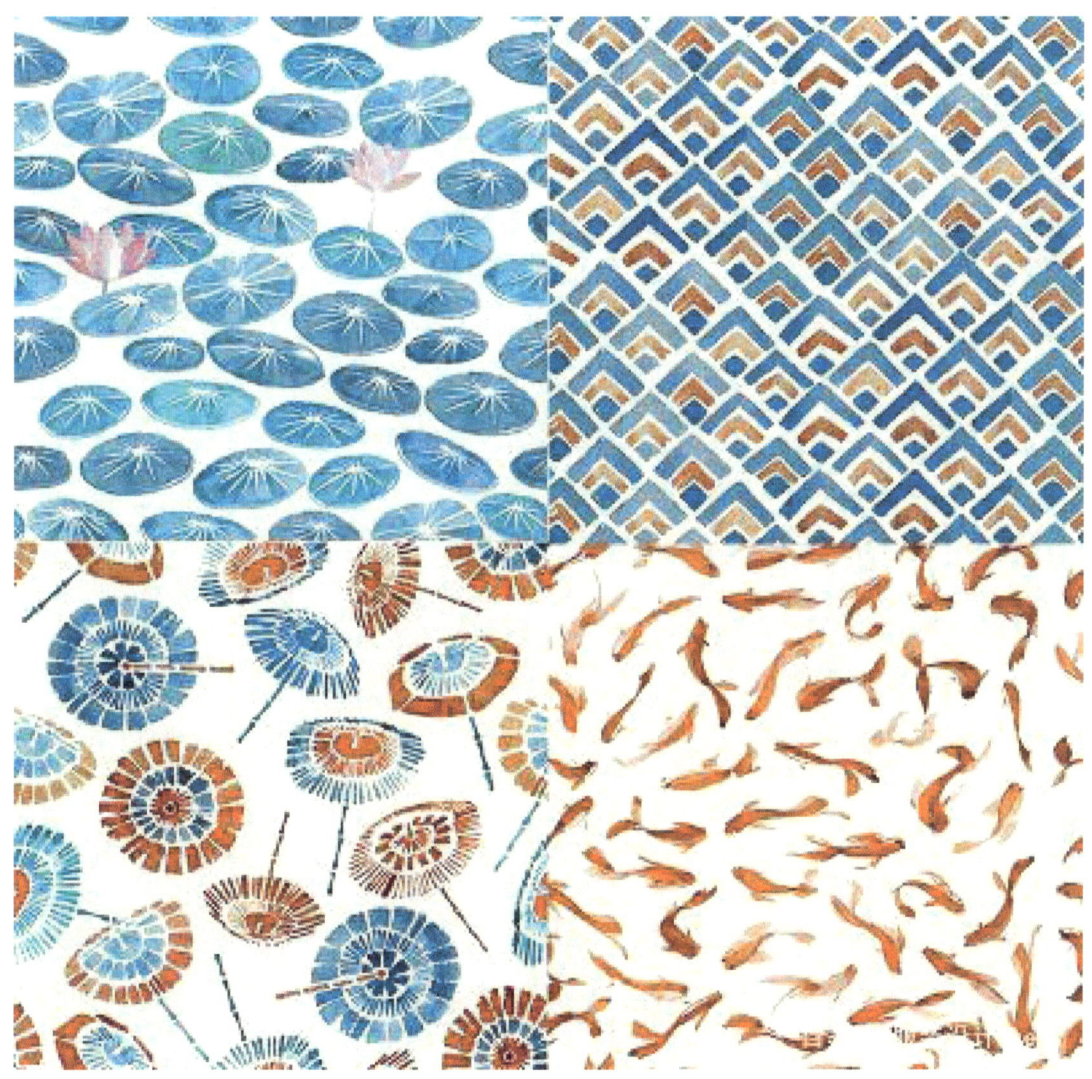

图 8-25　重叠纹样

5. 点网式

点网式指以点子和网纹的排列组合，纹样一般是几何形或几何化的自然形。设计点网式纹样的四方连续时，先画网格，再把点状图案填入相应的位置。点网式纹样的构成体现强烈的条理感和次序感，但也比较机械。

6. 自由式

自由式构成就是不受任何限制的组合构成，只要最终是四方连续纹样，任何构成形式都可以。自由式在图案的手绘表现、随机处理上应用很多，可以最大限度地表现图案的特色，但若处理不当，会过于随意，失去美感。

7.综合式

综合式是指用两种以上四方连续的组织方法结合在一起使用。这种方式相对复杂，要灵活应用。四方连续纹样在实际的应用中最为广泛，许多艺术形式中都有四方连续纹样的表现，在工业产品中应用无处不在，尤其是纺织和服装领域，四方连续图案应用得最多，已形成完整的应用体系。综合纹样是指结合了单独纹样、适合纹样、二方连续纹样、四方连续纹样中任意两种或两种以上的形式而产生的相对独立图案。综合纹样要根据实际需要选择组合，要表现图案的主题，在个性作品和工艺品中运用较多。

二、图案的设计原则

（一）实用与美化原则

服装的功能是遮盖身体，御寒避暑，保护人类肌体不受侵害，同时也用以掩饰某些生理体型上的不足。而款式、图案和色彩的装饰，从整体上给人以美的享受和心理满足。

（二）经济效益原则

合理计划图案加工工时。制作方法的选用，必须符合经济效益，复杂的、工价较高的工艺，应当少用或只有在高档服装上应用，合理地使用制作图案的材料。一般地说，低档面料以低档材料作为装饰，高档面料以高档材料作为装饰；薄型面料一般不以粗糙材料作为装饰，闪光面料可用闪光或装饰工艺材料作为装饰，不闪光面料可用闪光材料的再造工艺作为装饰。

（三）体现工艺特点和材料性能的原则

图案设计好之后，便要依照精湛的工艺体现其效果。各种工艺均有不同的特点图案与之配合，以尽其特长，显示出工艺美，设计者须熟知工艺、材料特性。

第四节　图案的应用形式

服饰图案在服装中的应用，从造型上来看主要有三种形式：点状形式、线状形式、面状形式。

一、点状形式

点状形式表现为图案以局部块面的形式独立呈现于服饰表面。这些图案大多属于单独纹样，具有相对的独立性和完整性及集中、醒目、活泼的点状特征。点的应用形式灵活多样，设计师可以自由地在服装的领口、胸前、袖口、裙摆等部位随意设点装饰。一般来说，点状的图案无论装饰在服装的哪个部位，都会成为视觉的中心（图8-26）。

二、线状形式

线状形式是最契合服装款式结构的图案应用形式。图案以二方连续纹样或带状群合的细长形呈现于服装边缘或局部，如领部、袖口、底摆、腰带、口袋边、裤襻等服装的外轮廓线部位。线状图案能够增加服装的线条感和轮廓感，突出服装的结构，使服装显现出典雅、精致的特征（图8-27）。

图8-26　胸前及领口的点状图案设计
（吕贤诺作品）

图8-27　线状形式设计（冯子桂作品）

三、面状形式

面状形式即"满花装饰"，它以四方连续或面状群合的组织形式呈现于服装表面。面状构成的图案一般都是面料本身的图案，设计师在设计过程中可直接将面料图案转化为服装图案或对面料本身进行创造性的二次设计，呈现独特的面貌。面状图案具有张力感和幅度感，设计中会起到扩张人体和服装的作用（图8-28）。

图 8-28　面状形式设计（马明香作品）

在图案设计中，点、线、面的构成形式可以单独使用，也可以点状、线状或面状形式综合运用在服装上。综合构成的图案应注意纹样分布所形成的中心与边缘、主体与衬托的关系，使服装更加具有层次感和丰厚感（图 8-29）。

图 8-29　综合图案形式设计（张梦蝶作品）

第五节　服饰图案的表现形式

一、用面料图案表现

用面料现有的图案是图案在服装中运用的最普遍形式。面料中的图案风格，往往会左右着服装的整体风格，或动或静，或清新典雅，或活泼艳丽，均可通过不同图案的面料直接表现出来。不同图案的面料有不同的风格倾向，可以更加有力地把着装者的兴趣、爱好、性格等展现出来，还可以表现出时代、民族、地域性等的差异性；而且随性别、年龄和着装场所不同而各有不同。图案布料不仅在其主调上，而且也在配色、材质、纹样的大小、纹样表现的技术等方面影响着着装场合。

二、用工艺形式表现

工艺手法包括印花、手绘、扎染、蜡染、拼贴、抽纱、刺绣、编结、包边、镂空、抽褶、缝合线迹等，用工艺形式形成图案对服装进行美化装饰，可以提高服装的品质和档次。如通过雕绣、网绣、机绣、勾针、挑花、抽丝、针结等工艺手段，使服装具有高雅、华美、精致的艺术品位，尤其是带有手工图案的服装一般品质较好，价格不菲。某些传统工艺还有针法之分，结合运用不同的针法，可以表现出层次感、虚实感、厚重感、纤细感等不同的风格特点。通过印花工艺处理，在服饰图案的衬托下，可以具有较为强烈的视觉效果。蜡染的图案相对比较规整，主要是体现纹理变化，扎染则是首先按要求将布料用不同的手法扎起来，然后浸在染料里得到不同的纹理图案，扎染的图案往往具有一定的偶然性，也正因此，扎染的图案相对比较抽象灵活。手绘可以像写意国画一样在服装上画出山水、花鸟等，也可以画出工笔古代人物。用拼贴手法表现图案效果简洁明朗、整体明快醒目，装饰性强。工艺图案应用于现代服装，为服装的艺术化、高档化提供了广阔的发展空间（图8-30）。

三、用服饰配件表现

服饰配件的范围很广，如项链、戒指、手镯、耳环、包带、鞋帽、眼镜、发饰、手套等，将配件的造型依据图案的形式加以排列制作，再配以与服装整体风格相协调的色泽和质地，配件就会成为服装上活动的图案装饰，起到衬托主题、集中视线的作用。与其他手法形成的图案相比,用配件造型表现的图案更加灵活生动。

图 8-30　钉珠、刺绣、印花等工艺表现(黄婉莹作品)

本章小结

图案是服装设计中非常重要的辅助性设计内容,构思奇妙的图案设计可以成为服装的视觉中心和设计重点。图案在服装上的应用可以淡化服装的造型与结构因素,尤其是把比较有特色的服饰图案作为设计重点时,服装的造型和结构可以相对简洁一点。服装图案的纹样形式、色彩变化、工艺特色、应用位置不同,对服装会有不同的装饰作用,服装图案通常装饰在服装的显眼部位,设计要根据不同年龄、性别和兴趣爱好来选择。本章讲解了图案设计方法、原则、分类、常用工艺及在服装上的表现形式。

思考与练习

1. 服饰图案与平面构成设计中的图案有何联系与区别?在设计中怎样协调服饰图案与服装风格的关系?

2. 运用所学知识,尝试设计一款图案形象,并以服装平面图表现。注意图案的造型感和时尚感、准确度。

3. 研究当季服饰流行色相关信息,思考如何把它们更好地使用在各种风格的服饰图案设计中去。

第九章　服装材料

现代服装的时尚潮流以色彩和面料的和谐配置为特点，它构成了当代时装的最新格调，颇具魅力。面料的材质指原材料的质地、色彩、触觉的综合反映。在服装艺术中，面料不仅有使用价值、适用功能，还有美学上的装饰效果。在服装设计中，面料是首先要考虑的重要因素，它必须和人们的年龄、品性、文化教养、职业、经济条件、居住的地理环境和气候条件等相适应。

服装的面料及服饰的原料是极其多样的。随着高新技术的不断发展和人们环保意识的不断增强，好的面料不仅要与服装款式相搭配，同时也应当是技术、艺术和市场的完美结合和统一。科技使面料更具美感的同时，又具有了更好的技术特性和环境友好特征。穿着舒适、活动便利、外观新颖已日益成为人们的购衣理念，得体的面料设计是服装设计的关键。各种面料的质地、手感、图案让设计师有了更广阔的创作空间。

第一节　服装材料的认识与应用

服装材料，包括服装面料和服装辅料。

一、服装面料与服装辅料

服装面料是指构成服装表面的主要用料，对服装造型、风格及性能起主要作用。如职业套装、礼服、大衣、休闲装等所用的布料，皮衣所用的裘皮、皮革等。

服装辅料是指构成服装时，除面料以外，可用于服装的辅助性材料。其穿着性能较差，用量有限，但富有特色。辅料的种类很多，不同的辅料有不同的作用与特性，对服装的构成起辅助作用，但却不可忽视。随着人们对服装的要求越来越高，辅料的作用也越来越明显，现代服装的许多功能与风格需要辅料的配合来实现。辅料包括里料、衬料、垫料、填充料等。辅料中有黏合衬、胸绒、黑炭衬、牵条、垫肩、胸托等造型性材料，有各种衬类等加固性材料，有拉链、纽扣、系襻、勾链、绳结等系扎物材料。

随着科技的发展和人们对服装的创新要求，用于服装的材料越来越多，但是在服装面料中绝大多数是纤维制品，并且用于服装的纤维制品主要是纺织制品中的各种织物。

二、服装面料的性能与风格

服装面料整体可分为天然纤维织物和化学纤维织物两大类，性能与风格各不相同。

（一）服装面料的性能

1. 天然纤维织物的性能

天然纤维织物主要分为纤维素纤维（植物纤维）的棉、麻和竹织物，蛋白质纤维（动物纤维）的蚕丝织物、羊毛织物和其他动物毛织物等。

（1）棉纤维织物：吸湿透气性好，排汗舒适，手感柔软，不易产生静电。缩水率大，弹性较差，不很耐磨，湿强力增加，耐水洗，比较耐热，耐碱不耐酸，易受霉菌腐蚀。

（2）麻纤维织物：有亚麻、苎麻、黄麻等，与棉织物相比，麻纤维织物易起皱，染色性能差，更吸湿透气，穿着凉爽舒适，较脆硬，穿着有刺痒感，折叠处容易断裂，因此保存时不宜重压，褶裥处也不宜反复熨烫，织物不易生霉。

（3）竹纤维织物：原材料为竹浆箔，纺成竹纤维黏胶长丝，最大的特点是天然、绿色、环保。无须添加抗菌剂，竹纤维具有天然抗菌、除臭、抵御紫外线照射的功能，吸湿性强、透气性好、排汗功能强，挺括、滑爽、柔软、亲肤性强，具有良好的反弹性、悬垂性、耐磨性、染色性能好，颜色亮丽有光泽。

（4）毛纤维织物：有羊毛、兔毛、驼毛等，吸湿性优良，柔软保暖，不易产生静电，染色牢固，色泽鲜艳，具有良好的弹性，服装的保形性好，耐用性强，具有缩绒性，耐酸而不耐碱，对氧化剂很敏感，所以应选择中性洗涤剂，耐热性不如棉纤维，易发霉虫蛀。

（5）蚕丝织物：有桑蚕丝、柞蚕丝等，蚕丝织物纤维细有牢度，爽滑悬垂，吸湿透气性好，柔软舒适，弹性介于棉、毛纤维织物之间，耐用性一般，摩擦时会产生独有的"丝鸣"现象，耐酸不耐碱，不宜用含氯漂白剂，不耐盐水侵蚀，所以夏季丝绸服装应勤洗勤换，耐热性稍优于羊毛，但耐光性差。

（6）毛皮、皮革：毛皮有狐狸、貂、狼、獭、兔、羊等，以人工驯养为主。皮革有羊、牛、猪、鹿等。毛皮服装有由整衣向毛皮饰边方向发展的趋势。

2. 化学纤维织物的性能

化学纤维织物根据原料来源和制造方法的不同可分为人造纤维织物和合成纤维织物，两者的性能和风格特征有较大的差别。

（1）人造纤维织物：是以天然的纤维素和蛋白质等高分子物质为原料，经过化学处理和机械加工制成的纺织纤维织物。其原料来源为木材、麦秆、甘蔗渣、芦苇、花生壳、棉短绒等。

人造纤维织物的性能接近于天然纤维织物，有较好的舒适性和不同的穿着感受。人造纤维素纤维织物的主要特点是吸湿性、透气性和染色性，织物柔软、光滑、吸湿透汗、穿着舒适，染色后色泽鲜艳、色牢度好。人造蛋白纤维织物有类似于羊毛的性能，手感柔软，富有弹性，保暖性好，穿着舒适。

（2）合成纤维织物：是以从石油、煤和天然气中提炼的低分子化合物为原材料，经化学合成与机械加工而制成的纤维织物，如涤纶、腈纶、锦纶、氨纶等。

合成纤维织物吸湿性、透气性较差，易带静电，舒适性不如天然纤维织物。其强度较高，弹性较好，结实耐用，不易起皱，保形性好，热定型性好，不霉不蛀，但短纤维织物易起毛起球。

（二）服装面料的风格

选择服装面料时往往先从风格特征去考虑，织物的主要风格类型有以下几种。

1. 棉型织物

棉型织物是用棉纤维或棉型化学纤维纯纺或混纺织成的织物。织物的外观风格和手感与纯棉织物相似。如涤黏织物、涤棉织物等。棉织物种类有棉布、细纺、绉纱、府绸、十其、贡缎、牛仔布、灯芯绒、帆布等。

2. 毛型织物

毛型织物是用天然动物毛纤维或毛型化学纤维纯纺或混纺织成的织物。织物的外观风格和手感与纯毛织物相似，如毛黏花呢。毛织物的种类有华达呢、嶂叽、啥味呢、派力司、凡立丁、马裤呢、花呢、女衣呢等。

3. 丝型织物

丝型织物是用蚕丝或化纤长丝纯纺或交织成的织物，又称丝织物。织物的外观风格和手感与天然丝绸相似，如黏胶人造丝美丽绸。丝织物的种类有纱、绡、纺、绉、绸、罗、缎、绫等。

4. 麻型织物

麻型织物是用天然麻纤维纯纺或非麻原料织制而成的具有天然麻织物粗犷、不匀风格的织物，如涤纶麻纱、纯棉麻纱等。

四、服装面料的应用

（一）服装面料的特性与人的心理

不同的面料具有不同的特征。棉、麻表现自然朴素的风格，纱、蕾丝、花边表现浪漫的风格，天然纤维织物多自然、质朴，化学纤维织物则表现出复杂、多样的风格特征。如人造纤维织物光亮、重垂，涤纶织物硬挺、坚实，腈纶织物丰满、蓬松，锦纶织物暗淡、呆板，提花织物立体感强，缎纹组织光滑感强。

面料的性格是人的视觉和情感的反映，因此在进行服装面料艺术再造前，还要掌握不同面料带给人的心理感受。通常来讲，柔软型面料如丝绸、起绒面料具有温柔体贴的表情；起皱型面料如仿麻树皮皱织物具有粗犷豪爽之美；挺爽型面料如精纺毛织物给人以庄重稳定、肃然起敬的印象，透明型面料如乔其纱具有绮丽优雅、朦胧神秘的效果；厚重型面料如银枪大衣呢、双面呢、粗花呢、麦尔登呢有体积感，能产生浑厚稳重的效果；光泽型面料如贡缎、金银织锦容易令人产生华贵、扑朔迷离之感；闪化型面料涤纶闪光涂层布，则给人轻快、柔弱的感受；绒毛型面料中，有光泽的如金丝绒、天鹅绒，体现华丽；高贵、富贵荣华，无光的如纯棉平绒则朴素、沉重、温文尔雅；裘皮雍容华贵，皮革则自然野性。

面料的"性格"和给人的视觉和心理感受对进行服装面料艺术再造有直接影响。了解这些有助于设计师更好地进行服装面料艺术再造。

（二）服装面料与服装风格

不同的服装风格应采用不同的服装面料。

1. 自然、朴素、原始、粗犷的服装风格

要表现这类风格和主题的服装，应选择棉、麻面料，如各种颜色的牛仔布、不同粗细条纹的灯芯绒、咔叽布、麻布、帆布、色织彩格绒布、针织绒、粗纺呢、粗纺提花呢等，经现代生物水洗的面料更能体现出织物的陈旧和舒适的感觉。

2. 精巧、细致、高雅、端庄的服装风格

这是与现代大都市的氛围最贴近的装束风格。要表现这类风格和主题的服装，应选择色光优雅、布面平整细洁的精纺织物，如纯毛或化纤仿毛的凡立丁、派力司、花呢、啥味呢、驼丝锦、贡呢等，这类产品更具有高档感。

3. 优雅、闲适、活泼、自在的服装风格

要表现这类风格和主题的服装，应选择柔软、舒适的针织面料，合体的干净利落，宽松的舒展洒脱，给人随意的感觉。中等纱支的机织棉麻面料同样能给人朴素、自然、随意之感。

（三）服装面料与服装造型

有人将服装设计喻为衣料的雕塑，服装的造型是由服装材料来体现的。

1. 柔软飘逸的服装造型

典型的服装款式有悬垂飘逸的大摆裙、柔软下垂又动感十足的波浪袖等。这些服装要选择柔软、轻薄、悬垂性好的面料，如柔软的丝绸、悬垂性好的化纤仿真丝、人造纤维、针织面料等。

2. 工整平直的服装造型

典型的服装款式有直裙、短裙、套装、西装、西裤、大衣等较工整的服装，可选择丰满、平整、较硬朗的精纺毛料（花呢、华达呢、啥味呢）、化纤仿毛面料及粗纺呢绒（麦尔登呢、法兰绒、花呢）。

3. 平面的中式服装造型

典型的服装款式有中式袄衫、连袖衫等，这类服装选料时避免选择过于厚实硬挺的面料。

4. 合体紧身的服装造型

合体紧身的服装款式，应选择伸缩性较好的面料，如氨纶、针织面料等，可展示人体的优美曲线，令活动更加轻松自如。

5. 宽松的服装造型

宽松的服装款式应选择手感较柔软的面料，可使服装造型更加自然，穿着更舒适。

（四）服装面料与服装设计

对服装面料与各类服装的适用关系做一些了解非常必要，无论服装依据什么标准设计，都离不开服装面料，不同的服装类型在选择面料时，要进行一番认真的思考。服装类别与服装面料之间存在相互影响、互相制约的关系。也就是说，服装的类别决定了服装面料选择的差异性，不同的服装面料影响着不同类型服装的风格。

服装类别有多种划分标准，可以以不同功能、性别、季节、年龄等标准进行划分。不同类别的服装在选用面料时会有很大的差别，如冬季服装一般选择呢、毛等厚重保暖的面料，而夏季服装要用透气性好的轻薄、柔软面料。又如，运动装多选择弹性透气性好的面料或针织面料；礼服则对面料的质感要求较高，多采用高贵华丽的丝绸或精致典雅的呢绒；内衣则要求柔软舒适的面料等。

从功能方面来说，冬装强调御寒保暖，夏装强调通风透气，由于其基本功能不同，在进行服装设计时选择的面料也就各异。在进行服装面料选择时，不仅要考虑充分发挥面料自身的性能特点的方法，还要根据冬装和夏装的基本功能不同，重新再造面料。如冬季服装应避免敞开、镂空，而夏季服装也不宜采用过多叠加的方法。通常经过这样的定位和筛选，实现再造的方法范围会缩小。

又如，职业装的总体格调通常侧重端庄肃穆、平实严谨，强调有别于日常散漫状态的紧张感和使命感，因此在这类服装上通常不会出现大面积的或立体感过强的服装面料。运动装对大多数人来说是满足健身、玩耍等特殊运动状态的特定装束形式，对运动装进行服装面料再造通常是强调平面的表现，突出其鲜明的运动感。休闲装是人们处于完全放松、闲散的情况下所穿着的服装，可以尝试运用各种服装面料。而礼服是在礼仪场合所穿着的服装，通常人们要求礼服设计应追究华丽、典雅、庄重、精致并重的艺术效果，因此礼服可以适当选择立体、多层次的面料。

（五）各种服装面料在设计中的运用

1. 光泽感较强的面料

锦缎、贡缎、丝光织物、金属色与荧光色涂层、印花织物、轧光织物、金银丝夹花织物，均给人以华丽、富贵、刺激、前卫之感，特别在光线照耀下反光效果很强，能集中人们的视线，有很强的装饰性。因此，这种面料在款式上适合晚礼服、表演服、社交服装青春型服装等，适宜体型窈窕而又匀称的人穿着（图9-1）。

2. 光泽感较弱的面料

各种短纤维的平纹、斜纹等织物及磨绒和拉毛较短的织物，有朴素、稳重、随和、低调之感，适宜用于一般生活服装之中（图9-2）。

3. 挺括平整的面料

手感较硬挺的织物，如硬丝织物在设计中运用得最多，此外还有毛、麻及各种化纤混纺织物及较厚的牛仔面料，适宜用于制服套装、西服等款式之中。臃肿者穿着合身的款式，有整齐、端庄的高雅感，瘦体型者穿用挺括的面料可增添丰富感（图9-3）。

图9-1 光泽感较强的面料的应用（王亚仙作品）

图 9-2　光泽感较弱面料的应用
（酒戊祖作品）

图 9-3　挺括平整面料的应用
（蒋一博作品）

4. 柔软悬垂的面料

此种面料悬垂感好，造型线条光滑、流畅而贴体，服装轮廓自然、舒展，能柔顺地体现衣着者的体型。如软缎、各类丝绒、针织面料等，宜用于各种长裙、礼服类女装，有娇柔、舒展、潇洒之感。适宜体型匀称者穿着（图9-4）。

5. 薄而透明的面料

织物轻薄而通透，有绮丽、优雅、轻巧、精致、朦胧、迷人、神秘、性感和很强的装饰性。如乔其纱、雪纺、绡、纱罗、巴厘纱、合成纤维透明薄纱、尼龙抽纱、烂花、蕾丝织物等，适用于礼服与传统手工的抽纱绣衣、绣裙、披纱或装饰性强的流行服装等。体胖与过瘦者不宜穿着以此种面料设计成的紧身服装，易暴露不足之

图 9-4　柔软悬垂面料的应用（冷园园作品）

处(图9-5)。

6. 有伸缩性的面料

有伸缩性的面料以氨纶织物、针织织物为主，服装款式越来越丰富，除运动服外，内衣、外套、毛衣、健美裤等都可采用此种面料，同时它还可与皮革缝合制造各种款式的服装，适宜各种体型的人穿用（图9-6）。

图 9-5　薄而透明面料的应用
（李茹茹作品）

图 9-6　有伸缩性面料的应用
（周起帆作品）

7. 厚重的面料

此种面料厚实挺阔，有体积感、毛绒感，不宜叠缝层次太多。如女衣呢、大衣呢等，可用于冬季、春秋季服装的设计，宜用于体态匀称者（图9-7）。

8. 粗厚蓬松的面料

此种面料包括表面绒毛蓬松的粗花呢、蓬体大衣呢、松结构花呢、绒毛较长的大衣呢、裘皮面料等，有蓬松、柔软、温暖之感，适宜冬季服装或一些服装的局部装饰，但体胖者慎用（图9-8）。

9. 表面肌理感强的面料

此种面料包含各种提花、染色、印花、花式纱线、轧绉、割绒、植绒、烂花绒、满地绣花、绗缝织物等。给人以层次丰富、内涵深邃、立体之感，服装潇洒，充满活力（图9-9）。

图 9-7　厚重面料的应用（朱金凤作品）　　图 9-8　粗厚蓬松面料的应用（朱金凤作品）　　图 9-9　表面肌理感强面料的应用（刘二双作品）

10. 表面光洁细腻的面料

此种面料包含细特高密府绸、细特强捻薄花呢、超细纤维织物等，有高档、细致、缜密之感，适合用于正式场合的服装之中（图 9-10）。

（六）新材料的应用

随着科学技术的进步，社会生活和文化观念的变化，人们越来越注重服装的生态环保性和功能性，因此，新型高科技下的新种类纤维陆续问世。

1. 回归自然的生态环保纤维

（1）无公害的环保纤维：服装上的有害物质来源于农药、杀虫剂、化学染料、整理剂及其他化学物质。"生态棉花"不施化学药剂而能抗虫害，棉籽内不含聚酚化合物等毒素，使"生态环保纺织品和服装"应运而生，如天然彩色棉花、天然的五彩丝、彩色绵羊毛等。

图 9-10　表面光洁细腻面料的应用（岳艳丽作品）

（2）保健的"罗布麻"：罗布麻纤维最为突出的性能是具有一定的医疗保健功能，它的特殊药用机理可以帮助降压、平喘、降血脂等，适宜用来制作贴身衣物、凉席、床上用品等。

（3）新型绿色的竹纤维：竹纤维来自大自然的常青植物——竹子，竹材在生长过程中能够产生含有抗菌的微量元素，使其具有其他纤维无法具备的天然抗菌性，从而令织物具有良好的吸湿性、放湿性，是一种新型的天然、绿色、环保纤维，如竹丝纤维、竹浆纤维。

（4）大豆蛋白质改性纤维：大豆蛋白质改性纤维被称为"人造羊绒"，是目前唯一由我国自主开发并在国际上率先取得工业化试验成功的纤维材料。大豆蛋白质纤维从豆粕中提取植物蛋白质，具有羊绒般的手感、羊毛的保暖性、蚕丝般的光泽、棉纤维的吸湿性和导湿性等优良服用性能，该纤维产品是生物可降解的，成本低廉，环保意义重大。

（5）舒适的吸湿透湿纤维：作为服用纺织品原料，吸湿透湿是重要的性能之一，它关系到舒适性、抗静电性。通过对纤维进行改性开发，使这种纤维达到了穿着舒适的效果，可作为内衣、外衣、运动服、毛巾、浴巾、桌布及床上用品等的材料。

2. 功能性服装材料

随着科学技术的发展，服装材料的功能在逐步由低级向高级、由单一向多功能、由一般向特殊和高附加值发展。

（1）防水透湿的"可呼吸"织物："可呼吸"织物是采用高质棉纱或超细纤维的高密织物，适合用于风雨衣等服装面料。

（2）保温保健的远红外织物：保温保健的远红外织物即蓄热纤维织物，它能使面料高效吸收太阳能并转换为热量，提高保暖性，同时抑制多种病菌，促进人体的微循环，减少呼吸、心脑、消化、神经系统等疾病的发生，对老年人有延年益寿的功效。

（3）可抗静电的织物：可抗静电的织物采用抗静电纤维或经过抗静电后整理，使面料产生导电性，具有不易吸灰、抗静电及杀菌、防臭的功效。

（4）清香怡人的香味织物：在纺丝前就混入原料中的香味，经整理后使织物具有清香怡人的香味，能给人们创造一个舒适、愉快、温馨的环境，同时具有去臭、去痰、降压的作用，不同的香味对人体健康还有不同的功效。

（5）会变色的织物：用变色纤维或将变色材料封入胶囊，经处理而得到的纤维织物，它能随着外界环境的改变而改变自身颜色。变色织物变色的条件可分为光敏变色、温敏变色、湿敏变色、生化变色、辐射变色等。

第二节 服装面料的再创造

一、服装面料再造的目的

21世纪是一个充满创造力的时期，在设计观念不断得到自由发展的前提下，服装面料的材质设计和开发层出不穷。服装面料的材质再造是服装艺术中的一种创造性工作，是服装设计中的一道别样的风景。它以独特的材质语言给人以心灵的震撼，在时装领域掀起了一股新的设计思潮，引导和预测未来服装的发展和趋势。服装材质的艺术设计出现了国际化、多元化、个性化趋势，因此在材质设计领域追求独特的个性风格，以满足多变化、超越化、个性化的市场需求。同时，服装面料的材质再造也成为未来服装设计发展中备受关注的焦点。

不同服装面料有各自的"性格表情"和效果，它的软、硬、挺、垂、厚、薄及不同的光泽决定着服装的基本特色。服装面料再创造是在原有面料的基础上，为了达到服装设计效果，对面料进行的第二次创造，它可以为原本平淡无奇的面料平添几分精致和优雅的艺术魅力。这不仅能增加面料的装饰效果，又能表现出随心所欲的浪漫和雅致，还能最大限度地发挥服装面料的特性、可塑性，进而挖掘面料自身的视觉美感潜力。通过对服装面料的再造，设计者表达了自己的创意理念。不同设计者对服装面料的再造手法各有不同，这会直接影响服装的风格。在服装设计中，有意识地借鉴和运用各种传统和现代的装饰工艺，对于创造新的面料起着重要作用。如今，面料再造已被国内外许多时装设计师所重视，如手绘、扎染、蜡染、刺绣、转移印花、织缝、绗缝、抽纱、编结、镶嵌等工艺形式的运用，能使服装营造出一种怀旧的情韵，一种古风尚存的新奇，为时装注入耐人寻味的新感觉。

服装材质的再造设计能够加强服装的内涵韵味，使服装面料真正成为服装内在精神的一部分，使服装无论在内容还是形式上都能达到对比与协调。创新的装饰无疑在内容上为服装增添了审美价值和文化意蕴。作为服装面料再创造艺术，在具有自己独立的艺术形式和独立的审美价值的同时，更要服从于服装设计的整体需要。表现出不同面料之间的贴切组合与搭配，使服装设计作品最终趋于完美。

二、服装面料再造的设计构思

构思是设计过程中的思维活动，也是设计过程中的重要环节，构思的成败对作品有直接的影响。面料再造设计源于服装整体设计的需要，通过观察和体验获得对不同材质的全面了解和它们之间存在的各种联系，根据整体意图，将获得的认识进行筛选、集中，准确地进行分析、研究，进而设想面料再造后的感觉和再造后的面料应用于服装整体设计中的效果，然后确定面料设计的风格定位和可行的实施方案，选择适合的工艺手段展现构思，完成制作这一设计过程，从而以改造过的新形式和新内容在服装上加以体现。

设计构思是一种十分活跃的思维活动，这种思维活动可能是清楚的、有意识的，也可能是下意识的、不清楚的。构思通常需要经过一段时间的思想酝酿而逐渐形成，也可能由某一方面的触发而激起灵感，突然产生。不论构思来临是渐进的或是突发的，都不能仅仅靠苦思冥想而获得。一般来讲，构思要经过三个阶段：观察、想象和灵感。好的构思要具备三个条件：细致的观察、丰富的想象与特别的灵感。在自然界与人类社会生活中观察、体验是构思活动的基本条件和第一阶段。好的设计师善于在观察中分析，在体验中积累实践经验，同时运用所掌握的专业知识技巧，展开丰富的想象，从自然界的花木鸟兽、大溪山川、风云变幻及历史事物和艺术领域中获取灵感，不断深化思维，从而产生最佳的构思。

服装面料艺术再造的构思包括如何选用面料、如何组织构图、如何塑造新表现艺术效果，也包括对服装使用功能、使用场合、工艺制作等多方面问题的潜心考虑。只有在确定了明晰的、合乎要求的设计意向之后，才能在整个面料艺术再造的过程中做到心中有数。

一般说来，服装面料艺术再造的构思方法有以下两种。

1. 明确设计定位，从整体到局部的设计构思方法

这种方法是先明确设计定位，从所要设计的服装的穿着场合、穿着对象等出发考虑所要设计的服装是什么风格的，需用什么样的观感来表现，从而选择最适合的面料，并选择相应的服装面料艺术再造的设计方法。这种方法要求服装设计者掌握大量的"面料信息"。

2. 由面料萌发设计灵感，从局部到整体的设计构思方法

这是一种反向的设计方法，是根据面料的服用性能和风格特征，积极运用发散思维，创造出新的服装面料艺术效果。这种从局部到整体的构思方法，最初一般没有明确的设计主题，但往往可以激发设计师的创作灵感和想象力。著名设计师迪奥就曾经说："我的许多设计构思仅仅来自于织物的启迪。"通常这是一种"多对二"的关系，也就是说从一种面料应该可以发散出许多不同的设计构思，实现一种服装面料艺术再造的多样化表现。例如设计师曾经结合粗犷的牛仔面料和飘逸的纱质面

料，赋予其新的艺术效果。还有很多设计体现着牛仔与其他面料的冲突与融合，如高贵的皮革、轻盈的流苏、浪漫的蕾丝、炫目的珠片都被毫不犹豫地运用在牛仔面料上，加上褶皱、镂空、拼接撕切、喷绘、荧光等处理手法，以及刺绣、印花、拉毛、镶嵌饰物等时尚流行因素，带给服装面料几乎全新的艺术效果。这些新的视觉效果是对原有面料新的诠释，有时甚至在矛盾中得到统一。

无论以哪种设计思路为出发点，都要考虑处理好服装整体和面料艺术再造局部的关系，同时设计的成功与否也离不开设计者对服装面料的了解认识程度及运用的熟练性和巧妙性。

三、服装面料再造设计的构思能力

任何一种设计活动都是有目的的，这是设计的基本原则。在服装设计过程中，不同的风格定位，需要用不同质地的面料来体现和表达。这种对面料的因地制宜，需要设计者具有一定的设计构思能力。设计构思能力的培养，主要来源于以下六个方面。

（一）自觉的认知能力

通过自己的学习、分析从而进一步获得服装面料知识、技能，提高认识能力、发现问题和解决问题的能力。这是服装面料设计构思能力培养的重要前提。

（二）敏锐的观察能力

指正确观察已有的服装面料，善于发现新的服装面料和其他材料的能力。必须要冲破旧观念的束缚，建立新的创造性思维。

（三）形象的思维能力

从感性层面认识面料的表象，进而引发思维活动，把表象重新组合，进行加工、改造、整理，从而创造出服装面料的新形象。

（四）联想的能力

以一种或几种面料为原形，通过某一个意念展开联想，直至找到解决问题的方案。联想是拓展形象思维的好方法，并且有利于灵感的寻找。

（五）转移的能力

把非服装面料用于服装设计中，在设计构思过程中通过合理的改造和组合形成新的服装面料。应善于发现不同事物的类似之处，从而拓宽设计思维。

（六）灵活的思维能力

在面料设计的构思过程中，思路遇到困难和阻力时，能够迅速选择其他思路的能力。进行多途径的探索，有助于尽快实现目标。

四、服装面料艺术再造的表达

服装面料艺术再造的表达包括案头表达和实物制作。案头表达是通过画设计图的方式（通常包括草图和效果图），将设计意图表达在纸上，它是设计者将设计构思变成现实的第一步，根据需要有的还附有文字说明。实物制作是设计者根据自己的设计方案，运用实物材料进行试验性的制作。服装面料艺术再造的实物制作包括对面料的制作和对整件服装的制作。前者用来展现设计者的主要设计思想，而后者可以很好地展现面料艺术再造运用在服装上的整体艺术效果。实物制作具有明显的试探性，通常需要在不同面料小样之间进行反复对比，最终得到令人满意的服装面料艺术再造。

在进行服装面料艺术再造的过程中，这两种制作形式都可以采用，但更应根据需要进行选择，通常案头表达是平面效果的表达，常常采用绘画的形式，要求设计者具有较好的绘画表现技巧和能力。因为没有具体的实物参照，因此，在表达过程中，要对各材质的质感及形式结构有一定的了解并能充分地展示出来。这种表达形式具有想象力，没有限制，节约成本，对设计者的想象力和表现技能要求较高。实物表达通常是一种立体效果的表现，是运用各种材料直接进行实物制作，其直观性、实验性较强，要求各种材料齐全，设计者面对实物，敢于进行大胆的尝试以达到最佳的艺术效果。这种方法要求设计者在实验过程中，不忘最终目的，不单纯追求效果。

无论是采用哪一种表达方法，设计者都要明确设计目的，遵循基本的设计原则。

五、服装材料再造的表现手法

用于服装面料再造的设计手法，主要归纳为加法和减法。加法有织、绣、缝、缀、绘、补、堆、染、贴、镶、嵌、编织，减法有镂空、抽丝等。

（一）印染

印染是传统的手工防染和现代印染的总称，利用颜料或染料在织物或服装上印染出纹饰。按工艺形式的不同，可分为胶印、丝网印、数码印、扎染和蜡染等（图9-11）。

（二）手绘

绘，古代称为"绩"，是指运用一定的工具和相应的染料、涂料及辅助材料，以手绘的方法直接在坯布或服装上画出图案的装饰工艺。手绘的面料有真丝电力纺、双绉、素绉缎、斜纹绸、乔其纱、桑波缎等，手绘可分为直接绘、防染绘、阻染绘和型染绘四种类型（图9-12）。

（三）刺绣

刺绣是中国传统的服饰工艺，以其富丽、多彩、典雅的特色和精湛的技艺闻名于世。手工刺绣，是指用各种颜色的丝、绒、棉线在织物甚至毡和皮革等材料上，借助手针的运行穿刺，构成图案花纹的过程。其针法繁多，图案新颖。通常用的刺绣方法有十字绣、平针绣、补花绣、抽纱绣等（图9-13）。

图9-11 印染（学生作品）

图9-12 手绘（吕恩光作品）

图9-13 刺绣（陈海燕作品）

（四）织、缝

通过挂经而纬线挖花的方法在面料上织出图案花纹，或以针线在服装上缝出明线，组成图案花纹（图9-14）。

图 9-14　织、缝（周起帆作品）

（五）贴、缀

将羽毛、金箔等物质粘贴在服装上形成装饰；以针线将服装本体之外的布头、珠子纽扣、金属饰件等缀在服装表面形成装饰（图 9-15）。

（六）堆花

将布料剪成纹饰，以线缝缀在服装上，使之成为立体造型（图 9-16）。

图 9-15　贴、缀（李涵作品）　　图 9-16　堆花（陈依作品）

（七）编织

编织是应用很广泛的一种装饰技法，包括用线编织成毛衣、围巾甚至用塑料或是真皮条编织成服装等，还可以将它作为装饰用在局部或边缘图9-17）。

（八）抽丝

按纺织品经纬走向，抽出一部分丝，使之组成纹饰。

（九）镂空

以人工或机械方法，使纺织品的面料表面出现孔洞，称为镂空（图9-18）。

（十）织物制造

织物制造方法有抽纱刺绣、缝花、抽褶、衍缝、切割、压褶、缝褶、拼、镶等。

（十一）非服装材料

将非服装材料与服装材料混搭，形成新的材质表面，例如纸张、橡胶、塑料、木头、金等（图9-19）。

图9-17 编织（仝源作品）

图9-18 镂空（秦塞娅作品）

图9-19 非服装材料（学生作品）

第三节　服装面料艺术再造的设计原则

服装面料艺术再造是一个充满综合性思考的艺术创造过程。追求艺术效果的体现是其宗旨，但因其设计主体是人，载体是服装面料，因此在服装面料艺术再造的过程中，首先应把握以下四条设计原则。

一、体现服装的功能性

这是进行服装面料艺术再造的最重要的设计原则。由于服装面料艺术再造从属于服装，因此无论进行怎样的服装面料艺术再造，都要将服装本身的实用功能、穿着对象、适用环境、款式风格等因素考虑在其中，可穿性是检验服装面料艺术再造的根本原则之一。不同于一般的材料创意组合，在整个设计过程中都应以体现和满足服装的功能性为设计原则。

二、体现面料性能和工艺特点

服装面料艺术再造必须根据面料本身及工艺特点，考虑艺术效果实现的可行性。各种面料及其工艺制作都有特定的属性和特点。在进行服装面料艺术再造时，应尽量发挥面料及其工艺手法的特长，展示出其最适合的艺术效果。拿剪切手法来说，由于面料的组织结构不同，其边缘脱散性各异，在牛仔布和棉布上剪切的效果就不同。在皮革上剪切不存在脱散现象的发生，而在氨纶汗布上运用剪切要考虑其方向性。方向不同，产生的效果差别很大，并不是任何方向的剪切都能产生好的艺术效果。又如在丝绸上实施刺绣和在皮革上装饰铆钉，两者所运用的实现手法也不同。

服装面料艺术再造过程受到面料性能和工艺特点的影响，因此在设计时需要加以重视。

三、丰富面料表面艺术效果

服装面料艺术再造更多的是在形式单一的现有面料上进行设计。对于如细麻纱、纺绸、巴里纱、缎、绸等本身表面效果变化不大的面料，适合运用褶皱、剪切等方法达到立体效果。而对于本身已经有丰富效果的面料，不一定要进行服装面料艺术再造，以免画蛇添足，影响其原有的风格，因此应有选择地适度再造。

四、实现服装的经济效益

服装面料艺术再造对提高服装的附加值起着至关重要的作用，但也必须清晰地认识到市场的存在和服装的商品属性、经济成本和价格竞争对服装成品的影响。服装设计包括创意类设计和实用类设计两大类。创意类设计重在体现设计师的设计理念和艺术效果，因而将服装面料艺术再造的最佳表现效果放在首位（包括对面料的选择），而将是否经济、实用，穿着是否舒适方便等作为次要的考虑因素。但对实用类设计来说，价格成本不得不作为重要的因素进行考虑。进行面料艺术再造时，不仅要考虑如何适合大众的审美情趣，还要考虑面料选择及面料艺术再造的工业化实现手段，这些在很大程度上决定了服装的成本价格和服装经济效益的实现，因此再造的经济适用性也是设计者在设计创造过程中必须考虑的，应适度借用服装面料艺术再造提高服装产品的附加值。

第四节　服装面料艺术再造的美学法则

服装面料艺术再造属于服装设计的范畴，因此无论是对服装面料艺术效果本身进行再造，还是强调它在服装设计上的运用，都要遵循一般的美学法则。

一、服装面料艺术再造的基本美学规律

美学规律是指形式美的基本规律，掌握了这个规律，才能更好地进行设计。

统一与变化是构成形式美最基本的美学规律，统一的美感是多数人最易感觉到的和最易接受的，在进行服装面料艺术再造时也不例外。统一是指由性质相同或相似的设计元素有机结合在一起，消除孤立和对立，造成一致的或趋向一致的感觉。它分为两种：一是绝对统一，是指各构成元素完全一致所形成的效果，这种形式具有强烈的秩序感（图9-20）；二是相对统，是指各构成元素大体一致但又存在一定差异，从而形成整齐但不缺少变化与生机的效果（图9-21）。变化则是指由性质相异的设计元素并置在一起造成的显著对比的感觉，是创造运动感的重要手段。它也分为两类：一是从属变化，是指有一定前提或一定范围的变化，这种形式可取得活泼、醒目之感（图9-22）；二是对比变化，是指各对比元素并置在一起，造成一种强烈冲突的感觉，具有跳跃、不稳定的效果（图9-23）。

图 9-20　绝对统一（王佩宇作品）　　　　图 9-21　相对统一（学生作品）

图 9-22　从属变化（学生作品）　　　　图 9-23　对比变化（葛淑作品）

在统一与变化关系中，需要坚持两个原则：一是以统一为前提，在统一中找变化；二是以变化为主体，在变化中求统一。在服装面料艺术再造中，艺术再造是变化的主体，服装是统一的前提。因此统一与变化的关系不仅应体现在服装面料艺术再造本身，还应体现在服装整体中。在设计过程中要始终关注面料艺术再造本身的变化统一，同时要兼顾服装面料艺术再造与服装整体之间的统一与变化关系。在设计中，忽视或过分强调服装面料艺术再造的统一与变化，都会造成服装整体的不和谐。只有通过把服装面料艺术再造本身和服装整体有机结合起来，消除孤立和对立，才能使服装整体在某种秩序上产生最佳的统一与变化的艺术效果。

在服装面料艺术再造中，统一与变化不仅包含了面料艺术再造自身的造型、面料运用、色彩运用，还包含它与服装的造型、面料、色彩之间的统一与变化。在设计中，始终脱离不了统一与变化这对基本的美学规律。而要想很好地表现统一与变化，还需要有形式美法则的支撑。

二、服装面料艺术再造的形式美法则

服装面料艺术再造在遵循统一与变化的基本美学规律的基础上，还应遵循形式美法则。服装面料艺术再造的形式美法则主要包括对比与调和、节奏与韵律、对称与平衡、比例与分割等。这些法则不仅适用于服装面料艺术再造本身，同样适用于将服装面料艺术再造在服装上的运用。

（一）对比与调和

在设计中只要有两个以上的设计元素就会产生对比或调和的关系，因此这种关系在设计中具有重要地位。

对比是把异形、异色、异质、异量的设计元素并置在一起，形成相互对照，以突出或增强各自特性的形式。对比是一种效果，它的目的在于产生变化追求差异、强调各部分之间的区别，从而增强艺术魅力。在服装面料艺术再造中，可以对设计元素进行对比，也可以同时对几方面进行对比，其中质感对比和色彩对比是常见的手法（图9-24、图9-25）。对比容易形成反差，因此可以采用对比强烈的色彩或不同质感的面料组合来强化服装面料艺术再造的形态。

调和是使相互对立的元素减弱冲突，协调各种不同的元素，从而增加整体艺术效果。调和有两种类型：一是相似调和，它是将统一的、相似的因素相结合，给人柔和宁静之感；二是相对调和，是将变化的、相对的元素相结合，是倾向活跃但又有秩序和统一关系的效果。调和是变化趋向统一的结果，但与"同一"有区别。通过调和，可以产生一种变化又统一的美，不统一的设计是不调和的，没有变化的设计也无所谓调和。调和也可以理解为是一种过渡。例如，在服装面料表面从一种平面形式到另一种立体形式，用一种过渡变形来调和就更容易带给人视觉上的愉悦。在服装面料艺术再造中，对色彩的调和可以通过增加中间色进行过渡；对形状的调和，可以通过使用相同或相似的色彩，或运用相同的装饰手法，或是其他可以使不同的形状之间找到相似点的方法。调和体现着适度的、不矛盾的、不分离的、不排斥的相对稳定状态。

图 9-24　质感对比（安心语作品）　　图 9-25　色彩对比（杨佳利作品）

（二）节奏与韵律

节奏是指某一形或色有规律地反复出现，引导人的视线有序运动而产生动感，其中包括有规律节奏、无规律节奏、放射性节奏、等级节奏等（图 9-26、图 9-27），它表现为构成元素的有序变化，如大与小、多与少、强与弱、轻与重、虚与实、曲与直、长与短等，也可以表现在面料的色彩节奏、明暗节奏及质感节奏等方面。在服装面料艺术再造中，不同的节奏带给人不同的视觉和心理感受，直线构成的有规律节奏带着男性阳刚之感，重复的曲线通过规律的排列使人联想到女性的轻盈柔美；放射性节奏的运用，可以使服装展现出光感和轻盈感，这种节奏常用在服装的领口或腰下部位；等级性节奏是一种渐变，通过规律地由大到小或由小到大的排列，给人强烈的拉近或推远的感觉。这种节奏形式被运用在服装这种"体"的造型中时，会表现出更为强烈和丰富的视觉效果。

韵律也是有规律的变化，但更强调总体的完整和谐。在服装面料艺术再造中，韵律与节奏有些相似，都是借助形状、色彩、面料、空间的变化来造就一种有规律、有动感的形式。但韵律在节奏的基础上更强调某种主调或情趣的体现，它是节奏更高层次的发展（图9-28）。因此有韵律的服装面料艺术再造一定是有节奏的，但有节奏的服装面料艺术再造未必一定有韵律。在服装面料艺术再造中，有效地把握节奏是体现韵律美的关键（图9-29）。

值得注意的是，节奏和韵律常会带给人们视错觉。视错觉是指人肉眼所看到形成心理与实际物体的差异。运用视错觉可以得到许多意

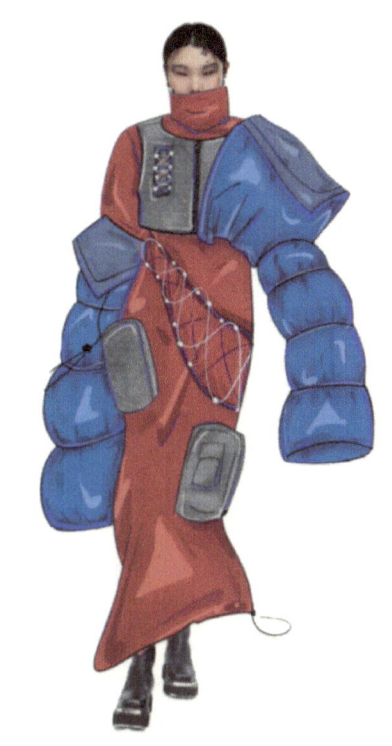

图9-26　有规律的节奏（仝源作品）

图9-27　等级节奏（贾浩哲作品）

图9-28　面料和色彩造就韵律（娄金婵作品）

想不到的艺术效果。如两个同样大小的形上下重叠，感觉上面的形略大一点；又如放射状或反复的线，有时看似凸形，有时看似凹形。同时，视错觉有定位人们视线的作用，服装不同部位的视错觉会引导人的注意力。对希望强调面部的人来说，可以将设计的重点放在领子的造型上，而对于下肢短的人说来，可以通过提高腰线改变视觉感受。在进行服装面料艺术再造时，应该学会充分利用这些视错觉。

（三）对称与均衡

对称是指设计元素以同形、同色、同量、同距离的方式，依一中心点或假想轴作二次、三次或多次的重复配置所构成的形式。在服装面料艺术再造中可以采用左右对称、斜角对称、多方对称、反转对称、平移对称等方式。对称有时能起到聚集焦点突出中心的作用。服装面料艺术再造采用的左右对称，大多数时候给人规律的感觉（图9-30、图9-31）。

图9-29　色彩的韵律（牛瑞阳作品）

图9-30　结构与图案的对称（安心语作品）

图9-31　装饰物的对称（杨佳利作品）

出于人们对上下或左右对称的视觉和心理惯性，服装经常被设计成对称式，以求给人一种稳定感。然而，过多地在服装面料艺术效果设计中运用对称，可能会陷入一种单调和呆板的境地，这时不对称的设计会以其多变的个性占据上风，于是一个新的法则——均衡被提出。

均衡是在非对称中寻求基本稳定又灵活多变的形式美感。它是指设计元素以异形等量，或同形不等量，或异形不等量的方式自由配置而取得心理和视觉上平衡的一种形式。在服装面料艺术再造中，包括将设计元素进行大小多少、色彩的轻重冷暖、结构的疏密张弛、空间的虚实呼应等的恰当配置（图9-32、图9-33）。均衡的形式出现在服装上，较之对称形式要明显带有意蕴、变化和运动感。

对称和均衡是服装面料艺术再造求得均衡稳定的一对法则，它符合人们正常视觉习惯和心理需求。

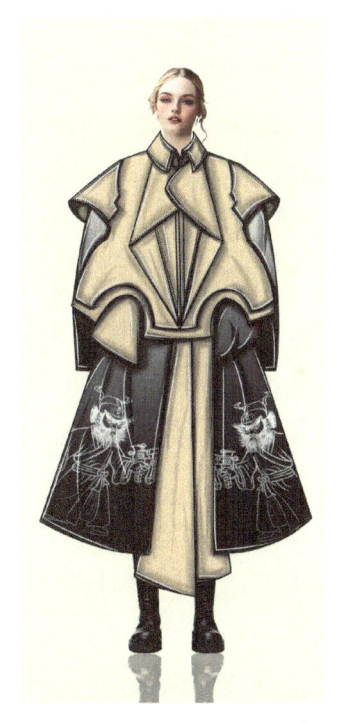

图9-32　结构均衡（张海玲作品）　　图9-33　色彩均衡（梁家辉作品）

（四）比例与分割

比例是指设计主体的整体与局部、局部与局部之间的尺度或数量关系。通常人们会根据视觉习惯、自身尺度及心理需求来确定设计主体的比例要求，常被广泛使用的比例关系有黄金比例、等差数列、等比数列等。同时在分割形式上又包括水平分割、垂直分割、垂直水平分割、斜线分割、曲线分割、自由分割（图9-34）等。其中黄金分割比被公认为是最美的比例形式，它体现了人们对图形视觉上的审美要求与调和中庸的特点，正好符合标准人体的比例关系，即以人的肚脐为界，上半身长度与下半身长度为黄金比。在实际应用中，以几何作图法很容易得到"黄金比"。以一个平面的图形来说，"黄金比"是指图形的长线段与短线段的比值近似为1∶0.618

这些美的比例和分割形式不是绝对的、万能的，在应用过程中还必须根据设计对象的使用功能和多方面因素灵活掌握，既符合实用要求又符合审美习惯的比例才是最美的。

由于人对自身的结构比例十分敏感，肩的宽度、颈的长度、腰的位置等都有一种约定俗成的比例标准，因此服装面料艺术再造的形式、色彩、装饰部位对服装乃至着装者的视觉比例等都有重要影响。从这种角度讲，服装面料艺术再造是调节比例和分割关系，实现服装总体艺术效果的重要手段。在进行服装面料艺术再造时，要依据以上因素来思考。

图9-34　上衣、下装的自由分割（学生作品）

无论平面或立体的面料艺术再造都应适合人们习惯的尺度和心理需求，同时服装面料艺术再造自身的局部与整体、局部与局部及它与服装局部和整体之间也要形成一种合理的比例关系，这样才有可能获得美的艺术再造。

以上是服装面料艺术再造的形式美法则。在设计时，既要运用这些法则，也要敢于在这些法则的基础上有所突破。这种突破可以表现为局部突破和整体突破。局部突破是指在主体效果中作"点"的有违形式美法则的设计，但整体上仍反映出良好的艺术视觉效果。整体突破则是完全违背形式美法则，表现为"反常规"设计，旨在体现设计作品的新鲜感和设计者鲜明的设计构思。在服装设计领域，整体突破虽不是设计主流却被频频运用在时装上而没有被全盘否定，因为这种突破对扩展服装设计者的设计思路有很大的好处。值得强调的是，无论进行怎样的形式美突破，都要与服装的物质特征和功能属性的本质相一致。

第五节　服装面料艺术再造的构成形式

这里提到的服装面料艺术再造的构成形式，既包括服装面料艺术再造本身的构成形式，也包括服装面料艺术再造在服装上的构成形式。其中，再造在服装上的构成形式通常表现出复杂的构成关系，是决定服装面料艺术再造成功与否的关键。这里按不同的布局类型，根据服装面料艺术再造在服装上形成的块面大小，将其分为四种类型：点状构成、线状构成、面状构成、综合构成。

一、点状构成

（一）点的性质与特点

点状构成是指服装面料艺术再造以局部小面积块面的形式出现在服饰上。一般来说，点状构成最大的特点是活泼。点状构成的大小、明度、位置等都会对服装设计影响至深。通过改变点的形状、色彩、明度、位置、数量、排列，可产生强弱、节奏、均衡和协调等感受。在传统的视觉心理习惯中，小的点状构成，造成的视觉力弱；点状构成变大，视觉力会增强。稍大的明显的点状构成的服装面料艺术再造给人突出的感觉。从点的数量来看，单独一个点状构成起到标明位置、吸引人的注意力的作用，它容易成为人的视线中心，聚拢的点状构成容易使人的视线聚焦，而广布在服装面料上的点状构成会分离人的视线，形成一定的动感（图9-35、图9-36）。

图9-35　单独点状构成容易成为视线中心
（周诩婷作品）

图9-36　广布的点状构成分离人的视线
（学生作品）

点的组合起到平衡、协调、统一整体的作用。由多个不同的点状结构形成的服装面料艺术再造存在于同一服装设计中，它们之间的微妙变化很容易改变人的心理感受。常规来讲，大小不同的点状构成同时出现在服装上，大的点易形成视觉的主导，小的点起到陪衬作用。但由于不同的位置变化或色彩配合，可由主从关系变化为并列关系，至发生根本变化（图9-37、图9-38）。在进行设计时，首先要明确设计要表现的点在哪里。无论是要表现主从关系，还是等同关系，都需要建立起一种彼此呼应或相对平衡的关系。

图9-37 点的大小与排列不同产生不同趣味（李涵作品）

图9-38 上衣不同位置的点构成稳定关系（张萱作品）

在所有的构成形式中，点状构成最灵活，变化性也最强。在服装的关键部位（如颈、肩、下摆等）采用点状构成，可以起到定位的作用。根据设计所要表达的信息，安排和调整点状构成，使其形式、色彩、风格、造型与服装整体相一致。运用点状构成可以造就别致、个性的艺术效果，但在设计中，要适度运用点。点状构成是最基本的设计构成形式。当一系列的点状构成有序地排列，会形成线状构成或面状构成的视觉效果（图9-39）。

（二）点的审美表达

服装设计师对服装视觉效果的把握，主要是通过点的位置、排列、形态等元素的布置，从心理上影响人的观感。例如，服饰上领结数量的变化、扣子数量的变化等，便是这个道理。另外，无论是服装上一个或多个领结，一个或多个纽扣，除了其实实在在的功能性作用外，还可以起到标明位置，吸引人的注意的作用。点的数量的增加会相应地增强稳定性，在视觉上完成心理学上所谓的"完型"过程。如若将服饰上的点增加到三个，则会在局部区域形成雄沉的力量组合，还可以分散观者的注意力，同时在视觉移动的过程中，形成某种小的趣味。依据完型原理，在局部位置上相近的点会使人在视觉上有连成一条线的感觉，又或者是通过其他美学原则中的重复、节奏、韵律等，达到预期目的。

一般来说，要想取得圆润感，宜采用曲线，要想取得动感，宜采用斜线，要想取得稳定感，宜采用水平线。

图 9-39　点状构成排列形成线状构成（王相满作品）

从点的色彩来看，点和点所在的面有图和底的关系。点和点所在的面的色差大，这种图底关系就会表现得很明显。点和点所在的面的色差小，这种图底关系就会很弱。从设计师对点的表现看，用少量的点可完成形态的变化，用数量多的点表现排列形式的变化。点在服装中主要通过视觉发生作用，点的排列可以形成线，使人产生错视，横向排列的点会使服装有宽大的错觉，而产生修长错觉的一般是垂直排列的点。点的集合度高低或者有着明显的疏密关系时，便会产生不同的效果，如透视、立体或者运动感。我们在服饰设计上经常见到的以点的视觉形态出现的有纽扣、耳环、饰针、胸花等，它们的作用主要是装饰，并以不同的层次成为视觉焦点。

（三）点表现形式

装饰点：首饰、服饰品（领结、胸花）、标牌（绣标）。

图案点：文字、字母、小型绣花。

工艺点：扣子、珠片（亮片）。

二、线状构成

（一）线的性质与特点

线状构成是指面料艺术再造以局部细长形式呈现于服装之上。线状构成具有很强的长度感、动感和方向性，因此具有丰富的表现力和勾勒轮廓的作用。

线状构成的表现形式有直线、曲线、折线和虚实线。直线是所有线中最简单、最有规律的基本形态，它又包含水平线、垂直线和斜线。服装上的水平线带有稳重感和力量感（图9-40）；垂直线常运用于表现修长感的部位，如裤子和裙子上；斜线可表现方向和动感；曲线令人联想到女性的柔美与多情，多运用在女装上衣和裙子下摆，容易带给人随意、多变之感（图9-41）；折线则体现着多变和不安定的情绪（图9-42）。

图 9-40 水平线的运用
（王相满作品）

图 9-41 曲线的运用
（张海玲作品）

图 9-42 折线的运用
（张雅亭作品）

线状构成容易引导人们的视线随之移动，沿服装中心线分布的面料再造对引导人的视线起着至关重要的作用。在服装边缘采用线状构成的面料艺术再造是服装设计中很常见的装饰手法，在服装的领部、前襟、下摆、袖口、裤缝、裙边等边缘上的面料艺术再造可以很好地展现服装"形"的特征。结合线状构成明确的方向性，可以制造丰富多变的艺术效果。同时，线状构成的数量和宽度影响着人的视觉感受。在面料艺术再造时，利用线状构成的这些特点，结合设计所要表达的意图可以进行适当的或夸张的表现。

在所有构成类型中，线状构成的服装面料艺术再造最容易契合服装的款式造型结构。同时，线状构成有强化空间形态的划分和界定的作用。运用线状构成对服装进行不同的分割处理，会增加面的内容，形成富有变化、生动的艺术效果。值得说明的是，运用线状构成对服装进行分割时，要注意比例关系的美感。

点状构成和线状构成经常被运用在时装、职业装和休闲装中，或是起到勾勒形态的作用，或是达到强调个性的意图。在女性中年装上也有使用，这则迎合了中年女性希望通过服装体现年轻态的心理特征，再则可使服装本身看上去更加典雅与考究。

（二）线的审美表达

线条可以简单地分为直线和曲线，具体到服饰中又分为轮廓线、结构线、装饰线。人们常常把坚毅、刚强、硬朗及男性看作是与直线相对应的特性，在男装服饰中便常常会看到表现理性、稳重感的直线条。如前所述，设计师常常用斜向线条表达轻松活泼、健朗飘逸的感觉，在表现运动感时，则多采用数条平行线。许多运动服饰上会有此类线条的运用，甚至是以此作为产品的LOGO。多条线相互交叉会产生向心的感觉，在服装设计中采用不对称的线条会造成剧烈动感。人们常常把女性、婉约、感性等特性与曲线外部轮廓线相对应，服装造型的外部形态就是以线的存在而被人们的视觉所认知的。外形线条决定了设计的主调。

线的表现形式有以下几种。

结构线：衣片的相交处和轮廓上都有线的存在。如肩线、领口线、腰围线、袖型线等，如运动装上以结构线来表现设计。

装饰线：拉链、镶边、流苏、嵌条、绳带、贴条、滚条。

图案线：以印、染、织的图案装饰形式出现，常见于商务休闲装中。

饰品线：项链、手链、挂件、腰带、围巾、包带系在一起。

三、面状构成

（一）面的性质与特点

面状构成是指服装面料艺术再造被大面积运用在服装上的一种形式。它是点状构成的聚合与扩张，也是线状构成的延展（图9-43）。在服装设计中，面状构成通常会给人"量"的心理感受，具有极强的幅度感和张力感，这一点使之区别于前两种构成形式，因而它与服装的结构紧密结合在一起，其风格很大程度上决定了服装本身的风格。所以在进行服装面料艺术再造时，面状构成从形式、构图到实现方法的运用都需要有更细致的考虑，使它与服装款式、风格相协调与融合。

  面状构成的形式主要包括几何形和自由形两种。前者具有很强的现代感（图9-44、图9-45），后者令人感到轻松自然，传统的扎皱服装常采用后一种形式。无论采用哪一种构成，都要注意面的"虚实"关系。在进行"实面"构成设计时，要注意实形构成所产生"虚面"的形式美感，以免因为"虚形"而影响了设计初衷的表达。

图9-43　点状聚合成面状构成
（马梦格作品）

图9-44　几何形
（学生作品）

图9-45　自由形
（学生作品）

  相比前两种构成，面状构成更易于表现时装的性格特点（如个性、前卫或华贵），其视觉冲击力较强。在服装上进行面状构成的服装面料艺术再造时，可运用一种或多种表现手法，但要注意彼此的融合和协调，以避免视觉上的冲突。

（二）面的审美表达

  服装设计对面的表达并不是纯粹的，即并不可能是单独运用面这一个元素进行，必须借助点、线、色彩的辅助才行。面，只有在点、线、色彩的辅助下才会有存在的可能，面实际上就是由点、线、色彩组成的。服饰中对面的表达，对于我们来说并不陌生，例如对花纹的表现；有的服饰只有底色没有花纹，这样整件服饰就都可以看成一个立体的面，有的还会用不同质地的材料进行组合，造成剧烈变动的肌理感和视觉刺激。

面的表现形式有以下几种。

衣片的面：袖片、衣片、领片、裤片等。

色彩的面：使得面的感觉更为强烈，更具层次感和韵律感。

图案纹样的面：弥补服装的单调感（风格的体现）。

饰品的面：围巾、披肩、帽子、扁平的包袋。

面料的面：使服装造型的视觉效果更为丰富。

四、综合构成

综合构成是将上述各类构成综合应用，进而形成面料艺术再造的一种形式。多种构成形式的运用可以使服装展现出更为多变、丰富的艺术效果。点状构成与线状构成同时被运用在面料艺术再造中，会令服装呈现点状构成的活泼和明快的同时，兼有线状构成的精巧与雅致（图9-46）。

值得注意的是，服装一旦被穿在人体上，展现出来的是一个具有三维空间的立体，因此在设计时，需要进行多角度的表现和考虑，而不应只满足表现正面的艺术感染力，还应注意前后侧面综合构成、相互协调，以达到整体的美感。同时也要特别注意面料艺术再造之间及服装之间的主从、对比关系的处理。

图9-46 综合构成（王相满作品）

第六节　特殊材料的运用与服装风格

一、金属材料

铜丝网、薄型的铜片、钢片、铝片、铁片及铜丝、钢丝、铁丝等，其材料硬挺，有一定的弹性和柔韧性，让人产生冰冷、太空幻想之感和强烈的视觉刺激。

二、塑料材料

薄塑料、厚塑料、软塑料、硬塑料及有色、无色、透明、半透明、无透明塑料等，其材料透明、有光泽、质感滑、柔软性好，比较接近服装面料，但不透气，可用作雨衣和其他特殊服装的制作，使人产生一种滑爽、光泽、环保与梦幻的感觉。

三、木质材料

薄木片、木线等材料材质，硬挺、基本无弹性和柔韧性，但表面有一定纹理，给人以原始古朴之感。

四、竹材料

竹管、竹片、竹线等材料，表面光滑、材质硬挺、弹性较好，竹线通过编织会呈现出多种纹理形式，给人以古朴和装饰感。

五、石材料

石片、石珠等材料表面光滑，有不同肌理纹饰，材质硬挺而脆，给人以自然、古朴和厚重之感。

六、玻璃材料

玻璃珠、坡璃小片等材料材质感光滑，有反光，使人产生纯真、永恒、梦幻的感觉。

七、贝类材料

原始贝壳表面有各种花纹，加工后会出现七彩纹理，给人以闪烁、梦幻、趣味的效果。

八、珠片材料

不同形状的珠片、珠球、珠管等，其材质富有不同的光泽，给人以富贵、华丽的装饰效果。

九、羽毛材料

各种飞禽的羽毛形状、颜色、花纹各有不同，有艳丽华贵的，有沉稳精美的，给人以华丽、高贵、自然、野性、趣味之感。

本章小结

本章首先对常见服装面料的性能和外观特性进行介绍，然后从服装面料的特性与人的心理、服装面料与服装风格、服装面料与服装造型、各种服装面料在设计中的运用、新材料的应用几个方面展开介绍。随后引导学生全面地学习服装面料艺术再造的实现方法，结合设计灵感的灵活运用，提高自身对服装面料艺术再造的设计动手能力，进而体验使设想物化的过程以及各个实现方法的不同与效果。

思考与练习

1. 分析不同面料的性能，进行服装面料的应用训练。
2. 针对相同服装，进行面料替换与面料搭配训练。
3. 特殊材料的收集与整合。
4. 利用概念性设计，完成2~3组不同服装面料的再创造设计作品。
5. 组合服装设计作品，进行服装面料再造与应用练习。

第十章　服装设计的创造性思维

第一节　逻辑思维

逻辑思维也称为抽象思维，它不是以事物的形象为基础，而是以客观世界的存在发展规律为依据。是以共性与本原为内容的思维活动，因此逻辑思维是形象思维的基础与前提。服装设计的逻辑思维大致包括以下几个方面的内容。

一、人的因素

服装是为人的穿着服务的，因此，服装设计师必须首先从了解人体构造、人体比例、人的需求等进行思考，这也是服装品牌、服装设计如何定位的问题。服装的定位是多方面的，如年龄段定位、性别定位、消费层次定位、销售区域定位、服装种类定位、价格定位等。这些因素直接影响到服装设计的清晰度、精确度及设计的品位问题，是绝对不可忽视的。

二、社会、环境因素

服装设计的社会因素包括国家的政治氛围、经济发展、文化传统等状况，熟悉这些因素之后就能进一步掌握设计的针对性。环境因素是指地理、气候等条件对服装的影响和需求。比如为生活在高原地区的居民设计服装和为海边居民设计服装，其款式、选料就会截然不同，深入了解地理、气候等环境因素，设计服装时才能心中有底。

三、经济适用因素

经济适用因素包括服装的成本价格、盈利核算，以及服装的功能性、舒适性等多方面。在竞争十分激烈的大环境中，降低服装的制作成本是至关重要的，设计师应将成本作为重要的思维因素，为自己的设计限定成本，然后再在这一些限定下发挥自己的创造力。

四、生产因素

服装设计必需要考虑后续的生产制作环节，如符合服装的工业裁剪、工业制表规律等。成衣最终是要靠机械设备和工艺技术制作出来的，因此设计师必须从工业制衣的规律出发，让自己的设计思维自觉地与生产因素相对应，在一定的条件下发挥想象力进行服装设计，避免海阔天空、不着边际地随意想象。

第二节 形象思维

形象思维是以客观事物的具体形象为主要内容的思维方式。设计师通过对客观世界的观察，将无数形象在头脑中储存起来形成表象，设计服装时再将记忆中的这些表象经过分析、选择、归纳、整理，重新组合成新的形象，这便是形象思维的全过程。设计师形象思维的水平决定了其设计观的正确与否及其创造力的强弱和想象力丰富的程度等。

一、设计观

设计观是人类进行设计活动的指导思想，它有先进和守旧、主动和被动之别，这和每个设计工作者的思维方式有着直接的关系。我们以美国现代最杰出的设计师雷蒙德·罗维为例，来说明什么是先进的设计观。

罗维是法国巴黎人，青年时代就学于巴黎大学工程系，第一次世界大战时应征入伍，战争结束后就到美国谋生。最初他在一家百货商店设计橱窗，在这期间他先进的设计观就已显现出来。他把原来陈列于封窗内的百货全部拿掉，然后在黑丝绒背景上放一枚缓缓转动的多面玻璃球体，球体上放有一朵黄色玫瑰，再用光线照射整个多面玻璃球体，使其发出耀眼的多方折射的光彩。然后再在另一侧摆放一件贵重的狐皮大衣、一条围巾、一个漂亮的手提袋，这样橱窗设计就完成了。这样设计出来的橱窗，像一幅精彩的绘画，特别是射灯使多面的玻璃球体发出点点移动的星光，吸引着无数来往的行人纷纷进入这家百货商店，充分达到了招揽顾客的目的。罗维有一句名言："橱窗的任务不是提供一个商店售品目录，橱窗的真正任务是千方百计吸引顾客到商店里来。"由此我们看到，罗维的贡献重要的不是摆放一个商品，而是他的设计观。

"可口可乐"饮料是1912年在美国流行起来的，但它开始销路不好，后来由于罗维设计的深红底色上飘着醒目的白色字体，字体下面有一根流畅而又活泼的波状曲线的商标，一下子使这饮料销路畅通世界各地。罗维的"可口可乐"商标也成了占有最大数量观众的世界四大标志之一。

服装设计师先进设计观的形成，是在经验积累基础上的一个飞跃，设计是在自由与不自由之间进行的，它是不可能脱离设计师已有的经验及所处的环境提供的客观条件和种种制约来进行的。但是，在相同的物质条件下，优秀的设计和平庸的设计却总是相伴的。它们两者的区别在于，平庸、抄袭、模仿的设计把设计仅仅看作产品的表面装饰，对产品的功能、结构和造型则极少研究，这类设计的作者认为服装上的装饰越多越好，市场上的许多服装就是在他们这种平庸设计观的指导下设计出来的。而优秀的设计有想象和创造的自由，因而设计师在设计的过程中也就完成了由量的积累到质的飞跃的转变过程。由此可见，想象力和创造力在设计师的设计过程中的重要意义。

二、创造力

人类之所以不同于其他动物，就在于人有创造力。创造力也即原创力，是指独创性、开创性的劳动能力。英文"Design"从字面上解释就是设想与计划。设想指人类对自己所从事的实践活动的预期目的和结果的认识和假想，计划则是为达到一定的目的而打算采取的方法和步骤。所以，设计是人类依照自己的要求，改造客观世界自觉的创造性劳动过程的第一步，也是人类以自己时代所获取的经验为基础，把创造新事物的活动推向前所未有的新阶段的一种高级思维活动。因此，想象力、创造力是设计活动最重要的前提与基础。

对于服装来说，原创意识不仅在款式设计时需要，而且应当贯穿在服装成型的各个环节。它包含了面料设计、款式构思设计、结构设计及缝制工艺设计等一度创作，还包括着装装扮设计、走台设计、展示音乐设计、舞台美术设计等二度创作。这里任何环节的创新设计师都不可忽视，否则所设计的作品价值就会大打折扣。

服装设计师要想提高服装艺术的原创力，必须向古今中外优秀的服装艺术成果、其他方面的艺术成果及前人的艺术实践经验学习，使自己能对各种艺术触类旁通，甚至融会贯通；同时还要不断地在实践中开阔眼界、提高素养，丰富艺术的想象力，提高艺术的鉴赏力和创新能力。设计师需要具备文化的眼光，深刻认识、努力把握弘扬本民族的文化精神、民族艺术特色及文化艺术创新的当代价值和未来意义；需要具备艺术的眼光，学会站在东西方传统艺术大师的肩膀上，大胆吸收、融合不同民族艺术的特长，努力创造新的服装艺术语言和风格；还需要具备技术的眼光，学会掌握高难度的制衣技巧，在采用新技术的同时，充分展开想象的翅膀，不断突破原有的藩篱，以完善新的艺术境界；当然也需要具备市场和经营的眼光，善于了解、掌握和引导中国百姓市场消费的着眼点及审美关注点。

人的创造力原本只是一种潜能，要靠后天的培养将其调动出来，如果一个人没有一个好的成长环境，又不接受教育和训练，这种潜能就会被埋没。

人的创造力首先表现在接受任务后能产生激情和活力，能积极、主动地投入完成任务的活动中；紧接着表现为善于运用开发性思维产生出许多新的、有创造性的设计方案；最后表现为，能将开放性思维引向闭合思维，即把开发出的多种方案列出优缺点，并使其优点结合起来，归结出一个创造性方案。这创造力的三部曲中，最重要也是最困难的，就是运用开放性思维构思出众多创新方案。美国BBDO广告公司副总裁兼心理学家奥斯本博士，曾发明"头脑风暴法"为新产品设计提出了以下问题：

1. 目前的产品，稍加改变，能有新的用途吗？
2. 能否借用别的经验或发明？
3. 能否对其加以改变，如改变色彩、形式等？
4. 能否增加一些东西？
5. 能否采用代用品？
6. 能否相互替换？
7. 能否把某些东西颠倒过来？
8. 能否进行组合？

头脑风暴法是一种创造性设计思维互动的组织形式，即运用风暴似的思潮解决问题。一组人员运用开会的方式，不受约束地自由思考，相互启发，出主意，想办法，最后将大家出的主意聚集起来找出最佳方案。这也就是集思广益解决问题的方法。

问号对勤于思考的人来说，是开启任何一门学问的钥匙，它就像一个钩子，可以勾出很多问题的答案，一个人倘若头脑中没有问号，即使能够进入知识的宝库，也会空手而归。法国作家巴尔扎克曾经说过："打开一切科学的钥匙毫无异议地是问号，我们大部分的伟大发现都应归功于'怎么样'，而生活的智慧大概就在于逢事就问个'为什么'。"所以，一定要养成思考和提问题的习惯，经常在自己的头脑中提出问题。头脑风暴法就是让大家放开思想，不拘一格地多提问题。一方面分析前人的设计成果，找出合理因素加以运用，另一方面在前人设计成果的基础上，寻找新的设计思路。

亚里士多德曾经说过："思维自疑问和惊奇始。"有疑才有问，有疑问才能激起求知欲和创造欲，而创造需要开放性思维，开放性思维所依靠的，就是丰富的想象力。

三、想象力

想象力实际就是形象思维的能力，设计师借助想象可以看到未来的设计结果，不过不是用眼睛看，而是用大脑来"看"。设计服装，首先应在原有产品的基础上进行形象设计思维，设想它经过变形、组合、分解等方式，能产生什么样的新整体外形，然后构思其内部结构。这种在大脑里构思、想象出来的形象，也被称为"心理模型"，因为它只在设计师的脑子里，并没有在现实中。

在建筑中发挥想象力的典型例子，要数美国世贸大厦世界性招标方案中王开方的方案了。2002年9月，主办方从数以千计的方案中选出100多个优秀者，但是没有一个能够打动纽约市民。因为纽约市民委求一幢既能打动眼睛又有创意精神的世贸大厦。于是，创意成为来自世界各地设计师头脑中的第一元素，为了追求创意，设计师几乎动用了所有可以动用的元素，提出了许多全新的建筑设计理念，有的将其设计成火苗状、水滴状、螺旋状，有的人则将其设计成藤枝缠绕状，双楼顶端捧着圆球状等。其中王开方的设计方案是中国大陆唯一入选的优秀作品。要让设计方案满足市民，政府及商业的多方需要是很难的。王开方苦思冥想了很长时间，一天夜里他看着海，不抽烟的他竟拿起一支烟，看着烟雾在手指间环绕，灵感突然来了，他觉得自己的手势就可以是一个创意，于是，他以一个我们最熟悉、最乐观的手势"V"为基础进行设计，这样世贸大楼的雏形便产生了。

这个例子说明想象力可以无限开阔的，但是设计师一定要有生活基础，有联想力，同时需要有丰富的经验积累。灵感是可以随时来到的，不过要及时抓住，否则它将稍纵即逝。

服装设计的想象力是多方面的，概括起来可以归纳为以下几点。

（1）空间艺术的想象力：服装是一个立体产品，服装设计师必须重视其凹凸的艺术效果，既重视立体效果，同时还要注意前、后、左、右各个方向的不同设计效果，使其展示出形体的流动的韵律和节奏感染力。

（2）技术美学的想象力：从结构设计、裁剪技巧、工艺制作中发掘新的想象，创造新的形象。

（3）环境美学的想象力：让服装设计能适应人类生存的各种不同环境，既充分发挥服装的功能，又使环境得到相应的美化。

（4）形体美学领域的想象力：设计师要真正懂得服装对于人体的功能之一就是美化人的形体，要尽可能地使自己的设计满足不同形体的顾客的消费心理。

四、生活在物象里

服装设计是产生新款式的设计，这种新款式其实就是对现实世界已有的艺术元素、服装元素，通过想象、联想，重新打散、加工、改造的结果。这些艺术和服装元素存在于设计师的头脑里。设计师必须生活在这些物象中，因为头脑中的物象越多，想象力就越丰富，越能快速设计出好的作品。那么，怎样才能使自己的头脑里像一个博物馆那样存有无数的物象呢？

（一）培养自己的鉴赏力和美感

培养自己的鉴赏力和美感是服装设计师必须首先解决的问题。一个对美的现象、美的事物毫无感觉的人，是无法成为真正的服装设计师的。设计师要努力培养自己的美感，可以经常观赏国内外各种艺术品，如绘画、雕塑、建筑、纺织品、瓷器、工艺品等，分析它们究竟美在何处、艺术形式美是怎样体现的、有哪些优缺点等，也可经常翻阅国外时装杂志，观看发达国家的电视、电影或到名品店观赏名牌时装，分析它们的用料、结构与款式特征，研究其服饰用品是怎样与时装呼应的，总结出其每个季节产品的流行细节、与其他品牌的不同之处、优缺点等。俗话说，功夫不负有心人，只要用心，你的鉴赏力和美感就一定会得到极大的提高。

（二）做一个有心人

德国古典哲学家黑格尔在他的《美学》第一卷中告诉我们：艺术家创作所依靠的是生活的富裕，而不是抽象的普泛观念上的富裕。在艺术里不像在哲学里，创造的材料不是思想而是现实的外在形象。所以艺术家必须置身于这种材料里，跟它建立亲密的关系；他应当看得多、听得多，而且记得多。黑格尔所说的生活的富裕当然不是指金钱多、物质多，而是指在艺术创作时的材料多，而这些材料完全是依靠艺术家作为一个有心人，在生活中通过视觉和听觉不断地收集而得来的。

作为热爱服装设计的初学者，要懂得"厚积薄发"的道理，养成收集材料的习惯，使自己能从别人司空见惯的事物中发现美的东西。例如看欧美电视剧时，别人看的是剧中情节，你可以注意电视剧讲述的故事年代、历史背景，观察不同场合的各种装扮的配色、选料及款式的变化，从中寻找西方人的着装规律，同时学习他们的设计经验；上街购物时注意观察人们的衣着打扮，总结出本地区不同年龄、不同职业的女性对服装的喜爱和追求。初学者还要充分利用业余时间到学校、公共图书馆博览群书，收集相关的资料与素材等，待用时，就可以根据需要选取其中的某一部分来加以改造运用。

（三）记忆与记录、整理同时并举

黑格尔说"看得多、听得多、记得多"，就是说不仅是看了、听了，还要记。这个"记"一是记忆，二是记录。记忆是将材料作为表象记在脑子里，这是十分需要的。然而，有些资料时间长了可能就会被遗忘，因此需要用笔画出来或写下来，这就是记录。

每个艺术家都应有自己的形象资料本，用来记录所看到的形象；还应有文字资料本，用来做学习笔记。作为学习服装设计的大学生，这两个资料本自然是必不可少的，这样大学四年收集的资料便可积少成多、聚沙成塔，真到用时便可得心应手、极为便利。当然，有了各种资料的积累、记录，还应不断地整理，整理的过程也是再一次学习和消化的过程，这样，学习者就能把收集来的资料真正变成自己的知识。

第三节　发散思维与辐合思维

发散思维又称求异思维，是创造性思维的重要部分，强调的是放开思维。辐合思维是将发散思维的结果作一个综合分析，最后保留一个符合需要的创新方案。也可以说发散思维是提出问题，辐合思维是解决问题。

一、发散思维

以大脑作为思维的中心点，四周是无穷大且任你想象的立体思维空间，你应当突破常规，克服心理定势，举一反三，触类旁通，把思路向外扩散，形成一个发散的网络，从多方面、多角度、多层次进行思考，将自己头脑中的记忆物象加以拆分、解构、重组、取舍，形成新的思维焦点，从而产生新的服装设计思路。以下我们列举发散思维的加减法、逆向法、组合法、变更法、联想法以供参考。

加减法：对原型复杂化或简化的一种方法。

图10-1中的服装是在用料、色彩、款式等方面对原型做加法的构思设计。上衣用三种面料拼接、色彩各异，两袖也不尽相同。裙边的设计也不相同，从整体上看，原型的加法设计增加了服装的设计感，增添趣味性。

图 10-2 中的时装也是在原型基础上的加法设计，这是一件新中式贴身连衣裙，设计师在裙下方面料上，有规律地缝缀了纱料，这使原本简洁的连衣裙复杂化了，着装者走动起来，荷叶边纱料上下左右飘动，使整件衣裙看起来更有一番灵动意味。

图 10-1　原型加法实例 1（刘杰作品）　　图 10-2　原型加法实例 2（李嘉欣学生作品）

图 10-3 中的服装是对原型作减法设计的实例。设计师将上衣的领子部分减掉，这一设计使服装陡然增添了强烈的帅气感。

极限法：将对象极度夸张化，使其达到极限。如采用大的更大、小的更小、长的更长、短的更短、厚的更厚、薄的更薄、粗的更粗、细的更细、宽的更宽、窄的更窄、松的更松、紧的更紧等在面料造型中的变化极限，以及冷的更冷、暖的更暖、明的更明暗的更暗等在色彩中的变化极限，形成服装设计的强烈形式美对比。

图 10-4 中的礼服上缀有大小不一的彩色花朵，有的部位大面积使用，有的部位小面积使用，大与小的对比毫无疑问地增加了礼服的趣味性。

图 10-3　原型减法实例（王慧焱作品）

图 10-4　极限法实例（吴思雨作品）

逆向法：原来在里面的放在外面，原来在上面的放到下面，原来是实用的改作装饰，以至于产生左右、前后、高低、多少等相互转化的逆向思维。

组合法：包括题材方面的组合，如传统与现代、经典与前卫、东方与西方、民族与国际、夏季与冬季等打散后重新组合、复合、移动等；功能方面的组合，如衣服与帽子组合成连帽衣，袜子与内裤组合成连裤袜等；款式方面的组合，如裙子与裤子组合成裙裤等。

图 10-5 中的服装，西方的礼服造型，糅和了东方的立领与装扮，这些东西方服装元素的融会、现代与传统理念的结合实例，在历年的国际时装秀中不胜枚举。由此可知，组合法的运用是现代人设计服装的绝妙法宝。

变更法：这是对原有服装的某一局部加以变更的设计方法，如改变材质、改变加工方法、改变配件等的构思。

联想法：将生活中观察到的各种客观事物，

图 10-5　组合法实例（王慧焱作品）

直接或间接地联想到设计之中。人类科技的仿生构思就是联想的结果，直升机是模仿蜻蜓的造型和特征创造出来的，鱼雷的外形是从鱼的造型联想而来的。在服装方面，欧洲18世纪的燕尾服、中国清朝时期的马蹄袖，以及现代人的鸭舌帽、蝙蝠袖、螺旋裙等，无一不是联想构思的结果。

图10-6中的服装是设计师将时装联想成书画的实例。从图中可以看出服装面料纹路是书画。

图10-6　联想法实例（马庆纯作品）

不仅服装款式设计需要发散思维，结构设计同样需要从其他事物中加以联想和想象。衣服是块面料通过结构设计从平面到立体的一种变换，而且同样的穿着目的却可以有完全不同的裁制方法。我们分析其他所有的包装物，都可以观察到立体与平面、线和点的关系，设计师应多从身边的事物中思考、分析点、线、面与立体之间的相互转换，可以进一步为衣服的新构成法找到突破口。

二、辐合思维

在发散思维产生多种思路之后，需再集中从面料的可行性、款式的需求性、时尚的流行性等方面进行整合性的辐合思维，最后发展和确认出一种成熟的设计方案。

在进行发散思维时，可能有多种信息和思路一同涌现在设计师的脑海中，有合理的也有不合理的，有正确的也有荒谬的，因此这些信息和思路很可能是杂乱的、无序的、朦胧状态的，而正确的结论只有经过逐个的鉴别、筛选才能得出。这时就需要发散思维与辐合思维相结合，用集中思维的方式抓住几个可行的思路，再给予补充、修正，不断深入整合，渐渐理出头绪。辐合思维又称集中思维，它以发散思维为基础，对发散思维提出的各种设想进行筛选、评判、确认。它的核心是选择，所以选择也是一种创造。

第四节 成衣的创意

成衣是指服装企业按一定号型机械化、大批量加工生产的衣服。成衣是给大众穿的，又是日常生活、工作、运动等场合的必需品，无须过于前卫、怪异、豪华、高贵。因此，这类衣服并不需要像设计高级时装那样，对用料、款式和用色等方面进行超前的创造性思维。成衣设计的成功与否，完全是由市场来检验的，成衣在市场上销售得好，说明设计师设计得很成功，但如果不被市场认可，说明设计师想法再多也是失败的。

可以说成衣的创造力、想象力的好坏就表现在市场、消费者的反馈之中。其实最难的创意往往就是这些司空见惯的成衣，越是经典就越难创新。看上去似乎是千篇一律，有可能创意就在于一个领型或一个省道，时尚的变化有时会不起眼，或许就是尺寸的长短、衣服的肥瘦。所以，服装设计师不能对创意有片面的理解，以为只有表演性的时装、高级时装才有创意，成衣也是需要创意的，只是创意的形式不同而已。

服装设计专业毕业的大学生多数还是要到企业中做成衣设计师的，所以对成衣的创意性要有一个清醒的认识，不能以个人的好恶为标准去设计服装，而应从市场中来再回到市场中去。一切形象思维的理论都可以应用，只是不能忘记你面对的是成衣产品，它有特殊的创意方法。

本章小结

服装既属于物质文化领城，又属于精神文化范畴，它是艺术和技术的结合，是科学和艺术的融汇，是实用和华美的统一。服装除了应有的功能性之外，还具有满足人类感官需求的审美性。一部服装发展史实际上就是服装艺术和技术的创造史。

因此，服装设计是一个复杂的思维过程，这就是说，服装的艺术创造既需要形象思维又需要抽象思维，既需要想象力，又不能脱离使用场合、制作工艺这些现实条件的制约及市场的检验。因此，作为服装设计师，首先应当具有正确的设计观而不是抄袭或一味地模仿，这就需要具有高度的想象力和创造力，能够掌握发散思维与辐合思维结合的方法；同时要懂得服装的商品性、实用性，了解抽象思维的内涵，进而掌握抽象思维的方法，如此才能创造出实用而新颖的服装产品。

思考与练习

1. 发散思维与辐合思维有何联系与区别？
2. 设计一个系列的创意成衣，设计思路与系列形式不限。
要求：
1）春夏季节，结合流行趋势；
2）消费群体为 25~35 岁女青年；
3）设计套数不低于 5 套。

第十一章　服装创意设计

第一节　服装创意灵感来源

一、灵感来源

（一）灵感的定义

灵感是指人们在创造活动中，某种新形象、新观念和新思想突然进入思想领域时的心理状态，是设计审美表达的灵魂和精神所在，它具有随机性、突发性和偶然性。灵感不是凭空产生的，而是来自设计师对生活和设计事业的热爱，源于设计师长期的生活知识积累和较强的艺术内涵修养。设计师除了要积累本专业知识之外，还需要更广泛地获取专业之外的各种信息，如大量阅读文学、历史、哲学等领域的书籍，培养对美好事物、时尚潮流的敏感性。

灵感是人类在潜意识中酝酿的东西在头脑中的突然闪现，是人类创造过程中的一种感觉得到但却看不见摸不着的东西，是一种心灵上的感应。灵感是偶然产生的，在人类的创造活动中起着非常重要的作用，灵感的产生不是偶然孤立的现象，是创造者对某个问题长期实践、不断积累经验和努力思考探索的结果，它或是在原型的启发下出现，或是在注意力转移时、大脑得以放松的不经意间出现。

（二）设计灵感的定义

设计灵感是设计师在进行艺术设计的过程中在头脑中突然出现的想法，因为灵感有很强的专注性，即灵感只会出现在相关专业人员的头脑中，设计师经常会在头脑中思考一些与设计有关的问题，受到某些东西的刺激而产生某种设计构思或创作意识，这就是设计灵感，它源于对设计的思考及对事物的观察和领悟，建立在丰富的设计学识及洞悉能力的基础上。

(三)设计灵感的特征

1. 独创性

设计灵感的产生具有独创性的特点,因为灵感本身属于意识领域的内容,意识的东西是不能完全重合的,看到某种事物,不同的人会产生不同的想法和感受,这些不同的想法和感受会带给人不同的创作灵感。

2. 短暂性

灵感既是突然出现的,也是短暂的。灵感常常是一闪即逝,在大脑中长时间保留清晰的灵感形象很困难。灵感毕竟属于意念中的东西,而非实物形态,形象的可感知性自然没有实物的可感知性强。倘若对出现的灵感不及时做好记录工作,很有可能再也想不起来当时的灵感内容。因此,及时做好灵感的记录工作是很有必要的。

3. 多解性

灵感在头脑中产生时,最终表现出来的结果不是单一的,一个灵感来源可以产生多个想法和设计,比如,同样看到一个花瓶,有人会想到用它的外形作为服装的造型,有的人会想到用它的色彩作为服装色彩。而有的人则会想到用它的花纹做图案装饰。即使是同一个人看到同一个事物产生灵感,也会有多种设计思路,最终也可能会产生多个设计结果,然后再从中挑选最满意的设计。

4. 偶然性

灵感总是突然出现在,是偶然产生的。其实,偶然性的背后带有某种必然性,当人们集中精力于某事物时,对该事物的一切都会倾注大量心血,对所有与该事物有关的东西都若有所思,久而久之,会触类旁通,豁然开朗。因此,设计者刻意等待灵感的出现的行为是不可取的。

二、创意设计的灵感来源

灵感需要主动地去寻找,从有形到无形,世间万物都可以是设计灵感的源泉。灵感素材的获取可以从以下几个方面入手。

(一)源于历史服装的灵感

历史服装资料是民族文化的一部分,由于其在服装设计中的特殊地位,对当代服装能产生直接影响,我们把它单独作为设计的灵感来源。

由于以前的生产力水平有限,能够流传至今的历史性服装实物资料不多,而能够留下的实物却是较有代表性的。已经接受过当时社会的筛选,因此也是极其珍贵的。纵观中西方历史服装资料,尤其是近代以来的服装实物,积累了前人丰富的实践经验和审美趣味，有许多值得借鉴的地方，一种针法、一个绣花、一种图案、一条缝线、一只盘钮、一个领型等，都可以使之变成符合现代审美要求的原始材料。

在人类漫长的历史长河中，出现过许许多多典型的历史服饰，如从原始人类的兽皮着装，到古希腊、古罗马时期的披挂、悬垂式的丘尼卡、希顿、希玛纯及托加袍等，再到文艺复兴时期的切口服装、填充式服装以及洛可可时期繁复、华丽的服装，最后到新古典主义时期宁静、精致的衬裙式连衣裙……这些历史服饰都是我们获取设计灵感的宝贵财富。不同时期、不同民族、不同风格的服装，体现了不同地域、不同文化的审美意识和制作工艺。历史服装中有许多值得借鉴的细节，任何一种造型、一种图案、一种衣褶，都可能使设计师受到启发，从而将其变成符合现代审美要求的创作素材（图 11-1 至图 11-6）。

利用历史服装的既定风格来激发设计灵感，才最能体现历史服装的价值所在。在造型上过于接近历史服装会有复制古装之嫌，而历史文化积淀下来的服装风格配合现代服装设计手法进行创作，就能够在继承中创新。服装设计中的怀古情调，便是在历史服装中寻找灵感的实例。

图 11-1　从书画中获得设计灵感
（马庆纯作品）

图 11-2　从藏族元素中获得设计灵感
（亢晨茜作品）

图 11-3　从泼墨中获取灵感　　　　图 11-4　从剪纸艺术中获取灵感
　　　（郭璐瑶作品）　　　　　　　　　（王相满作品）

图 11-5　从中国传统书画中获取灵感　　图 11-6　从青花瓷中获取灵感
　　　（学生作品）　　　　　　　　　（王慧焱作品）

（二）源于民族和民间艺术的灵感

民族文化使国家之间、地区之间和民族之间产生了特色与个性。不同民族、不同国家和地区，拥有不同的信仰风俗、经济状况、生活习惯和思维方式，每个民族拥有自己的特色文化，才使世界变得丰富多彩。

每个民族不会轻易丢失自己的文化传统，也很容易对另一个民族的文化产生兴趣，好奇心促使人们相互了解和沟通，文化渗透现象在现代社会里时有发生。设计师是敏感的人群，在异域文化探索方面走在前列。许多世界级服装设计大师都热衷于在自己的时装发布会上推出带有其他民族文化色彩的设计，成为媒体争相报道的热点。应该说，设计者对本民族文化的开发利用有着得天独厚的优势，对丰富的民族文化遗产的了解可以给设计者带来独特美妙的灵感和设计构思。花灯、秦俑、剪纸等题材都为设计者赢得过服装设计比赛的大奖。只有设计者自己才会对本民族文化有最深切的了解。

我国幅员辽阔，少数民族众多，同时历史悠久，文化底蕴深厚。中国的民族服装和传统服饰极为丰富，是人类宝贵的文化遗产和知识财富。少数民族的服装、饰品、纹样、色彩、传统手工技艺等都是珍贵艺术宝藏，值得我们借鉴。除此之外，中国传统的民间艺术也是服饰设计灵感的来源，如蜡染、脸谱、刺绣、剪纸艺术等经常给创作者以美妙的灵感，并被广泛应用到服装设计中。

不同的自然环境和历史积淀造就了世界各民族间不同的风俗习惯和文化传统，不同的民族也发展出各自的审美观念和各异的奇趣的民族服饰。印度的沙丽、日本的和服、印第安的纺织品、波斯的图案等都因其具有的鲜明的民族特色而成为一个民族或地区的文化象征。这些带有浓厚民族色彩和民俗风味的服饰文化被世界各地的设计师们广泛采用（图11-7、图11-8）。

图11-7　以中国藏族服饰为设计灵感
（尤晨茜作品）

（三）源于姊妹艺术的灵感

绘画、雕塑、摄影、音乐、舞蹈、戏剧、电影、诗歌、文学等姊妹艺术是设计灵感的主要来源，不同艺术形式之间有许多触类旁通之处。艺术中的许多语言都是相通的，尤其在这些姊妹艺术中，包含许多服装上所需要的信息。姊妹艺术与服装的流行和发展有不解之缘，服装也被称为"凝固的音乐""流动的建筑""绚丽的绘画""变幻的电影"等（图11-9）。

图11-8　以唐装为设计灵感　　图11-9　以豫剧脸谱为设计灵感
　　　　（周冰作品）　　　　　　　　　（魏书静作品）

古今中外的姐妹艺术在很多方面是相通的，不仅在题材上可以相互借鉴，在表现手法上也可以融会贯通。绘画中的线条与色块、雕塑中的主体与空间、摄影中的光影与色调、舞蹈中的节奏与动感等都能被服装设计所利用。

从姐妹艺术中寻找设计灵感的主要表现是将姐妹艺术中的某个作品改变成符合服装特点的形态。伊夫·圣·罗兰曾将蒙德里安、凡·高、毕加索、克里等绘画大师的名作稍经改装，搬进其设计中去。

（四）源于社会生活的灵感

艺术设计中的灵感往往与生活息息相关。灵感出现在人的设计思维中，却来源于客观的现实世界，任何灵感都不可能是无源之水、无本之木，而是生活中的万事万物在人的思维中长期积累的产物。如2008年北京奥运会会徽，就是由中国的太极拳得到启示而生成的设计作品，如果生活中没有这些事物的存在，可能就不会有这些设计。同样，生活中存在的任何事物都可能成为设计素材。

服装也是社会生活的一面镜子，它的设计风格反映了一定历史时期的社会文化动态。人生活在现实社会环境之中，每一次社会变革都会给人们留下深刻的印象。社会文化新思潮、社会运动新动向、体育运动、流行时尚及重要节日、大型庆典活动等，都会在不同程度上传递一种时尚信息，影响各个行业以及不同阶层的人们，同时也为设计师提供创作的元素。敏感的设计师就会捕捉到这种新思潮、新动向、新观念、新时尚的变化，并推出符合时代特点、时尚流行的服装（图11-10、图11-11）。

（五）源于自然生态的灵感

大自然孕育了人类，同时大自然也是人类创作活动中取之不尽用之不竭的源泉。自然界中的任何存在都可能激发人的思维，使人从中捕捉到灵感，优美的风景、漂亮的花草、风雨雷电、河流山川，甚至自然万物的生长灭亡都会给人以灵感。如古代服装上的图腾纹样，日、月、星辰、水藻、山等都是自然存在的结果。自然生态变化万千、千姿百态，蕴含丰富的物产，如山川、海洋、天空、动物、植物等一切自然景物的造型、色彩、质感、肌理等都是设计者可以借鉴、联想、转化和应用的，它们是激发服装设计师创作灵感的重要源泉。

将自然景物的造型、色彩、肌理、图案纹样运用在服装设计中，是设计师对于生活中美好事物的合理借鉴，使设计的服装形象生动、富有亲和力，具有非常突出的视觉效果。比如，在千姿百态的大自然中，蝴蝶总是以五彩斑斓的形象示人，使人们对大自然的美丽和神秘充满无限联想与憧憬。因此，服装设计中经常有以蝴蝶的色彩或造型为灵感来源的设计，通常在高级时装礼服的肩部、胸部运用较多，给人以较强的动感、亲切感和更多的趣味性。（图11-12、图11-13）

图 11-10　以植物染工艺为设计灵感
（王童瑶作品）

图 11-11　以泥咕咕为设计灵感
（张雅洁作品）

图 11-12　以花朵为设计灵感
（吴思雨作品）

图 11-13　以蝴蝶为设计灵感
（赵杉作品）

（六）源于科学技术的灵感

科技成果激发设计灵感主要表现在两个方面。其一，利用服装的形式表现科技成果，即以科技成果为题材，反映当代社会的进步。科学技术的进步给服装设计带来了无限的创意空间及全新的设计理念，高科技、网络技术、新的纺织面料的应用开拓了设计思路，可以说科学创造了时尚。20世纪60年代，人类争夺太空的竞赛刚开始，皮尔·卡丹便不失时机地推出"太空风格"的服装。在服装设计比赛中，也可以看到类似机器人一样反映科技题材的服装。其二，利用科技成果设计相应的服装，尤其是利用新的高科技服装面料和加工技术打开新的设计思路。热胀冷缩的面料一问世，设计者即要重新考虑服装的结构；液体缝纫的发明，令设计者对服装造型想象丰富；还有牛奶纤维、夜光面料等新型面料都会给服装设计带来全新的启发。

服装设计师必须时刻关注科技动态的发展，才能使自身的设计跟上时代潮流，迎合大众的需要。现在，在很多服装设计作品中都能看到科学技术元素。由科学技术激发的设计灵感主要表现在以下两个方面。

1.通过服装表达对未来的想象

这类服装通常都具有很强的设计感，带有强烈的未来主义倾向。

2. 运用高科技的新型面料和加工技术

科技的发展为设计师提供了广阔的创意空间，尤其是各种充满想象力的新材料。

（七）源于时尚资讯的灵感

服装设计也有其过去、现在和未来，是超越时空向前发展的。我们要多关注时尚，关注社会中正在发生的事情，以其作为灵感设计紧跟流行的服装。现代信息社会有众多的时尚资讯，每年国内外各类服装流行预测机构都要举办流行预测发布，许多世界大师举办个人作品发布、各品牌公司也纷纷举办品牌发布会，还有众多的服装机构举办各种各样、名目繁多的大赛、展览会等，这些活动通过各类新闻媒体直播转载，或制作成出版物，包括期刊、报纸、杂志、书籍、幻灯片、录像带或者光盘等。此外，各类与服装无关的时尚出版物和展示等也可以被设计师当作设计资料，当设计者看到这些比较直观的资料时，脑海中会不断闪现出新的想法，就会形成新的设计。

（八）源于社会动态的灵感

社会环境的重大变革将影响到服装领域，"服装是社会的一面镜子"，敏感的设计者会捕捉社会环境的变革，推出极为时髦的时装，进而成为公众关注的热点话题，影响广泛。因而，巧妙地利用这一因素设计服装，容易让人产生共鸣，具有似曾相识的熟悉感。例如，20世纪90年代初期的海湾战争刚爆发不久，在一些国家的青年人中便开始流行迷彩服或类似的具有军队意味的服装。在中国，1997年香港回归祖国的世纪盛事激发了设计师们的色彩灵感，他们不约而同地创作，使中国服装市场出现一片欢庆回归的鲜亮色彩。再如2001—2002年唐装的盛行也是受了APEC会议的启发。

（九）名人效应

对于追随流行的人来说，名人的服饰行为常常是他们的追逐目标。名人具有一定的社会感召力，在某些方面具有一定的权威性，设计者便可以从他们身上寻找设计灵感。例如，亚太地区国际经贸会议上各国领导人穿的具有当地特色的服装成为服装厂商推销的好产品；世界级歌星麦克·杰克逊穿的服装也会成为设计者关注的焦点。

就服装名人效应的利用而言，有两种情况。一是基本模仿名人穿过的款式。这种做法虽然与设计的本义有些违背，但是一般的流行追随者比较愿意接受，因为这样做能使设计更形象更逼真。二是借鉴名人服饰的风格，推陈出新，名人并不只穿一件衣服，但却有一个基本风格，这种风格是用许多服饰营造的穿着个性。其实，名人的种类千差万别，其效应各不相同，并非所有种类的名人都会被人效仿，只有那些演艺界明星或特别讲究仪表的公众人物才会被人纷纷效仿。

（十）流行市场

流行市场上的服装产品会带给设计师灵感启发和设计构思，设计是为市场服务的，设计师要从多层面的流行市场中提炼出适合自己产品风格的流行元素，然后通过自己的智慧创造出被市场所接受的流行产品。这不仅需要设计师具备专业基本功，更需要有市场意识，善于接触市场，并有准确感知流行的能力。进行市场调研是设计师必不可少的学习方法，设计最终是要推向市场的，只有走到市场中去，将所有的流行尽收眼底，才能在众多的设计中发现流行元素。设计最忌讳的就是闭门造车，关注流行、运用流行、创造流行是服装设计最有效的灵感来源。

第二节　服装设计的构思方法

一、仿生

仿生是服装设计重要的构思方法，在服装设计中，它是一种根据仿生对象的外形、色彩、意境等元素进行构思设计的方法。我们既可以模拟仿生对象的某一部分，也可以模拟仿生对象的整体形象，通过特定的服装语言使之异质同化。

自然界的万事万物有很多非常优美的造型和不可思议的形态，在进行构思设计时我们既可以对仿生对象的造型、色彩、图案、肌理特征进行直接具象的模仿或借鉴，也可以对其内在神韵和基本特征进行抽象的演绎。如以荷叶为灵感，将荷叶的造型直接或间接地运用于服装中，模仿荷叶边缘的弯曲不平、起伏的形态，表现在服装的袖口、裙摆等部位上，表现层叠起伏的外观。仿生的关键是不要生搬硬套，一定要灵活运用，既要与服装的基本性质相结合，又要与设计风格相协调，还要与流行时尚同步，避免造成视觉上和感觉上的生硬感、混乱感（图11-14）。

图11-14　布老虎仿生设计
（张令莹作品）

二、联想

联想是一种线性思维方式,是由一种事物联想到另一种事物的构思方法,联想是拓展形象思维的好方法。

服装设计中的联想是以某一个意念为出发点,展开相关的连续想象,在一连串的联想过程中找到自己最需要的又最适用于设计的某一点,以获得最佳的服装款式造型。联想被用于服装设计主要是为了寻找新的设计题材,拓宽设计思路。由于每个人审美情趣、文化素质和艺术修养不同,即使是对同一事物展开联想,设计结果往往也会不同。

三、借鉴

借鉴是对某一事物的某些特征有选择地吸收并融合,形成新的设计的方法。服装设计师在设计构思过程中,借鉴大师的优秀设计作品、历史服装、民族民间艺术、建筑、绘画或者某种工艺加工手法等,从中概括特征,提取设计元素,进行扩展或延伸设计。如以我国民间皮影戏为灵感,借鉴和提取其中关键的造型、色彩及装饰元素进行设计构思,转化成服装设计中的结构、造型、色彩等,并加以重新组构,使设计作品具有很强的民族性和艺术感染力。

借鉴可以是服装之间的借鉴,如不同功能、不同场合、不同性别、不同材料的服装之间的相互借鉴,也可以是借鉴其他事物中具体的形、色、质、意境及其组合形式。借鉴有两种方式:一是对事物进行全部或基本照搬,将事物的造型、色彩、图案等样式直接借鉴到新的设计中,有时会取得巧妙生动的设计效果;二是将事物的某一特点借鉴过来,用到新的设计中,这是一种有取舍的借鉴,可借鉴造型、借鉴材质或借鉴工艺手法等(图 11-15、图 11-16)。

图 11-15 借鉴新中式元素的设计(郭璐瑶作品)

图 11-16 借鉴旗袍的设计(郭璐瑶作品)

第三节 服装创意设计过程

一、确定设计主题

在开始一组服装设计前,首先要确定的就是主题。主题是一个系列构思的设计思想,也是创意作品的核心。灵感是确定设计主题的重要来源。变幻无穷的自然万物、悠久的服装发展历史、绚烂多姿的民族民间文化、日新月异的现代科技、瞬息万变的流行时尚、丰富多彩的姊妹艺术等,都为设计师提供了源源不断的设计灵感来源。当设计师收集了一定的灵感资料后,应该学会对它们进行梳理、提炼,以确定设计主题。从积累的素材中选取最感兴趣、最能激发创作热情的元素进行构思。当启发灵感的切入点明朗化、题材形象化,与主题相关的图片与关键词逐渐清晰,系列的主题就会凸显出来。如从中国藏族传统文化艺术中衍生出来的"香巴拉"主题,从小丑的素材中衍生出来的"梦幻马戏团"主题等(图11-17)。

二、研究流行趋势

设计主题与灵感只是服装创意设计的第一步,如何赋予它们新的含义和流行感,才是创意设计的意义所在。在服装创意设计前期对当前的流行趋势和流行元素进行收集整理、分析研究是非常必要的。流行趋势可以来自市场、发布会、展览会、流行资讯机构、专业的杂志及互联网等,其信息包括最新的设计师作品、大量的布料信息、流行色、销售市场信息、科技成果、消费者的消费意识、文化动态及艺术流派等。

进行流行趋势研究时,要留意资料中有关廓形、比例和服装穿着方式的图片信息,寻找造型和服装组合的灵感,将关键点做笔记;从资料中收集关键词,这能为服装的款式、细部、织物和装饰设计提供更多的灵感;分析趋向性的时装发布,使自己的设计理念与流行同步;研究最受欢迎的品牌设计师,如品牌当季和过季的发布作品,思考为何这些服装能够流行。所有的这些工作在设计中都会起到重要的参考和借鉴作用。

图 11-17 设计主题——香巴拉（学生作品）

三、制作主题板

确立了主题并收集了足够的图片资料后，就要对思路和图像进行整理。当我们将想法理顺，有了清楚的思路时，设计就变得简单得多了。优秀的主题板就像桥梁，可以将我们顺利导入设计之中。

制作主题板就是搜集各种与主题相关的图片，对它们进行研究、筛选，注意将研究素材和流行意象及趋势预测结合起来。再将这些选好的图片粘贴在一块大板上，同时选择一组能再现主题的色彩系列一起放在画板上，以便你一眼就能看出这些设计的演变趋势。主题板的制作并没有固定的模式和规范，有的复杂，有的简单，在制作过程中可以从情绪的表达、设计气氛的烘托、色彩的来源、材质或廓形的参考等几个方面去考虑。例如，灵感来源于海洋，就要将一切收集到的与海洋相关的素材进行提炼，并选择自己想要传达的主题，可以是具象到海洋中的某一生物，也可以是人们通过海洋表达的情绪，还可以扩展到海洋的过度开发和污染……将与此主题相关的图片结合流行趋势进行提炼，制作出主题板，其中包括灵感来源、色彩、设计元素等（图11-18）。

图11-18　小丑灵感来源主题板（学生作品）

四、提取与转化设计元素

在收集到与设计主题相关的资料图片后就直接画设计稿并不是明智的选择，这会令我们陷入照搬图案或缺乏思考的窘境之中。那么，如何将手头的灵感图片资料与服装设计联系起来，并应用到创意服装设计中去呢？我们需要两个重要步骤——提取与转化设计元素。

提取设计元素的方法就是仔细观察和分析图片资料，将自己最感兴趣的部分提取出来,绘制到草稿本上,它们可能是一些图案、肌理效果、色彩组合或造型等。

图案设计元素提取与转化最直接和简单的办法就是提取他物的图案,直接用到服装之中;更深入的方式则是对他们进行打散、重构,将新的图案设计元素再转化到服装之中。如英国著名的服装设计师 Alexander McQueen,曾把女性服装与海洋哺乳动物相融合,把精心处理的海洋爬行动物印花贯穿整个服装设计中,产生梦幻般的色彩效果。造型设计元素的提取与转化就是将事物的形态通过模仿的方法运用到服装造型设计中。可以是服装整体造型上的模仿,也可以是局部的运用;可以直接采用它的形态,也可以将其形态加以变化,添加服装需要的元素,进进一步加工和处理,用不同的造型方法设计具有美感的作品(图 11-19 至图 11-22)。

图 11-19　提取青花瓷的造型转化到服装设计中(王慧焱作品)

五、设计草图

设计草图主要是用来表现设计者对服装款式的初步构想,需要在速写本上快速表现款式的特点,画的时候不用受任何条件的约束,尽可能地将想到的设计点展现在纸上。为了节省时间,草图可以不用上色,也可以画一些大概的配色和图案。从草图到正稿的过程是一个不断调整和修改的过程。在这个过程中,也可以将色彩、面料小样和制作的局部工艺设计实样粘贴在草稿本上,检验设计构思的可行性,为款式的确定作好准备(图 11-23)。

图 11-20　提取小丑的造型转化到服装设计中(李佳妮作品)

第十一章　服装创意设计　/　253

图 11-21　提取花朵的色彩、造型运用到服装设计中（吴思雨作品）

图 11-22　提取建筑的造型转化到服装设计中（刘杰作品）

图 11-23　面料设计（学生作品）

六、确定设计稿

设计一个成熟的系列,需要绘制大量的草图。教师要和学生一起对草图进行审稿,通过修改和完善,绘制好效果图,最终定稿。成熟的设计图不仅可以展示系列作品的款式,也可以传达系列设计的意境。在画的时候要求比例清楚、结构清晰,让他人看了能够马上明白你的设计意图(图 11-24 至图 11-26)。

图 11-24 《包容万象》效果图(学生作品)

图 11-25 《轨迹》效果图(学生作品)

图 11-26 《不拘一格》效果图(学生作品)

七、打版

打版即绘制服装平面纸样,在服装工艺中起着至关重要的作用。绘制纸样是设计稿绘制和工艺制作的衔接环节。服装纸样的设计有两种:平面纸样裁剪和立体纸样裁剪。它们的最终目标是取得平面纸样。

(一)平面制图

平面制图是将立体的服装款式造型,根据人体主要部位尺寸及其计算方法,运用制图工具及技术手段,按比例和步骤将服装结构分解,绘制成服装衣片和部件的平面制图的过程。服装平面制图一般有毛份制图、净份制图和缩小比例制图等形式。目前普遍使用的平面制图法有两种,即原型法和比例法。

(二)立体裁剪

立体裁剪是区别于服装平面制图的一种裁剪方式,是实现服装款式造型的重要手段之一。它是利用白坯布直接覆在人体模型上,通过分割、折叠等手法制作构思好的服装造型。在造型的同时剪掉多余的部分,并用大头针固定,在确定线的位置做标记,再从模型上取下坯布恢复成平面状态进行修正,并转化成服装纸样(图11-27)。

八、制作坯样

版型是否准确合体，以及服装款式造型和其他设计细节是否可行，需要将白坯布立体剪裁制作成样衣进行检验。在人体或人体模型穿着的三维立体形态下观察效果，整理造型，调整尺寸，并用划粉或水笔做好修改标记，然后将立体检验过的坯样再展开成平面，按新的标记修正裁片缺陷，最后确定纸样。

九、工艺制作

当获得满意的坯样并重新调整纸样后，就可以运用确定的面料制作服装。以下是服装工艺制作的大体过程。

图 11-27　立裁作品（学生作品）

（一）裁剪

为了减少浪费，在裁剪前要先根据样板绘制出排料图。将纸样放置于平铺的面料上，根据面料的大小，合理、有效地排列衣片，并对齐纸样与面料的经纬纱线，用划粉在面料上勾勒出衣片的纸样，裁剪衣片。

（二）缝制

缝制是服装制作的中心工序，将裁剪好的衣片按照一定的顺序缝在一起，组成完整的服装。

（三）整烫

将服装熨烫平整，并运用归、拔、推等一系列整烫技巧塑造服装立体造型。

（四）试衣修正

工艺制作的最后一个环节，通过试穿找出服装各部分存在的问题，然后加以修正，以达到着装的最佳效果。

十、总体完善

在系列成衣的制作完成后，仍须进行最后的完善工作。从整体的角度审视系列设计中各个细节之间的关系是否和谐，包括恰当的造型、色彩材质和肌理的美感，精心处理统一、主次、对比、节奏等审美关系，以及通过对系列服装的头饰、配饰、化妆等整体搭配的补充和完善，使总体效果更趋完美（图11-28、图11-29）。

图11-28 《梦幻马戏团》主题设计（学生作品）

图11-29 《轨迹》主题设计（学生作品）

第四节 设计灵感的捕捉训练

一、训练准备

（一）长期思考

灵感出现以后，没有很好的表现是非常可惜的，要很好地表现灵感，需要有一定的表现程序来处理，否则，再绝妙的灵感也会成为泡影。因此，设计师要学会敏感地捕捉灵感。灵感出现有着许多偶然性的因素，是不以人的意志为转移的，灵感虽然是突发的，但不会是空穴来风，是人脑进行创造活动的产物，灵感不会光顾没有准备的头脑，所以长期思考是灵感捕捉训练的基本条件。

（二）专注兴趣

专注于广泛的兴趣和丰富的知识，将有利于获得灵感的启示，是捕获灵感的另一个基本条件。灵感捕捉还需要观察能力、联想能力、想象能力等智力上的准备，同时要注意摆脱习惯思维的束缚。因此，设计师需要充分了解灵感思维的活动规律和特性，加强各方面知识的积累，善于观察，勤于思索，给灵感的出现创造契机。随着经验和成果的不断积累，灵感出现的频率也会逐渐增加，所以服装设计师平时要多听、多看、多积累资料，看得听得多了，灵感出现的频率也就高了。事实上，灵感是人们长期专注于某个事物而产生的思维结果。设计师要学会及时准确地捕捉住转瞬即逝的灵感火花，不放弃任何有用的、可取的闪光点。

（三）细心观察

在设计过程中，细心观察某个偶然的事件和突发的因素，能使设计师对某些原本模糊不清或反复思考的问题突然清晰起来，夕阳下的街景、雨后的彩虹、冬天的雪景、大地干旱后龟裂的纹路等，都能够触发人们心灵的共鸣而产生灵感，设计师如果善于仔细地观察，抓住对象的特征，就能够迅速而准确地捕捉瞬间出现的灵感，会使自己的设计形成很好的创新点。灵感的捕捉需要职业素养和敏感天性的结合。

灵感的训练准备还包括及时记录下灵感的物质准备。许多有创造性精神的人，都曾体验过获得灵感的滋味。但因为事先没有准备，而没有及时记下这些灵感，时过境迁就再也记不起来了，当然，并不是头脑里出现的所有灵感就都有价值，但可以记录下来以后再慢慢琢磨，决定取舍。

二、训练方法

（一）漫想

灵感有时是个不可捉摸的思想精灵，无法知道它何时不期而至。迎接灵感的出现最好以漫想的方式进行。所谓漫想是指不经意和无羁绊的想象，是在轻松的气氛中进行的。漫想的过程是量变到质变的积累，灵感既可能在漫想的过程中出现，也会在漫想中断后突然出现。漫想也可以利用设计方法中的联想法进行，由一个事物展开放射思维，直至出现所需的灵感。灵感并没有鲜明的标志，一个念头、一种梦境、一种情景、一种突然领悟的感觉，都可能成为引发灵感的火花。

（二）记录

由于灵感能保持的时间比较短暂，若不及时记录，便会稍纵即逝。即使以后还会出现同样的灵感，但是，就其时间意义和原创意义来说，显然不如第一次出现时那么有价值。记录的方式可以是多种多样的，可以按照每个人的工作习惯和环境条件而定。

记录方式大致上有图形、文字和符号三种，或规则或潦草，只要自己能看懂就行。为了表现某个主题，可以多积累一些出现过的灵感然后进行选择。例如，为"神圣、纯洁"的运动会采火少女设计服装时，既可想到古希腊时代少女装束，也可利用中世纪宗教意味服装，既可以诗歌中的少女为蓝本，也可以时代少女为楷模，孰是孰非，可由这些灵感发展成的最终效果而定。

（三）整理

记录下来的灵感一般是比较潦草而简单的，也并非每个灵感都适合用到服装上去。尤其在记录下众多灵感时，更要注意对灵感的整理。可以对每个灵感进行一定程度的放射思维，并从中找到最佳发展方向。整理设计灵感一般在可视状态中进行，将记录的文字或符号图形化，画成设计草图。草图最好能多画一些，不仅可以为系列化设计铺平道路，而且多画草图有助于提高设计速度，也可能遇到灵感的再次出现。能迅速绘制设计草图也是灵感的专注性和增最性的表现之一。草图确定以后，可以用正确的服装效果图形式表现。

（四）完成

将草图配合人体画成效果图是虚拟地检查设计的空间状态是否合理的步骤之一。经验丰富的设计者可以在绘制效果图的过程中发现并改正问题。

灵感表现的完成阶段还要解决设计的整体感问题。整体感强的设计具有更强的视觉效果，让人产生完美的感觉。整体感是指服装之间的协调，如鞋、帽、包、袋和首饰等配饰与服装的有机联系。考虑更为周全的话，还要顾及化妆、发型等与服装的协调，使设计更加完整。

三、取舍原则

在服装设计中，并不是每个灵感都适合最后发展成服装构思，也不是灵感的任何部分都能被设计所利用，因此，必须对出现的灵感有所取舍，才能去粗取精，更好地为设计服务。灵感的取舍原则主要包括以下几点。

（一）形象感

有些灵感是具体事物的反映，有些则是抽象思维的结果，无论是具象还是抽象的灵感，在被设计所利用时，都有个形象感的问题。首先要求灵感的形象感清晰可辨，这对具象灵感自然要容易一些，对抽象灵感则要求其可感知性强，才能被利用，否则，过于抽象的纯理念灵感是无法用于设计形象的。例如，"缠绵"是一个抽象词汇，却有明显的可感知性，似乎许多缠绕结节的形态都可以表达纠缠的意思，"思想"也是一个抽象词汇，却很难用某个形态确切地表达出思想的造型。其次要注意灵感形象的美与丑，这也反映出设计者对美与丑的甄别能力和艺术趣味。

生活中的美不等于艺术中的美，艺术中的美不等于服装中的美，如何将美的东西自然贴切地运用到服装中去，是设计者应思考的问题。雄伟的山峰很壮美，但是，按比缩小后搬到服装上去却未必美，充其量不过是一块大石头而已。丑的原型经过艺术加工，也能变成具有服装特点的美。例如，生活中的一团废铁丝，可以用纺织材料表现，运用到唤醒人们保护环境意识的创意服装中去，自然就有了美的意义。

（二）色彩感

色彩也是激发灵感的主要因素之一。色谱中的色彩几乎都已在纺织品中出现过，但是色彩之间的组合却千变万化，从理论上来说，色彩组合是无限多样的。色彩感还包括图案内容，图案缺少了色彩因素会黯淡无光，同样一组图案可以有成千上万种配色。色彩灵感的价值在于配色之新颖和配色之格调。单一色彩的使用往往司空见惯。配色却由于色相、比例、位置、节奏等因素的不同而不同。做到配色新颖并不难，难的是调配出想要的格调。格调因服装类别和设计指令的不同而各有千秋，有效的调配方式应该是限定格调后配色，再将配色结果与预想的格调相比较，看看是否能达到预期的目的。

（三）题材感

在创意服装设计中非常强调主题，主题则由题材来表现。实用服装设计虽然不强调主题，但却并不排斥题材的选择。新颖的题材可以让人耳目一新，例如，为了表现和平的主题，鸽子和橄榄枝等题材似乎屡见不鲜，能否用祈祷和平的钟声来表现呢？又如，一提起中国传统服装，人们很容易想到旗袍，于是，很多设计师拼命在旗袍上大做文章。其实，唐代的襦裙、宋代的背子、明代的翟衣又何尝不是中国味十足的传统服装呢？在实用服装中，经常利用花卉题材进行装饰，但是，用什么花卉，怎样使用，要达到怎样的效果却大有讲究。

（四）趣味感

某些灵感来自于结构和工艺方面。选择结构与工艺方面的灵感要注意合乎服装特征的趣味性，这也是抽象设计灵感在服装上的具体表现。巧妙或笨拙、柔顺或生硬、轻薄或厚重、挺括或褶皱，各有趣味。非要在服装上表现具象造型是对设计灵感的片面理解，抽象造型处理得好，不仅使服装情趣盎然，而且比具象造型更含蓄、更有韵味。

第五节　服装创意设计案例

本节将以"包容万象"主题设计为例来说明服装创意构思、设计的过程。

一、"包容万象"主题分析

作品的设计灵感来源于传统民族纹样，传统民族纹样作为中华文化瑰宝之一，在民族服装设计中一直扮演着重要的角色。随着时代的发展和文化的交流，传统民族纹样在现代服装设计中的运用也得到了越来越广泛的关注。本文的灵感来源即是探究传统民族纹样——龙纹在现代服装设计中的创新运用，并结合当下流行趋势，将其融入系列设计中，打造出兼具传统文化与现代美感的服装。中华文化具有多样性，因此龙本身也是多种动物的结合体，并且在演变过程中与其他动物纹样相结合。龙纹具有一定的亲和力，与中国传统文化思想中"和"的观念相吻合，而龙纹中所赋予的含义就属于意境范畴。龙纹一直贯穿于中华历史中，并在古代文化中高居统治地位。在信息化，科技化迅速发展的今天，龙已经被赋予了新的内涵，龙代表中华民族的精神，象征着整个中华民族。在西方国家人眼中龙就代表着中国，代表的就是我们中华民族的传统文化，它不仅仅是中华民族历史符号的象征，还是当代社会最稳定的文化结构符号，我们应该了解运用龙纹的意义，并将其审美价值发扬光大（图11-30）。

随着消费者对品质和设计的要求越来越高，创新成为服装企业必须要面对的挑战。而传统民族纹样作为独具特色的文化元素，其在现代服装设计中的运用不仅可以满足消费者对独特性的需求，还能够体现企业对传统文化的尊重和传承。

图 11-30　设计主题板

二、"包容万象"构思设计

从最初的构思、绘画设计草图到最后的成品，是需要经过反复斟酌和修改的。即使已经最终定稿，在打版和制作过程中也会根据需要做一些修改和处理。"包容万象"的设计草图、面料选择与尝试、工艺制作等经历了多次实践与反复修改。设计的开始主要围绕着如何把传统纹样与现代服饰相结合，进行有效的改良和创新，经转化应用到创意服装中，使传统的民间手工艺与现代创意服装最大限度地融合。服装的款式设计主要考虑现代时尚与创意元素的结合。

（一）设计草图

构思设计第一阶段：以民族纹样龙纹为基础，与现代服装风格相结合，传统与创意齐飞。系列设计不仅要对传统龙纹纹样进行大量的借鉴，而且要不断变化创新，满足现代人的审美需求，如对传统龙纹纹样进行提炼、抽象化，在不违背形式美的规律下，把传统龙纹纹样进行变化，如打散后任意组合图形。构图可以围绕设计者要表现的主题，展开想象，进行添加、删减、重叠，组合出一种新的形态，能较为直接地传达传统民间工艺的风格特征。

构思设计第二阶段：在款式方面，从服装的剪裁、款式、细节等方面进行设计，打造出丰富多样的系列设计款式。具体而言，设计不同款式的外套、连衣裙、裤装等,并在设计中运用传统民族纹样的元素和现代时尚元素,形成新颖的设计语言和独特的个性风格。

构思设计第三阶段:最后定稿的是一组现代创意服装,由五套创意套装组成,款式均选用宽松的型廓形,每一件服装中都有传统龙纹装饰纹样,或直接绣在衣片上,或将绣好的绣片再缝制在服装上,也没有使用传统的吉祥纹样,而是选择设计师自己设计的现代感较强的几何纹样。几种几何纹样穿插使用,使服装整体现代感有所提升,同时,也是对纹样的一种创新运用。

(二)面料与色彩搭配

色彩将传统民族纹样为主要灵感来源,选取了灰黑色来突出设计的时尚感。同时,根据不同的设计灵感和风格,采用不同的色彩搭配方案,包括单一色调的设计、彩色的对比和混搭等不同的搭配方式,以创造出更加多样化和有趣的系列设计效果。此外,为了使服装设计更加符合当下流行趋势,还将引入一些时尚的元素,如金属色、透明材质等,并将其与传统民族纹样相融合,以展现现代时尚感和创新的设计思路。

选取具有传统民族纹样的手工织物面料,如壮锦等。这些面料具有浓郁的民族特色和文化内涵,不仅可以展现出传统纹样的精美细腻,还可以凸显手工艺的精湛技巧。其次,选择印花面料。通过印花技术,可以将传统纹样图案印在不同种类的面料上,如丝绸、棉布等。这种方式不仅能够减少成本,还可以更好地展现出传统纹样的多样性和变化性。此外,设计师还可以选择一些具有特殊材质的面料,如金属纤维面料、发光面料、太空棉面料等(图11-31)。这些面料具有较强的视觉冲击力和特殊效果,可以使设计作品更加出彩。

图 11-31 面料灵感主题板

（三）服装效果图

经过对设计草图的多次修改与完善，最终确立系列设计效果图（图 11-32）。

图 11-32　"包容万象"款式设计效果图（学生作品）

现以图片的形式介绍"包容万象"的一些款式特点和成衣效果（图 11-33 至图 11-35）。

图 11-33　"包容万象"款式设计特点一（学生作品）

图 11-34 "包容万象"款式设计特点二(学生作品)

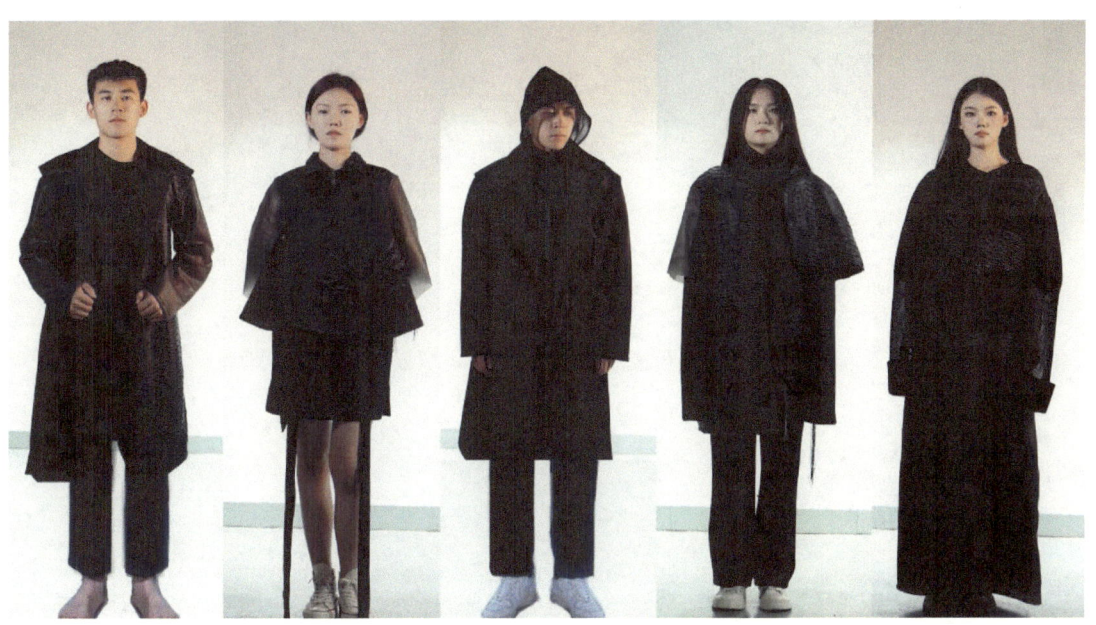

图 11-35 "包容万象"成衣效果图(学生作品)

本章小结

本章主要讲了服装设计灵感的特征、来源及灵感捕捉训练等方面的内容，灵感对于设计师而言非常重要，灵感来临之时可以创作出非常有创意的设计作品。服装设计初学者要善于在日常的工作生活中比常人更细心地观察身边的事物，学会从大自然、人群、电影、文学、建筑等各方面发现美的东西并运用于自己的设计作品中，多和身边的朋友、同事交流，多看一些教材类的书籍和名师、大师的作品等，大胆抒发自己的审美观点，长此以往，各种设计灵感就会不断涌现出来。

思考与练习

1. 服装设计的灵感来源途径有哪些？
2. 从民族和民间艺术中寻找服装设计灵感，设计一组服装。
3. 从自然生态中寻找设计灵感，设计一组服装。
4. 从姐妹艺术或社会生活中寻找设计灵感，设计一组服装。

第十二章 系列服装设计

第一节 系列服装设计的概念

一、系列服装设计的概述

（一）系列的概念

系列的原义并不复杂，系即系统、联系的意思，列即排列、行列的意思，两者组合在一起，意指那些既相互关联又富于变化的成组成群的事物。系列是表达一类产品中相同或相似的元素，并以一定的次序和内部关联性构成各自完整而相互有联系的产品或作品的形式。简言之，即相互关联的成组成套的事物叫系列。

（二）服装系列设计

服装系列设计的关联性，往往以群组中各款服装具有某种共同要素的形式体现。这些形式要素包括基本廓形或细节，面料色彩或材质肌理，结构形态或披挂方式，图案纹样或文字标志，装饰附件或装饰工艺，它们单个或多个在系列中反复出现，从而形成系列的某种内在联系，使系列具有整体的关联性，这就是系列服装系列设计（图12-1）。

图 12-1 系列服装设计

服装的共同要素在系列设计中出现得越多，其关联性就越强，会产生以统一为主旋律的服装系列，这样的服装系列端庄、整齐，但容易流于单调和贫乏。因此，服装系列设计的关键就在于如何在应用"等质类似性"原理的基础上把握好统一与变化的规律问题，所谓等质类似性原理，它包含着既相互联系又相互制约的两方面内容。同一系列的服装，必然具有某种共同要素，而这种共同要素在系列中又必须做大小、长短、正反、疏密、强弱等形式上的变化，使个体款式互不雷同，达到系列设计个性化的效果，从而产生视觉心理感应上的连续性和情趣性。只有这样，设计师所设计出的系列服装才会既灵活多变，又富有统一性。由此可见，所谓系列服装就是具有某种同一要素而又富有变化的成组配套的服装群组。

服装系列设计是工业社会诞生的产物，是设计师艺术能力成熟的表现，也是设计师对社会时尚、消费习惯、审美心理改变的一种综合认识。优秀的系列设计，关键在于灵感的独特、构思的巧妙、外在形式的相互呼应，因为只有这样才能使服装系列既有鲜明的个性特征，又能体现出系列设计所应具备的功能和特点，从而达到更高的艺术成就。

通过大量设计师作品可以看出，服装系列设计的成败和优劣，在于如何把握好统一与变化的规律问题。

（三）组成系列服装的服装套数

服装系列设计的表现形式有多种分类方式，如以组成系列的套数来分，通常可分为小系列（3~4套）、中系列（5~6套）、大系列（7~8套）和超大系列（9套以上）；以设计品种来分，可分为衬衫系列、西服系列、牛仔系列、婚纱系列等；也有的是按系列本身的搭配形式来加以划分的。

系列的规模和奇偶数的确定，取决于设计任务的需要、构思设想的特点、创作时间和面料提供的可能，设计师的个人兴趣、创作情绪以及设计过程中的偶发因素、展示环境的条件因素等。

二、系列服装设计的意义

现代社会各行业都注重综合形象设计。与大众生活密切相关的系列产品越来越表现出其优越性，消费者已经渐渐习惯用系列的眼光、系列的思维来看待日常生活。服装是技术与艺术的综合体，系列化的着装方式已经越来越为人们所接受。

品牌服装大都很重视服装产品的系列化，尤其是优秀品牌在产品的组合上其系列感会更加突出，充分反映产品的定位和品牌的形象特色。一些实力较强的服装公司，在产品换季之初，往往以系列的形式向市场推出自己的产品。单品设计往往不具备量的优势，而且容易给人以杂乱无章、不成系统的感觉。系列服装产品可以满足不同层次消费者的需求，设计师在不同的主题设计中，从款式、色彩、面料等方面系统、紧凑地进行系列产品设计，可以充分展示系列服装的多层内涵，充分表达品牌的主题形象、设计风格和设计理念。

系列服装可以形成一定的视觉冲击力。无论是服装专柜、商店橱窗或舞台展示，以整体系列形式出现的服装，以重复、强调、变化细节和各种元素产生强烈的视觉感染力，比单件服装的效果要强得多。服装作品或产品的系列化整体效果及其所具有的深度与广度，都通过服装中各系列要素组合的凝聚力使系列作品的主题得以体现，使服装得到内在的升华并传达出一种文化理念。系列服装可以制造声势，起到宣传和烘托气氛的作用，在服装发布会上，系列越大，印象越深，对视觉的刺激效应也越强烈。而单套服装的发布往往显得零碎而不成气势。

三、系列服装的设计要点

优秀的系列服装产品应该层次分明、主题突出，产品款式既要变化丰富又要统一有序，这是系列服装设计的主要原则。

系列服装设计必须统一才能称为系列。统一就是在系列产品中有一种或几种共同元素，将这个系列串联起来使它们成为一个整体。要做到统一而有变化，就要对产品的某一种特征反复地以不同的方式强调。

（一）服装系列设计中的同一要素

整体廓体或细节、面料色彩或材质肌理、结构形态或披挂方式、图案纹样或文字标志、装饰附件或装饰工艺，单个或多个在系列中反复出现，造成系列的某种内在逻辑联系，使系列具有整体的"族感"。

服装的同一要素在系列中出现越多，其统一性的联系越强，产生视觉心理感应上的连续性越强，越能增强一组服装的凝聚力和异他性。

（二）同一要素在服装系列设计中的应用

同一要素在系列中必须作大小、长短、疏密、强弱、位置等形式上的变化，使款式的单体相互不雷同，也就是应使每个单体有鲜明的个性。但是这样异质的介入应当适度，否则群体的共鸣就没有了。

（三）服装系列设计中的统一与变化

服装的系列设计在统一、变化规律的应用方面，被赋予了更大范围的统一和更大范围的变化。为了使统一变化这对矛盾在系列的内部完美结合，通常表现出群体的完整统一和单体的局部变化。

依据统一变化的规律来协调好各个要素会产生出以统一为主旋律的服装系列，或以变化为基调的服装系列。

（四）服装系列设计的流行感

从服装系列设计的当今流行来看，系列服装趋向于灵活多变、不落俗套的个性化效果，需要对同一要素采取增减、转换、分离、重新组合等变异手法，在局部变化增强的基础上，以获得服装系列的统一感。

其次，系列服装要主题突出，主题突出就是要强调设计中有价值的设计元素，这个设计元素可以是色彩、工艺或者图案等，只要它具有比较突出的吸引消费者的特质，就可以成为一个系列的主要元素。

系列服装的层次分明就是要求在系列服装产品中有主打产品、衬托产品、延伸产品等。主打产品是设计最精彩、最完整的产品，它使设计点很完美地展现出来；衬托产品则相对弱一点，它的作用就是衬托主打产品；延伸产品就是把主打产品的精彩之处进行延伸变化，以强化整体的分量。

第二节　系列服装的设计条件

系列装设计首先也要遵循服装设计的 5W 条件，然后在此基础上根据具体设计要求完成设计的系列化。系列设计的条件主要包括设计主题、风格定位、品类定位、品质定位和技术定位。

一、服装设计的条件

服装设计要考虑很多的因素，一系列好的服装在设计时要考虑 5W 条件。

（一）who——穿着对象

谁来穿？这是服装设计首先要考虑的问题。无论是量体裁衣的定制服装还是批量生产的成衣，都要考虑穿着对象问题，包括他们的体形特征、年龄阶段、文化修养、气质特点、社会地位、职业范围及经济条件等多个要素，这样才能有针对性地进行设计。

（二）when——穿着时间

穿着时间一般分两种情况：一种通常指穿着的季节，即春、夏、秋、冬；另一种是西方人还讲究在不同的时间段穿着不同的服装,即在一天中的早、中、晚不同的时间段,穿着打扮要求也不同,如女装分晨礼服、午后服、鸡尾酒会服、晚礼服等,男装也分日礼服和晚礼服等。了解穿着的时间也是设计服装时需要考虑的关键要素。

(三) where——穿着地点

穿着地点指穿着服装出席活动的地点和环境。如办公室等工作场所,酒会、宴会等社交场所,酒吧、茶社等娱乐场所,旅游、度假等休闲场所。因此,穿着场合不同,对服装的要求也有所不同。

(四) what——穿着原因

指为了什么穿?穿了服装要去做什么?

(五) why——穿着目的

穿着的目的和用途不同,对服装的要求自然不一样。如为了保护身体不受伤害,为了在运动中更好地发挥,为了更好地完成工作,为了展示自己的美等。只有了解清楚穿着对象的穿着目的,才能有的放矢,更好地完成服装设计。

二、系列设计的条件

(一) 设计主题

主题是服装精神内涵的表现和传达。主题可以对服装系列设计进行宏观的把握,是设计的深层的东西。不论采用何种设计方式,只要围绕主题展开,让作品的各方面因素全部融合于主题内容之中,作品就会有某种能够征服人的精神韵味,设计师就可以通过作品主题的外化与观者进行沟通和交流。无论是实用服装系列设计还是创意服装系列设计,都离不开设计主题的确定,这是设计开始的基础。有了设计主题,就为设计确定了明确的设计方向,否则会使设计犹如大海捞针,漫无目的。主题的确定是决定设计好坏的关键,好的主题可以开启设计师的设计灵感,为设计注入新颖的内容。如设计主题是"休闲空间",那么人的思维就会从生活方式、社会趋势等层层推演展开,再从中提炼出最能反映"休闲"的元素进行组合,以此形成系列。

(二) 风格定位

从构思开始的那一刻对服装风格进行准确定位也是系列设计成败的关键,在设计进行的过程中对成组、成系列服装的风格的感觉、表现、控制和把握要一致。

以艺术类创意为主题的设计,必须在构思上灵活大胆,强调独创性,突出超前意识，注重创造力的发挥；以实用类创意为主题的设计则注重市场化的创意，并从批量生产方面思考其工艺的流程和具有可操作性的规范技术。上述两类设计都需要结合流行趋势，在品位、格调和细节的变化上下功夫。

（三）品类定位

系列服装在确定服装的设计主题和设计风格以后，还要确定系列服装的品种种类、系列作品的色调、主要的装饰手段、各系列主要的细部及系列作品的选材和面料等。如设计系列是以裙套装为主，还是以裤装为主，或者是裙装与裤装的交叉搭配等；此外，是否需要佩饰，佩饰的材质、来源等都要考虑周全。

（四）品质定位

品质定位决定系列服装所用面、辅料的档次。在系列服装的主题、风格及品类等确定以后，对服装的品质希望达到或者能够达到的要求作一个综合考虑，以此来决定使用什么样的面料、辅料或者是否使用替代品等。这是对系列服装在成本价格上的限定，尤其在品牌系列设计中，是必须考虑的一个重要条件。

（五）技术定位

技术定位是指决定系列设计所使用的加工制作技术。在进行系列设计时，要考虑到设计的技术要求及是否能够在现有的条件下实现这种要求。尽量选用工艺简单又比较出效果的制作技术，创意系列设计要在可能实现的技术范围内才可自由发挥创造性，实用系列设计则是在考虑到尽可能降低成本、简化工序的基础上选用经济高效的制作技术。

第三节　系列服装的设计思路

一、整合

整合就是将各种各样、变化丰富的服装构思或设计进行条理化分析与整理，从而使系列服装产品层次分明、多而不乱，这是系列服装设计最常见的设计思路。在系列服装设计中，需要整合的原因和内容很多，比如，产品主题不明确、产品面貌与服装风格不符或者本该成系列的产品之间缺乏关联性，出现这些情况时都要想办法对服装产品进行整合。整合的方法有很多，比如在系列产品之间提取共同设计元素，设计出能调和各种产品之间差异的服装款式，或者强化系列产品之间的关联性因素，这样就会统一服装产品的形象。

二、补充

补充就是在原有服装系列的基础上根据不同目的不断地补充新款服装，原有系列服装已经有较好的系列感觉，在进一步补充款式时，就可以抓住原有系列元素作为补充产品的关键设计元素，这样设计出来的服装产品就不会杂乱无章。补充设计有不同的目的，有时是因为款式变化较少，出于使款式丰富化的目的而补充某些新的款式，这样一方面增强了消费群体的可选择性，另一方面也增强了系列搭配时的可搭配性。有时因为某一系列服装产品卖场效果很好而需要补充一些产品，这时可能不会再补充原有产品，而是推陈出新，补充一些新品。

三、减缺

减缺就是将系列服装的设计元素简单化以尽可能使它们具有较好的统一性。服装款式千变万化，但没有完全相同的款式，服装款式越多，彼此之间不同的设计元素就会越多，统一性就会越差。在系列服装设计中，将太过矛盾杂乱的元素减掉而保留相对比较相似、比较容易协调的元素是最简单的系列思路，但是这种思路容易使服装产品感觉单调，所以只适合小规模系列，在大的服装品牌公司中，因为产品众多，一味地简单化是不适合的。

四、关联

关联就是在一个系列之间或者系列与系列之间寻求各方面的关联性使之形成系列。在系列设计中，单件服装之间必定有着某种相互关联的元素，有着鲜明的使服装设计作品形成系列的动因关系。因此每一系列的服装在多元素组合中表现出来的关联性和秩序性是系列服装设计的基本要求。对于公司来说，同一风格的多个系列一般都要尽可能多地寻求搭配的各种可能性，搭配的系列越多其设计越难以把握，这就要求设计师在熟悉多种服装构成要素的基础上，结合搭配的基本要求，在系列之间寻找关联性以方便横向、纵向或斜向的交叉搭配。

第四节　系列服装的设计方法

一、强调主题的系列设计

主题是服装设计的主要因素之一，任何设计都是对某种主题的表达。服装系列设计必须要有主题，设计时若没有主题，就不会有清晰的目的和目标，服装系列也就不会有鲜明的个性与特色。因此，在服装系列设计工作中，选择并提出设计主题是非常重要的，可以说，具体设计的第一步是从设定设计主题开始的。

设计主题的选择，有多种不同的角度，如有的设计师以地域文化、民族风格作为设计主题的灵感来源；有的设计师则在服装历史上的文化中寻找主题形象；也有的设计师把艺术作品、建筑雕刻、太空探索、生态平衡等作为设计的主题。但一般而言，主题的设定必须能够抓住人们的消费心理和时代脉搏，表达明确的设计思想和设计理念。图 12-2 中的系列服装，是以我国新中式服饰元素作为设计主题，设计吸收了民族服饰中的纹样、色彩、造型等元素，使设计既现代又富有民族特色，这就是发掘主题理念的系列设计范例。

图 12-2　以新中式服饰元素为主题（郭璐瑶作品）

二、强调整体的系列设计

整体系列是指保持服装的整体表现特征一致或相近,并表现出同一风格和特点,从而使系列内服装的面貌具备较多的共同特征。这种系列法比较容易突出服装的系列感,强调统一性而弱化对比性,其结果是每套服装大同小异,一般比较适合用于风格比较稳重低调的实用服装(图12-3)。此时,可适当强调色彩和面料的变化,或者是加入一些面积较小但却较为出挑的细节,避免由于设计元素的过于统一而使得设计结果雷同或沉闷。

图12-3 强调整体的系列设计(王书恒作品)

三、强调形式美的系列设计

形式美系列法是指以某一形式美原理作为统领整个系列要素的系列设计方法。节奏、渐变、旋律、均衡、比例、统一、对比等形式美原理都可以用来作为系列化服装设计的要素,即对构成服装的廓形、零部件、图案、分割、装饰等元素进行符合形式美原理的综合布局,取得视觉上的系列感。比如,用对比的手法将服装的外部廓形和局部细节进行设计组合,使得每一单品均出现一种视觉效果十分强烈的对比性,整个系列给人一种活跃、动感、刺激的印象。形式美系列法在服装上应用时,必须以主要形式出现,形成鲜明的设计要点,成为整个系列设计的统一或对比要素,再经过服装造型和色彩的配合,就形成很强的系列感(图12-4)。

图 12-4　强调形式美的系列设计（张亚雯作品）

四、强调廓形的系列设计

廓形系列法是指整个系列服装的外部造型一致，以突出廓形的统一为特征而形成系列的系列设计方法。这种系列服装可以在服装的局部结构上进行变化，如领口的高低、口袋的大小、袖子的长短、门襟的处理等进行变化与设计。服装的外造型虽然一致，但内部结构细节不同，使整个系列服装在保持外轮廓特征一致的同时仍然有丰富的变化形式，以此来强调系列服装的表现力（图12-5）。廓形系列法要注意外部轮廓应该有较明显的统一特征，否则会显得杂乱无章，难以成系列。如果为了更突出系列性，在色彩的表现和面料的选用上也可使用某些同一元素，使服装的系列感更强。

图 12-5　强调廓形的系列设计（李佳妮作品）

五、强调细节的系列设计

细节系列法是指把服装中的某些细节作为关联性元素来统一系列中多套服装的系列设计方法。作为系列设计重点的细节要有足够的显示度，以压住其他设计元素。相同或相近的内部细节可利用各种搭配形式组合出丰富的变化，通过改变细节的大小、厚薄、颜色和位置等，就可以使设计结果产生不同效果。比如，用立体的坦克袋作为系列设计的统一元素，就可以将口袋的位置进行变化性的位移设计，或者用大小搭配、色彩交叉等手法将其贯穿于所有设计之中。

六、强调色彩的系列设计

色彩系列法是指以色彩作为系列服装中的统一设计元素的系列设计方法。这种色彩可以是单色，也可以是多色，贯穿于整个系列之中。由于色彩系列法容易使设计结果变得单调，因此，在廓形和细节等变化不大的情况下，可以适当地通过色彩的渐变、重复、相同、类似等变化，取得形式上的丰富感。色彩有色相、明度、纯度之分，还有有彩色和无彩色之分，所以，色彩系列法可据此分为色相系列、明度系列、纯度系列和无彩色系列。强调色彩是系列服装设计中经常用到的设计手法，它不仅能准确地表达流行中的主要内容——流行色彩，同时也增添了服装的魅力，丰富了服装的表现语言。色彩系列的手法是多种多样的，有的是在面料上进行穿插或呼应，使视觉效果更加丰富多彩；有的通过某种色彩的强调，形成一个系列服装的主要亮点。

七、强调面料的系列设计

面料系列法是指利用面料的特色通过对比或组合去表现系列感的系列设计方法。通常情况下，当某种面料的外观特征十分鲜明时，其在系列表现中对造型或色彩的发挥可以比较随意，因为此时的面料特色已经足以担当起统领系列的任务，形成了视觉冲击力很强的系列感。比如有些本身肌理效果很强或者经过再造的面料，具有非常强烈的风格和特征，在设计时即使造型和色彩上没有太大的变化，也会有丰富的视觉效果。如果再通过造型的变化、色彩的合理表现，其系列效果就会有非常强烈的震撼力，所以，利用面料系列法设计时，对面料的选择相当重要，如果面料的特点不是很突出，没有较强的个性与风格，那么靠面料组成系列的服装其系列感就会比较弱甚至难以组成系列。例如，毛皮系列服装的其他构成要素再怎样变化，毛皮特有的材质感也会控制着整个系列的整体感觉。

八、强调工艺的系列设计

工艺系列法是指强调服装的工艺特色，把工艺特色贯穿其间成为系列服装关联性的系列设计方法。工艺特色包括饰边、绣花、打褶、镂空、缉明线、装饰线、结构线等。工艺系列设计一般是在多套服装中反复应用同一种工艺手法，使之成为设计系列作品中最引人注目的设计内容。比如，镶边是传统工艺的一种，在系列设计时可在每一套服装上使用相同或类似的边饰，或者通过对镶边的色彩和布料质地的处理形成对比或者其他变化，以此丰富设计。同时由于镶边工艺的独特性，使之与其他设计元素相比较很容易出挑，从而在设计中成为系列设计的统一元素。如果工艺特色仅仅是在服装上点缀一下而已，则不能形成服装的风格特色，就会成为附属。

九、强调饰品的系列设计

饰品系列法是指通过强调与服装风格相配的饰品设计来取得形成系列服装的系列设计方法。面积较大且系列化的饰品可以烘托服装的设计效果，也可以改变服装的系列风格。用饰品来组成系列的服装大都款式简洁，然后大胆利用服饰品，突出服饰品装饰的作用，追求服饰风格的统一和别致。系列饰品可以是相同的，通过装饰位置的变化使得设计生动而有变化，人的目光会追随着相同的饰品在服装之间游移，就会产生一种韵律感。系列饰品也可以是不同的，一般是在系列服装的外形、细节等基本一致的情况下，通过饰品的运用丰富设计，提高整体服装的审美价值。饰品系列的关键也要遵循统一中求变化、对比中求协调的法则，注意系列整体效果而不能随便添加。以此形式为系列设计时，饰品在服装中要达到较大面积的比重。

十、强调品类的系列设计

品类系列法是指以相同的服装品类为主线，进行同品类单品产品开发并形成系列的系列设计方法。这一系列中的所有服装都是同一品类，这是企业在市场销售中经常使用的系列形式。比如裤装系列、衬衣系列、裙装系列、夹克系列等，为了让消费者有较大的选择余地，这些服装的面料、造型、工艺、装饰及风格等往往是不相同的，如果不是按照品类集中在一起，难以看出它们属于一个系列。为了以系列的面貌出现在零售中，在品牌服装的系列产品设计中，不同品类服装之间也存在某些关联性设计因素，使不同的品类之间可以有比较不错的可搭配性。如果将这种系列分类放大，则近似于一个品牌在策划一盘完整的货品。

第五节　系列服装的设计步骤

系列服装设计的步骤不同于单品服装设计，它是对组成系列元素的宏观把握和局部调节的统一与协调，使单品服装既可以组成系列而又不失其个性特征。系列设计步骤主要从以下几方面考虑。

一、选定系列形式

当系列设计的主题、风格等确定以后，就可以进行具体的系列设计，系列设计的第一步是要选定系列形式，如确定是以造型款式组成系列还是用色彩组成系列，如果是用造型组成系列，是用外轮廓进行统一呢还是用内部细节进行统一等，所有这些问题必须考虑清楚，然后才可以根据系列形式来罗列组织素材，否则在设计过程中就会出现混乱，面对众多的系列要素时就会觉得无从下手，条理不清。

二、罗列系列要素

系列形式选定以后就可以根据所确定的形式罗列系列要素，从服装的面辅料、色彩的选择、结构工艺以及局部细节设计到服饰配件等的搭配都要一一进行罗列组织，然后根据系列套数来进行合理安排分配，系列要素一定要与服装的主题风格和系列形式相互协调。例如以珠绣图案作为统一元素来组织系列元素，在挑选面料时就要考虑到面料对珠绣图案的适应性，什么样的结构造型更适合珠绣工艺，以及细节设计与配件是否与珠绣图案风格统一、布局协调等。

三、整体画出

所有的系列元素一经选定并在设计构思中进行了合理的组织安排后，可以将一个系列看成是一个整体，对这一整体中的每一单品进行系列设计元素的分配，随后再将每一款设计逐一画出，在画的过程中要注意服装整体系列感的表现及系列元素的合理安排。由于系列设计的概念还不只是完成单品设计，还要考虑系列之间每个单品的关系，所以如果一开始就孤立地单独完成一个个款式设计，将有可能使其支离破碎，缺乏整体感。

四、局部调整

一般情况下，在纸面上表达的设计与设计构思总会有差异，所以整体系列画完以后，还要看看每套服装之间的关联协调性是否真正达到理想效果，细节设计、布局安排是否到位，然后再根据设计意图进行局部调整，这样就会使设计更加完整统一。

五、系列搭配

服装单品的可搭配性是品牌服装设计中非常重要的问题，每一个消费者都希望买回的服装可以与多件服装相配，既经济又可以搭配出多种服饰形象。因此品牌服装的系列设计中，应最大限度地考虑每一系列服装的可搭配性。系列之间的搭配首先要考虑单一系列的系列元素，然后在搭配系列中寻找关联性因素进行设计。比如，一个系列为工艺装饰线系列，另一个可以与之搭配的系列可以在面料上或色彩上与之相同，只要搭配系列的工艺、结构等因素在风格上相互统一即可，或者将搭配系列也采用与前一系列装饰工艺风格统一的其他工艺手法，面料色彩等因素只要不互相冲突矛盾，搭配系列之间的服装单品就可以互相搭配。在品牌服装公司中，服装产品系列设计有时是相互并列，不分主次的；有时却是以某几个系列为主，其他系列是次要的辅助系列，因此系列搭配可分为系列之间搭配和主、副系列搭配。如果整个设计任务仅有一个系列的服装，则不必考虑这一系列与其他系列的搭配。比如参赛服装一般只有一个系列，只要按照系列设计步骤完成设计即可。

本章小结

现代社会各行业都注重综合形象设计，系列化的着装方式已经越来越为人们所接受。品牌服装大都很重视服装产品的系列化，一些实力较强的服装公司，在产品换季之初，往往以系列的形式向市场推出自己的产品。设计师在不同的主题设计中，从款式、色彩、面料等方面系统、紧凑地进行系列产品设计，可以充分展示系列服装的多层内涵，充分表达品牌的主题形象、设计风格和设计理念。本章主要讲解了系列服装设计的设计条件、设计思路、设计方法和设计步骤，服装设计师对系列服装产品设计的所有相关知识都要熟练掌握，对系列服装设计的掌握便于从宏观上把握服装企业一个季度的所有产品，做到产品多而不乱，这是在实际设计过程中非常实用的符合品牌服装实际运作的知识。

思考与练习

1. 参赛系列设计与品牌系列设计有何联系与区别？

2. 设计一个系列的实用女装。设计思路与系列形式不限。

要求：

1）春秋季节，结合流行趋势；

2）消费群体为 25~30 岁女青年；

3）面料不超过 3 种（指着装状态）；

4）设计套数不低于 5 套；

5）目标品牌确定。

第十三章　著名设计师简析

谁是服装设计界的宠儿？谁能带动时尚潮流的走向？当红明星最喜欢穿谁的衣服走红地毯……20世纪以来，随着世界经济的繁荣增长和人们生活水平的迅速提高，服装业的发展也变得突飞猛进，无数设计大师脱颖而出。他们熟悉面料的性能、色彩的搭配，在细节的处理和整体的造型塑造上得心应手、挥洒自如；在创作上擅于捕捉灵感，积极吸取各个层面的设计元素，出奇制胜地形成各自的独特风格，为热爱流行服装的人们献上精彩纷呈的视觉盛宴。

一、查尔斯·弗莱德里克·沃斯（Charles Frederick Worth）

查尔斯·沃斯1826年出生于英国乡下的林肯郡，父亲生性好赌，以至于家庭生活贫困潦倒，12岁的沃斯为生活前往巴黎，以销售高级丝绸及开司米成衣为工作，并倾心于布料方面的研究。他于1895年3月逝世于巴黎，其店铺历经三代，到1946年才关闭。伦敦的商店则仍以沃斯为名，由其曾孙波杰继承经营。

查尔斯·沃斯的主要贡献有以下几个方面。

（一）最早使用时装模特儿

沃斯在时装界的一项首创是首先使用时装模特儿，他也是时装表演的始祖。沃斯认为，服装的静态展示是无法体现设计家全部想象的。第一个模特儿就是之后成为他妻子的法国女郎玛丽·弗内。起初他为这位漂亮的女职员设计服装，是因为她的穿着，能使沃斯的设计添风采。有一次她穿了一套线条简约的薄纱织物的外套，配上高级的丝绸围巾，立刻被巴黎女子竞相仿效。婚后，沃斯更是勤于为美貌的妻子设计，而沃斯沙龙里的服装，就由玛丽一件件试穿，并走动展示。玛丽在社交场合的服饰，亦常常成为世风流行。

（二）最早开设时装沙龙

查尔斯·沃斯是第一位在欧洲出售设计图给服装厂商的设计师，也是服装界第一位开设时装沙龙的人。在沃斯之前，时装表演仅限于静止展览，而沃斯则请其夫人一件一件试穿并走动展示。这种以实际人试担体着衣的模特展示，成为后来时装模特表演的开端。

（三）将服装高级化

查尔斯·沃斯最伟大的成就应该是他将服装高级化的贡献，他虽然未被誉为最伟大的设计师，但是在1885年悼拔艰糠，他的儿子当选法国服装协会理事长时，首创了高级时装发布会制度。孙子杰克继任为第二届理事长后，更致力于高级时装展示会的推展。此会后来扩大为高级时装展示和成衣展示两大系统，每年在巴黎举办两次发布会。

（四）公主线时装的发明者，西式套装的创始人

在布料的使用方面，查尔斯·沃斯是公主线时装的发明者，也是西式套装的创始人。他喜欢在衣身装饰精细的褶边、蝴蝶结、花边，在肩上垂挂皇家金饰及可折叠的钢架裙襟。其作品深受西班牙维拉斯贵兹及比利时范戴克等艺术大师的影响。

二、玛德琳·维奥内（Madeleine Vionnet）

Vionnet和Coco Chanel（可可·香奈儿）、Elsa Schiaparelli（夏帕瑞丽）是风靡于20世纪二三十年代的三大时装设计师。她的设计强调女性自然身体曲线，反对紧身衣等填充、雕塑女性身体轮廓的方式，她有"裁缝师里的建筑师""斜裁女王"的称号。时装大师迪奥曾高度赞扬她说："Madeleine Vionnet发明了斜裁法，所以我称她是时装界的第一高手。"法国高级时装大师Azzedine Alaia（阿瑟丁·阿拉亚）也说："她是一切的源泉，为我们的设计提供了基础。"

维奥内是20世纪初服装变革的先驱之一，她率先废除了女子紧身胸衣。在服装史上，维奥内的名字意味着高超的服装艺术，她使人想起那种精美绝伦的风格，与之相联系的是她那独特的裁剪方法。

维奥内的设计从不迎合俗式，迎合潮流，然而在她的服装里却蕴藏着一种永恒的美，一种至今令人叹为观止的美。她说："请记住，我从来不去创造时兴样式，我也从来不随波逐流，我根本不管什么流行不流行，我只晓得我仅仅做了一些衣服而已。"

维奥内有其独特的裁剪方法——斜裁法。斜裁即巧妙地运用面料斜纹中的弹拉力，进行斜向的交叉，也有人称这种服装为"手帕衣服"。

斜裁法最难的莫过于边缘的处理，维奥内尤为注意这部分，她经常运用狡形式三角形的接合做成裙下摆，还有抽纱法、缝补法、刺绣及利用梯形的下摆，以及由贴边处垂下的长条缝饰等处理手法，都是她的下摆边缘的处理特征。

三、克里斯汀·迪奥（Christian Dior）

克里斯汀·迪奥（Christian Dior），法国设计师，迪奥创始人，1946年开设自己的商店，1947年2月，开办其第一个高级时装展，推出的第一个时装系列名为"新风貌"（New Look），其鲜明的风格轰动了当时的巴黎乃至整个西方世界，给人留下了深刻的印象，也使得迪奥在时装界开始名声大噪。

1947年2月12日，这是个辉煌的日子，迪奥开办了他的第一个高级时装展，推出的第一个时装系列名为"新风貌"（New Look）。该时装具有鲜明的风格：裙长不再曳地，强调女性隆胸丰臀、腰肢纤细、肩形柔美的曲线，打破了战后女装保守古板的线条。这种风格轰动了巴黎乃至整个西方世界，给人留下深刻的印象，使迪奥在时装界名声大噪。当一个个模特儿出现在面前时，人们几乎不敢相信自己的眼睛：那圆桌摆大的长裙，那细腰，那高耸的胸脯，还有斜斜地遮着半只眼的帽子，顿时让人们眼前一亮。

1947年，以"Miss Dior"命名的第一瓶香水问世，紧接着"Diorama""Diorissimo"纷纷出名。20世纪50年代推出的"垂直造型"及"郁金香造型"就是迪奥提倡时装女性化这一设计理念的表现。1952年，迪奥开始放松腰部曲线，提高裙子下摆。1953年，更是把裙底边提高到离地40厘米，使欧洲社会一片哗然。1954年，设计的收减肩部幅宽，增大裙子下摆的"H"型，以及同年发布的"Y形""纺锤形"系列，无不引起哄动。这些简洁年轻的直线型设计，依旧体现着他那种纤细华丽的风格，并始终遵循着传统女性的标准。

四、瓦伦蒂诺·加拉瓦尼（Valentino Garavani）

瓦伦蒂诺·加拉瓦尼是时装史上公认的最重要的设计师和革新者之一。瓦伦蒂诺以富丽华贵、美艳灼人的设计风格著称，通过他那与生俱来的艺术灵感，在缤纷的时尚界引导着贵族式生活的优雅，演绎着豪华、奢侈的现代生活方式。他经营的Valentino品牌以考究的工艺和经典的设计，成为追求十全十美的社会名流们的钟爱。

瓦伦蒂诺·加拉瓦尼1932年出生于意大利，1960年在罗马成立了瓦伦蒂诺公司。瓦伦蒂诺曾获奈门-马科斯奖、意美基金会奖。精美绝伦的剪裁、高级进口的面料和华贵奢侈的风格是Valentino品牌的特色。瓦伦蒂诺在设计中非常喜欢用最纯的颜色，鲜艳的红色可以说是他的标准色。瓦伦蒂诺做工十分考究，从整体到每一个小细节都做得尽善尽美。瓦伦蒂诺的设计是豪华、奢侈的生活方式的象征，极受社会名流的钟爱。

瓦伦蒂诺·加拉瓦尼（Valentino Garavani），这位以富丽华贵、美艳灼人的设计风格著称的世界服装设计大师，用他那与生俱来的艺术灵感，在缤纷的时尚界引导着贵族生活的流行风尚。他出色的成就被世界时装界公认为雄踞于包括法国的圣·罗兰、皮尔·卡丹等人在内的世界八大时装设计师之首。

五、三宅一生（Issey Miyake）

三宅一生，日本著名服装设计师，他以极富工艺创新的服饰设计与展览而闻名于世。其后创建了自己的品牌，它根植于作品中的民族观念、习俗和价值观，促使他的品牌成为知名的世界优秀时装品牌。

他的时装一直以无结构模式进行设计，摆脱了西方传统的造型模式，而以深向的反思维进行创意。掰开，揉碎，再组合，形成惊人奇特的构造，同时又具有宽泛、雍容的内涵。这是一种基于东方制衣技术的创新模式，反映了日本式的关于自然和人生的哲学。三宅一生品牌的作品看似无形，却疏而不散。正是这种玄奥的东方文化的抒发赋予了作品以神奇魅力。

他最大的成功之处就在于"创新"，巴黎装饰艺术博物馆馆长戴斯德兰呈斯誉其为"我们这个时代中最伟大的服装创造家"。他的创新关键在于对整个西方设计思想的冲击与突破。欧洲服装设计的传统向来强调感官刺激，追求夸张的人体线条，不注重服装的功能性，而三宅一生则另辟蹊径，重新寻找时装生命力的源头，从东方服饰文化与哲学观照中探求全新的服装功能、装饰与形式之美，并设计出了前所未有的新观念服装，即蔑视传统、舒畅飘逸、尊重穿着者的个性，使身体得到了最大自由的服装。他的独创性已远远超出了时代的和时装的界限，显示了他对时代不同凡响的理解。

在造型上，他开创了服装设计上的解构主义设计风格。借鉴东方制衣技术及包裹缠绕的立体裁剪技术，在结构上任意挥洒，任马由缰，释放出无拘无束的创造力，往往令观者为之瞠目惊叹。

在服装材料的运用上，三宅一生也改变了高级时装及成衣一向平整光洁的定式，以各种各样的材料，如日本宣纸、白棉布、针织棉布、亚麻等，创造出各种肌理效果。对于他来说，没有任何服装上的禁忌。他使用任何可能与不可能的材料来织造布料，他是一位服装的冒险家，不断完善着自己前卫、大胆的设计形象。

六、加布里埃·香奈儿（Gabrielle Bonheur Chanel）

1910年，Coco在巴黎开设了一家女装帽子店（millinery shop），凭着非凡的针线技巧，缝制出一顶又一顶款式简洁耐看的帽子。当时女士们已厌倦了花巧的饰边，所以 Chanel 简洁、舒适的帽子对她们来说犹如甘泉一般清凉。

1914 年，可可·香奈儿开设了两家时装店，影响后世深远的时装品牌"Chanel"正式诞生。

加布里埃·香奈儿，现代主义的践行者，男装化的风格，简单设计之中见不凡，为 20 世纪时尚界重要人物之一。她倡导女权，既赋予女性行动的自由，又不失温柔优雅。她对高级定制女装的影响很大，被时代杂志评为 20 世纪影响最大的 100 人之一。

步入 20 世纪 20 年代，Chanel 设计了不少创新的款式，如针织水手裙（tricot sailordress）、黑色迷你裙（little black dress）、樽领套衣配上长串珍珠项链。并且，Coco 从男装上取得灵感，为女装添上一点男儿味道，一改当年女装过分艳丽的绮靡风尚。例如，将西装裤（Blazer）加入女装系列中，又推出女装裤子。不要忘记，在 20 世纪 20 年代女性只会穿裙子。Coco 这一连串的创作为现代时装史带来重大改革。

七、维维安·韦斯特伍德（Vivienne Westwood）

维维安·韦斯特伍德是来自英国的著名服装设计师，被称为时装界的"朋克之母"。她曾是朋克运动的显赫人物，她使这种摇滚风格具有了典型的外表——撕裂或以其他方式破坏的 T 恤、激情口号、铆钉装饰、金属挂链等，并一直影响至今。她开设的服装店极受摇滚乐手和朋克热捧，创造与叛逆一直是她设计构思的灵感所在。由于她的推动，朋克文化对高级时装形成了革命性的影响，为英国时装在国际流行服装界争得了一席之地。

维维安·韦斯特伍德拥有狂放的想象和大胆的创造力。她的那些标志性式样已经汇入主流的设计理念中：不对称 T 恤，剪破、磨损的毛边布料，内衣外穿，木屐式坡形高跟鞋，多层次穿搭方式不受传统束缚，以绝对抵抗到底的态度执着演绎 20 世纪 70 年代的摇滚朋庞克与 20 世纪 80 年代的新浪漫主义的混合风潮。

八、川久保玲（Rei Kawakubo）

1981 年，川久保玲第一次在巴黎时装展举行发布会，此时她开始受到全球时装界的瞩目，她的服饰有一个简单的昵称，即"乞丐装"，引领当时宽松、刻意的立体化、破碎、不对称、不显露身材的服装设计潮流。这一场发布会的设计灵感据知来自日本美学中的不规则和缺陷文化。她的创作概念和特色引起了不少时尚评论家的争议，也带动了后进设计师的服饰设计。

川久保玲善于使用低彩度的布料来构成特殊的服饰，其中有许多是单件同一色调的设计，黑色可以说是川久保玲的代表颜色。

川久保玲的设计独创风格十分前卫，融合东西方的概念，被服装界誉为"另类设计师"。她的设计正如其名，独立、自我主张——只要我喜欢，有什么不可以。她将日本典雅沉静的传统、立体几何模式、不对称重叠式创新剪裁，加上利落的线条与沉郁的色调，与创意结合，呈现出意识形态的美感。

九、卡尔·拉格菲尔德（KarlLagerfeld）

卡尔·拉格菲尔德，德国著名服装设计师，人们称他为"时装界的凯撒大帝"或是"老佛爷"。

在服装设计界也许从来没有第一，但说起卡尔·拉格菲尔德，最桀骜不驯的天才也要承认他的权威地位。卡尔·拉格菲尔德每年为 CHANEL 品牌制作 8 个系列的服装，包括成衣和高级时装，还为 FENDI 品牌制作 5 个系列的服装，同时他也为自己的品牌作设计，并涉及其他的艺术领域，超强的能力令他占领着时尚界制高点。

卡尔·拉格菲尔德 1938 年出生于德国汉堡；14 岁时全家移居巴黎，受到时尚之都的感染，开始进行时装设计学习；21 岁获得羊毛局的时尚设计大奖的外套组冠军，正式踏入时装设计界，并迅速取得了成功。1965 年为 FENDI 担任设计至今，同时 FENDI 著名的双 F 标志也是出自拉格菲尔德之手。拉格菲尔德富有戏剧性的设计理念使 FENDI 品牌服装获得全球时装界的瞩目及好评，将 FENDI 推到了高级时装的一线地位。1983 年，他成为 CHANEL 品牌设计师，成功使品牌复活，令 CHANEL 成为世界上最赚钱的时装品牌之一。拉格菲尔德完美提炼品牌创始人夏奈尔女士的优雅精髓，创新经典设计并巧妙注入运动、摇滚元素，使品牌年轻化，从而将高级定制精湛工艺发扬光大，重塑 CHANEL 既摩登又典雅的奢华形象。1984 年，他推出个人同名品牌 Karl Lagerfeld。在属于自己的品牌中，拉格菲尔德的设计个性得以淋漓尽致的体现，合身、窄身、窄袖，古典风范与街头情趣结合起来，形成了与众不同的风格。

十、约翰·加利亚诺（John Galliano）

约翰·加利亚诺，法国著名服装品牌"克里斯汀·迪奥"首席设计师。

1985 年，约翰·加利亚诺（John Ga lliano）很快就打出了个人冠名的牌子，他的标新立异不仅体现在作品的不规则、多元素、极度视觉化等非主流特色上，更是独立于商业利益驱动的时装界外的一种艺术的回归，是少数几个首先将时装看作艺术，其次才是商业的设计师之一。

1997年他又接掌Christian Dior首席设计师，并成功地实现了将Dior品牌年轻化的任务——对于约翰·加利亚诺（John Galliano）这样的鬼才，只要给他一个支点，他就能颠覆所有庸俗和陈规，而"无可救药的浪漫主义大师"之名也从此成为约翰·加利亚（John Galliano）专属的称谓。

十一、缪西娅·普拉达（Miuccia Prada）

对时尚界来说，缪西娅·普拉达的身份不仅是世界顶级奢华品牌PRADA的继承人，还是才华横溢的时装设计师。她自1978年介入家族事业，开始担纲普拉达的设计，随即推出成名经典之作黑色尼龙手袋。1989年，她举办了自己的首次女装发布秀，一经推出立刻就引起了轰动。之后，缪西娅·普拉达所设计的男装、女装及副线MiuMiu系列每年的两次发布，已成了全球时尚人士不容错过的盛事。

在20世纪90年代的"崇尚极简"风中，缪西娅所擅长的简洁、冷静设计风格成了时装的主流。因此经常以"制服"概念作为灵感的PRADA，所设计出的服装更成为当代极简时尚的代表符号之一。女装设计中对比元素的组合恰到好处，精细与粗糙，天然与人造，不同材质、肌理的面料统一于自然的色彩中，自然地融合了传统与时尚，缪西娅·普拉达把她对历史文化的感悟揉入现代裁剪中，艺术气质极浓。

十二、乔治·阿玛尼（Giorgio Armani）

乔治·阿玛尼（Giorgio Armani），意大利时装设计师，奢侈品牌阿玛尼创始人。

20世纪70年代，其男装外套特点是斜肩、窄领、大口袋，到20世纪70年代末，阿玛尼又将男西装的领子加宽，并增加了胸腰部的宽松量，创新推出了倒梯形造型。经过了20世纪六七十年代"嬉皮士""朋克"的纷杂混乱、变幻莫测，人们对那种光怪陆离的打扮方式也心存倦意，这时候阿玛尼高雅简洁、庄重洒脱的服装风格，十足的意大利大家风范，恰好满足了人们新的时装需求。

20世纪80年代服装界流行的圣·罗兰式女装多为修身的窄细线条，而阿玛尼大胆地将传统男西服特点融入女装设计中，将其身线拓宽，创造出划时代的圆肩造型，加上无结构的运动衫宽松的便装裤，给时装界吹来一股轻松自然之风。改良后的宽肩女装深受职业女性的欢迎，而他宽大局部的夸张处理成了整个年代的代表风格，人称20世纪80年代是"阿玛尼的时代"。

20世纪90年代，阿玛尼的创作更趋成熟，"看似简单，又包含无限"，是阿玛尼赋予品牌的精神，这使他成为影响"极简主义"的重要人物。

他曾说他的设计遵循三个黄金原则：一是去掉任何不必要的东西；二是注重舒适；三是最华丽的东西实际上最简单。

20世纪80年代后，这虽然不再是最时髦的，但却永远不会落伍。其原因很简单，他一直是潮流不容忽视的一部分。

十三、拉夫·劳伦（Ralph Lauren）

拉夫·劳伦来自美国，并且带有一股浓烈的美国气息。拉夫·劳伦名下的两个品牌 Poloby Ralph Lauren 和 Ralph Lauren 在全球开创了高品质时装的销售领域，将设计师拉夫·劳伦的盛名和拉夫·劳伦品牌的光辉形象不断发扬。

从领带销售员到世界知名的服装设计师，拉夫·劳伦完成了一次常人无法完成的飞跃。拉夫·劳伦1939年出生于美国，踏进时尚领域的成名作是宽领带系列——刻意加宽并配以不同鲜艳色彩和图案的款式。1968年，拉夫·劳伦先推出了一个男装品牌 POLO RALPH LAUREN，针对成功的都市男士设计个人化风格的服装。随后在1971年，拉夫·劳伦又推出女装品牌 Ph Ralph Lauren，其定位非常符合美国时尚精神——不因潮流而改变，永恒并具个人风格的穿着感。

其后，拉夫·劳伦陆续推出 POLO JeansCompany 牛仔系列、POLO Sport 年轻休闲系列，以及专为上流社会女性打高尔夫球而设计的"Ralph Lauren Golf"。无论品牌如何更新，拉夫·劳伦的服装永远透露出一股自由舒适而华贵内敛的气质。

十四、高田贤三（TAKADA KENZO）

高田贤三，日本时尚设计师，著名时尚品牌 Kenzo（包括香水、化妆品及时装）的创始人。

高田贤三充分利用东方民族服装平面构成和直线裁剪的组合，不使用塑造立体曲线的省，从而把人体从既成的禁锢中解放出来，形成了宽松舒适、无束缚感的崭新风格。他设计出的像万花筒般变幻的色彩和图案更是令人叫绝，被人称作"色彩魔术师"。

十五、马克·雅各布（Marc Jacobs）

马克·雅各布于1963年出生于美国纽约，是毕业于著名设计学院帕森斯的设计奇才。在学习期间，他胜人一筹的创意和手艺就已崭露头角，并陆续获得多个业内奖项。1986年，马克·雅各布推出了以个人名字命名的 Marc Jacobs 服装系列，次年他更获得美国时装界最高荣誉"美国服装设计师协会（CFDA）的最佳设计新秀奖"，是当时获得此奖项最年轻的设计师。

马克·雅各布受到LVMH集团管理高层的赏识，于1997年被委任为LOUIS VUITTON品牌的艺术总监，自此一跃成为欧洲时装设计的"新星"。他为LOUIS VUITTON设计的服装典雅、简洁，但绝对让人印象深刻。在自己同名品牌Marc Jacobs的设计里，他则成功将纽约的活力与巴黎的奢华高贵相融合，为Marc Jacobs服装打造了完美的贵族休闲风格。